光物性物理学

新装版

櫛田孝司 著

朝倉書店

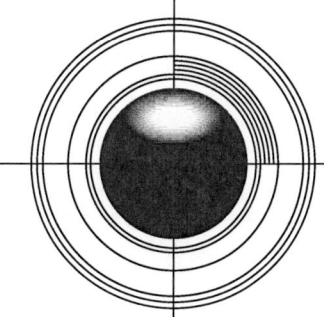

はじめに

光物性物理学とは，一口で言えば，光と物質との交渉を研究することにより，各種の物質の性質（当然ながら光学的な性質が主になるが）をミクロな立場から解明していく学問分野であるということができよう．ここでミクロな立場からというのは，電子や原子，分子といった微視的な粒子の振舞いに基づいてということである．また，光と物質との交渉というのは，物質に光があたった場合に，光が吸収されたり反射されたり，あるいは散乱されたりといった現象を指す．場合によっては光は物質により増幅されることもあり，また蛍光や燐光のように物質から光が放出される現象もある．さらに，光を照射した際には，電気伝導度が増加する光伝導，電子が飛び出す光電子放出，化学反応が起こる光化学反応などの現象も見られるし，またレーザー光のように強い光が関係する場合には，たとえば入射光の2倍や3倍の振動数を持つ光が放出されるなどの，非線形光学効果とよばれる様々な新しい現象が現れる．これらはすべて光と物質との交渉であり，光物性物理学の対象となる．さらに光といわれるものは，可視光ばかりではなく，赤外線や紫外線を含み，また，気体，液体，固体にわたるあらゆる物質がその対象となるから，光物性物理学の内容は極めて豊富である．本書では，その中から基礎的な事柄を選んで，できるだけ系統的に解説するようにつとめている．内容のほとんどは赤外線や紫外線の領域でも適用できるが，一応，最もよく調べられている可視部付近の波長領域を主な対象として議論を進める．

ところで，最近，光物性物理学の研究が大変盛んになってきた．それは，光を使う方法が様々な物質に共通して使える物性研究や物質評価の優れた手段であることや，単に物質の基底状態ばかりでなく励起状態にも目が向けられるようになってきたこともあるが，何といっても次の二つの要因が大きいものと思われる．すなわち，一つはレーザー技術の進歩により種々の実験手段が確立し，各種の物質に関して非常に豊富な知識が得られるようになったこと，そして最大の要因は，総合技術としての光エレクトロニクスの時代が始まろうとしていることである．実際に最近，光を利用した様々な技術が目ざましい進歩をとげており，光産業革命というような言葉が使われ，また21世紀は光の世紀になるであろうとまでいわれている．光物性物理学はその基礎となる学問であり，その重要性は改めて強調するまでもない．それにも関わらず，この分野に関する参考書は外国語で書かれたものを含めて極めて少ないのが現状である．そこで浅学をも省みず，光物性物理学の基礎をまとめたのが本書である．大学上級ならびに大学院初級程度の理科系の学生を対象とすることを念頭に置いたが，技術者や研究者にも根底となる考え方を整理するのに役立てば幸いである．

物性物理学を固体物理学と捉えて，その面から結晶の光学的な物性物理を詳述することも可能であるが，光物性物理学の基礎を理解するには原子や分子におけるエネルギー準位構造や選択則などの理解が欠かせないし，参考書の少ない現在は，むしろ対象を特定の物質に限ることなく，原子から結晶まで様々な物質を統一的な観点から扱う方が教育的であると思われるので，本書ではそのような扱いを心がけた．最近の光エレクトロニクスの重要性を考えれば，レーザーとその光物性物理学への応用や半導体，非線形光学材料などについてもっと詳しく述べるべきであるが，上のような趣旨から本書では光物性物理学の基礎に話を限ってある．特に，光物性物理学において自然界をどのように捉えるかという物理的な考え方に重点を置き，基礎から積み上げるやり方を取り，頭から結果を与えることはなるべく避けるようにした．さらに取り上げるべき問題も数多くあるが，ある程度コンパクトにすることを心がけ内容を絞った．単位系については，電磁気学が最近もっぱら MKSA 有理化単位系で教えられることを考え，それとの連続性から電磁波については MKSA 有理化単位系を使用した．一方，物性物理学ではほとんどの場合，CGS 非有理化単位系（ガウス単位系）が使われているので，第5章ではエネルギー計算などにガウス単位系を使用した．この点，統一性に欠けるが，混乱は起こらないと思われるし，この方が他の物性分野や量子力学などの教科書とも整合性がよく対応も付きやすいと思われる．なお，煩雑さを避けるため，いくつかの式を一まとめにして番号をつけ，その中の一つを引用するときは順に a, b, c, ……として区別することにした．

終わりに，本書をまとめるにあたっていろいろお世話になった朝倉書店の編集部に厚くお礼申し上げる次第である．

1991年4月

著　　　者

目　　　　次

1. 光の古典論と量子論

光物性物理学では，光と物質との相互作用の問題と各種の物質の光学的な性質を論ずることが中心的な課題となるが，その問題に入る前に，まず光それ自体について基本的なことをまとめておこう．この章では，はじめに光を電磁波として扱うやり方について述べ，光と物質との相互作用の古典論の基礎となる巨視的なマクスウェル方程式を導く．次に，その解を求めるのに便利な電磁ポテンシャルを導入し，さらに放射場の量子化を行って，光が光子の集まりとして扱うことができることを示す．

1.1 光とは何か

光は，古典物理学の範囲内では，電磁波の一種であるとしてうまく理解することができる．すなわち，真空中での波長が数 nm（n：ナノは 10^{-9}）程度から数百μm（μ：マイクロは 10^{-6}）程度までの範囲の電磁波をふつう光とよんでいる．X線やγ線はこれよりも波長の短い電磁波であり，また電波は光よりも波長の長い電磁波である．目に見えるのは，波長がほぼ 380〜400 nm から 760〜800 nm までの光で，これを**可視光**という．これよりも波長の長い光は**赤外線**，波長の短い光は**紫外線**とよばれる．これをさらに分類して，可視域に近いものを近赤外線や近紫外線，遠いものを遠赤外線や遠紫外線などとよぶこともある．ふつう波長が 30〜50 μm あたりよりも長い光を遠赤外線，2.5 μm 付近よりも短い赤外線を近赤外線，また 200 nm あたりよりも波長の短い光を遠紫外線（ないしは極紫外線），300 nm 付近よりも長い紫外線を近紫外線とすることが多いが，その境界は人によって一定していない．なお，波長が 200 nm 付近よりも短い紫外線は空気中で強く減衰するため，実験では光路を真空にする必要がある．そこで，この波長領域の光は**真空紫外線**ともよばれる．

真空中での電磁波の速さ c は，振動数 ν によらず一定であり，その値は正確に 299792458 m/s と定義されている*．さらに，電磁波の真空中での波長を λ とする

* したがって，1 m は，光が真空中を 299792458 分の 1 秒間に進む距離ということになる．なお 1 秒は，^{133}Cs 原子の基底状態の二つの決められた超微細構造準位の間の遷移に対応する波長 3.3 cm の電磁波の振動周期の 9192631770 倍と定義されている．

と，$c=\nu\lambda$ なる関係が成立するから，光の振動数は 10^{12}〜10^{17} Hz と極めて高いことがわかる．また，光の波長は非常に短いが，これは原子の大きさや固体や液体中での原子の間隔（1 Å 程度，1 Å＝10^{-1} nm）と比べると十分に大きい．

ところで，現在では，光も物質も量子論に基づいて理解すべきものであることはよく知られている．すなわち，光も物質を構成する粒子も，波動性と粒子性を兼ね備えており，光は粒子的描像では，ボース統計に従う素粒子である**光子**の流れとみなすことができる．一方，波動的描像では電場や磁場は演算子でおき換えられ，それには交換関係に対応する条件がつく．この量子統計に従う粒子という見方と条件つきの波動という見方とは物理的にはまったく同じ結果を与える．したがってどちらの見方をとってもよく，粒子性と波動性はお互いに矛盾することなく統一されることになる．なお，**プランクの定数**を h として，光子はエネルギー $h\nu$ ならびに光の進行方向に $h\nu/c$ なる運動量をもつ．また光子のスピンは1であるが，光が横波であることに対応して，偏りの自由度は二つしかもたない．

$h=6.63\times10^{-34}$ J/Hz であるから，光の振動数領域の場合，光子のエネルギーは 10^{-21}〜10^{-16} J 程度となる（J：ジュール）．しかし，光子のエネルギーをジュールで表す代わりに真空中での波長* の逆数である**波数**（これは ν/c であり，しばしば $\bar{\nu}$ と書かれる）を cm^{-1} の単位で表したものがよく用いられる．たとえば，真空中での波長が 500 nm の緑色の光の場合，光子エネルギーは 20000 cm^{-1} ということになる．ここで，cm^{-1} はカイザー（ないしは波数）と読む．また電子を1ボルトの電位差で加速したときに電子が得る運動エネルギーである**電子ボルト**（eV）も，エネルギーの単位としてしばしば用いられる．1 eV は 8066 cm^{-1} に相当し，光子エネルギーが 1 eV の光の真空波長は 1.24 μm になる．光の領域の場合，光子エネルギーは数 meV から数百 eV 程度であり，1s 軌道にある電子を陽子から引き離して水素原子をイオン化するのに要するエネルギー（水素の**リュードベリ定数**）は 13.6 eV であるから，紫外線がいろいろの光化学反応を引き起こすことは容易に理解できる．一方，原子核の中の核子1個あたりの結合エネルギーは，数 MeV であるから（M：メガは 10^6），光の領域では原子核は一つのユニットと考えてよく，その内部構造を問題にする必要はない．

* 可視部付近での空気の屈折率はほぼ 1.0003 であり，空気中における光の波長は真空波長に比べて約 0.03% 短い．

1.2 電磁波としての光

物質も境界も存在しない空間（自由空間という）の場合，電場（ないしは電界）ならびに磁束密度をそれぞれ $\boldsymbol{E}(\boldsymbol{r},t)$，$\boldsymbol{B}(\boldsymbol{r},t)$ として（$\boldsymbol{r}$ は座標 (x,y,z) を表すベクトル，t は時間），マクスウェル方程式は，MKSA 有理化単位系を使って表すと，次のようになる．

$$\left.\begin{array}{ll}\nabla\cdot\boldsymbol{E}=0, & \nabla\cdot\boldsymbol{B}=0\\ \nabla\times\boldsymbol{E}=-\partial\boldsymbol{B}/\partial t, & \nabla\times\boldsymbol{B}=\varepsilon_0\mu_0\partial\boldsymbol{E}/\partial t\end{array}\right\} \tag{1.1}$$

ただし，∇(ナブラとよぶ）は $\partial/\partial x$，$\partial/\partial y$，$\partial/\partial z$ を x,y,z 方向の成分とするベクトル微分演算子であり，$\nabla\cdot$ と $\nabla\times$ はそれぞれ div と rot に対応する．また，$\varepsilon_0=8.854\times10^{-12}$ C/Vm と $\mu_0=1.257\times10^{-6}$ Wb/Am は，**真空の誘電率**および**真空の透磁率**とよばれる定数である（C：クーロン，V：ボルト，Wb：ウエーバー，A：アンペアなどの単位については電磁気学の教科書を参照のこと）．なお，真空中での電束密度 $\boldsymbol{D}(\boldsymbol{r},t)$ および磁場（ないしは磁界）$\boldsymbol{H}(\boldsymbol{r},t)$ は，$\boldsymbol{D}=\varepsilon_0\boldsymbol{E}$ および $\boldsymbol{H}=\boldsymbol{B}/\mu_0$ で定義される．

ところで，$\boldsymbol{V}(\boldsymbol{r})$ を座標 $\boldsymbol{r}$ に依存する任意のベクトル関数として

$$\nabla\times(\nabla\times\boldsymbol{V})=\nabla(\nabla\cdot\boldsymbol{V})-\nabla^2\boldsymbol{V} \tag{1.2}$$

が成り立つので，式 (1.1) から

$$\left.\begin{array}{l}\nabla^2\boldsymbol{E}-\varepsilon_0\mu_0\partial^2\boldsymbol{E}/\partial t^2=0\\ \nabla^2\boldsymbol{B}-\varepsilon_0\mu_0\partial^2\boldsymbol{B}/\partial t^2=0\end{array}\right\} \tag{1.3}$$

なる波動方程式が導かれる（$\nabla^2\equiv\nabla\cdot\nabla=\partial^2/\partial x^2+\partial^2/\partial y^2+\partial^2/\partial z^2$ は**ラプラシアン**とよばれる）．これは電場および磁束密度が速さ $c=1/\sqrt{\varepsilon_0\mu_0}$ をもつ波動の形で真空中を伝播することを意味している．これが**電磁波**である．

いま，これらの方程式の解として最も簡単な正弦波の形をした平面波を考え，場所や時間に依存しないベクトル $\boldsymbol{E}_0,\boldsymbol{B}_0$ を使って

$$\left.\begin{array}{l}\boldsymbol{E}(\boldsymbol{r},t)=\boldsymbol{E}_0\cos(\boldsymbol{k}\cdot\boldsymbol{r}-\omega t+\phi)\\ \boldsymbol{B}(\boldsymbol{r},t)=\boldsymbol{B}_0\cos(\boldsymbol{k}\cdot\boldsymbol{r}-\omega t+\phi)\end{array}\right\} \tag{1.4}$$

と表すことにしよう．ここで $\omega=2\pi\nu$ は**角振動数**であり，また $\boldsymbol{k}$ は大きさが ω/c で波面の進行方向を向いたベクトルで，**波数ベクトル**（ないしは波動ベクトル）とよばれる．また ϕ は $\boldsymbol{r}=0$，$t=0$ における位相を表し，**初期位相**とよばれる．

式 (1.4) を式 (1.1) に代入すると

$$\left.\begin{array}{ll}\boldsymbol{k}\cdot\boldsymbol{E}=0, & \boldsymbol{k}\cdot\boldsymbol{B}=0\\ \boldsymbol{k}\times\boldsymbol{E}=\omega\boldsymbol{B}, & \boldsymbol{k}\times\boldsymbol{B}=-(\omega/c^2)\boldsymbol{E}\end{array}\right\} \tag{1.5}$$

を得るが，これはベクトル $\boldsymbol{E}, \boldsymbol{B}, \boldsymbol{k}$ が右手系をなすように互いに垂直な関係にあることを示している．つまり，自由空間における電磁波は横波である．

ポインティングベクトル

$$\boldsymbol{S}=\boldsymbol{E}\times\boldsymbol{H} \tag{1.6}$$

は放射エネルギーの流れの方向を向いたベクトルであり，その大きさはこのベクトルに垂直な面の単位面積を単位時間によぎる放射エネルギー，つまり電磁波の強度を表している．式 (1.4) を使うと，これは角振動数 2ω で振動することになるが，光の場合には ω が非常に高い値をもち，光検出器の出力はこのように速い変化には追従できない．そこで振動の1サイクルにわたって平均した**サイクル平均強度** $I\equiv|\overline{\boldsymbol{S}}|$ (￣はサイクル平均を表す) を考えるのがふつうである．これは $|\boldsymbol{E}_0\times\boldsymbol{H}_0|/2$ となるが ($\boldsymbol{H}_0=\boldsymbol{B}_0/\mu_0$)，さらに式 (1.5) より $\boldsymbol{E}_0\perp\boldsymbol{H}_0$, $|\boldsymbol{E}_0|/|\boldsymbol{H}_0|=\sqrt{\mu_0/\varepsilon_0}$ であるから

$$I=\frac{1}{2}\varepsilon_0 c|\boldsymbol{E}_0|^2 \tag{1.7}$$

と表すことができる．なお，単位体積あたりの電磁場のエネルギーは

$$U=\frac{1}{2}\boldsymbol{E}\cdot\boldsymbol{D}+\frac{1}{2}\boldsymbol{B}\cdot\boldsymbol{H} \tag{1.8}$$

で与えられ，電磁波に対しては電場のエネルギーと磁場のエネルギーは等しい．またこれから

$$\nabla\cdot\boldsymbol{S}+\partial U/\partial t=0 \tag{1.9}$$

なるエネルギーの保存を表す**連続の方程式**が成り立つことがわかる (問題 1.1)．

自由空間における光の電場ベクトルの方向は波面の進行方向に対して垂直であることが知られたが，これには互いに独立な二つの方向がある．そこで z 方向に進む平面波を考え，z 軸に垂直な平面上で互いに直交するように x 軸，y 軸を決めると，これらの方向の単位ベクトルを $\boldsymbol{e}_x, \boldsymbol{e}_y$ として，電場ベクトルは

$$\boldsymbol{E}(z,t)=E_x(z,t)\boldsymbol{e}_x+E_y(z,t)\boldsymbol{e}_y \tag{1.10}$$

と書くことができる．さらに

$$\left.\begin{array}{l}E_x(z,t)=E_{x0}\cos(kz-\omega t+\phi_x)\\ E_y(z,t)=E_{y0}\cos(kz-\omega t+\phi_y)\end{array}\right\} \tag{1.11}$$

として，これから ($kz-\omega t$) を消去すると

$$(E_x/E_{x0})^2+(E_y/E_{y0})^2-2(E_x/E_{x0})(E_y/E_{y0})\cos\delta=\sin^2\delta \qquad (1.12)$$

が得られる．ただし，$\delta=\phi_y-\phi_x$ である．この式は，電場ベクトルの先端を表す点（E_x, E_y）が，z のある値の位置で観測した場合に楕円を描くことを意味している．そこでこれを**楕円偏光**とよぶ．その特殊な場合として $\delta=m\pi$（mは整数）が成り立つときには式（1.12）は直線になり，これを**直線偏光**とよぶ．この場合には光の電場ベクトルは一つの平面上にある．そのためこれを平面偏光とよぶこともある．また $\delta=(m+1/2)\pi$ であり，かつ $E_{x0}=E_{y0}$ の場合には式（1.12）は円を表し，これを**円偏光**とよぶ．さらに，$(2m-1)\pi<\delta<2m\pi$ の場合には，光の進行方向（$z=\infty$）から見ると点（E_x, E_y）は時計の針と同じ方向に回転する．そこでこれを右まわりと称し，逆に回転する $2m\pi<\delta<(2m+1)\pi$ の場合を左まわりとよぶ*．したがって，$E_{x0}=E_{y0}$ で $\delta=\pi/2$ の場合は左まわり円偏光，$\delta=-\pi/2$ の場合は右まわり円偏光ということになる．

以上のように，完全な正弦波で表される光の場合，点（E_x, E_y）は楕円，円，直線などの決まった図形の上を運動する．この場合には，光は完全に偏っているといわれる．それに対して，われわれがふつう扱う光は一般に完全に偏った状態にはなく，極端な場合にはまったく偏りを示さない．これはふつうの光の場合，位相や振幅がでたらめに変化し，位相関係が一定のひとつながりの波（これを**波連**という）はごく短時間しか続かないからである．たとえば太陽光などでは，いろいろの偏光特性をもつ波が不規則に混じり合っており，E_x と E_y との間の位相関係は時間的にまったくでたらめに変化するため特定の偏りは見られない．このようなまったく偏りを示さない光を**自然光**という．この場合，光の進行方向と垂直などの方向に偏った成分も強度が等しいが，二つの異なる方向の成分間に一定の位相関係がない点で自然光は円偏光とまったく異なる．一般の光は，完全に偏った成分と偏りのない成分とが混じったものとみなすことができる．そこで，これを**部分偏光**という．

なお，z 方向に進む光に対しては偏りの有無に関係なく式（1.10）が常に成立するから，任意の光は偏光方向が互いに直交する二つの直線偏光の和であると考えることができ，光の強度もこの二つの直線偏光の強度の和になる．さらに，直線偏光は二つの円偏光の和で表されるから，任意の光は左右の円偏光の和である

* 逆に電場ベクトルが右ネジのように回転するものを右まわりとする人もいるが，ここでは慣例に従うことにする．

と考えることもできる(問題1.2). 実際に，自然光の場合でもニコルプリズムなどの**直線偏光子**を通すことにより完全に偏った直線偏光を取り出すことができ，また，波長の決まった単色の直線偏光は円偏光に変えることができる．いま，厚さLの透明な薄い結晶板を考え，これに垂直に光を通す．結晶板は，その面内で直交する二つの方向に偏った光に対する屈折率 n_x と n_y が同じでなく，光の真空中での波長をλ として $|n_x-n_y|L=\lambda/4$ の条件が満足されているものとしよう．このような板は **λ/4 板**（しぶんのラムダばんと読む）ないしは**4分の1波長板**とよばれる．上の二つの方向と 45° をなす方向に偏った直線偏光がこの板を通ると，この二方向の偏光成分の間には $\pi/2$ の位相差ができるから，出てくる光は円偏光になる．したがって，円偏光をつくるには直線偏光子と $\lambda/4$ 板を組み合わせればよい．逆にまた $\lambda/4$ 板に単色の円偏光が入射すると，通り抜けた光は直線偏光になる．

1.3 電磁場の複素表示とフーリエ変換

一般に正弦波で表される直線偏光の平面波の場合，電場は振幅を E_0，偏り方向の単位ベクトル（**偏りベクトル**）を$\boldsymbol{e}$として

$$\boldsymbol{E}(\boldsymbol{r},t)=\boldsymbol{e}E_0\cos(\boldsymbol{k}\cdot\boldsymbol{r}-\omega t+\phi) \tag{1.13}$$

と書くことができるが，$\exp(i\theta)=\cos\theta+i\sin\theta$ であるから

$$\tilde{\boldsymbol{E}}(\boldsymbol{r},t)=\boldsymbol{e}E_0\exp[i(\boldsymbol{k}\cdot\boldsymbol{r}-\omega t+\phi)] \tag{1.14}$$

を使い，電場はその実部であると考えても構わない．このような指数関数の形にすると，空間部分，時間部分，初期位相の部分がそれぞれ積の形になって分離できるので計算上大変に便利である．さらに一部分を振幅の方に押し込んで，たとえば

$$\tilde{\boldsymbol{E}}(\boldsymbol{r},t)=\boldsymbol{e}\tilde{E}_0\exp[i(\boldsymbol{k}\cdot\boldsymbol{r}-\omega t)] \tag{1.15}$$

などのように表すこともできる．ここで，$\tilde{E}_0=E_0\exp(i\phi)$ は，**複素振幅**とよばれる．

場の一次の項までしか現れない線形な問題では，$\boldsymbol{E}(\boldsymbol{r},t)$ の代わりに $\tilde{\boldsymbol{E}}(\boldsymbol{r},t)$ を使って計算を行い，最後に実部をとることにより正しい結果を得ることができる．しかし，電場や磁場の積，あるいはべきなどが関係する問題では，式(1.13)のような実数の表示を使うか，あるいは全体として実数になるように

$$\boldsymbol{E}(\boldsymbol{r},t)=\boldsymbol{e}[\tilde{E}_0\exp\{i(\boldsymbol{k}\cdot\boldsymbol{r}-\omega t)\}+\tilde{E}_0^*\exp\{-i(\boldsymbol{k}\cdot\boldsymbol{r}-\omega t)\}]/2 \tag{1.16}$$

といった表し方を使う必要がある（問題 1.3）．ただし，$\tilde{E}_0^*$ は $\tilde{E}_0$ の共役複素数である．

ところで，時間に依存する関数 $f(t)$ は，連続関数 $F(\omega)$ を使って

$$f(t)=\int_{-\infty}^{\infty}F(\omega)\mathrm{e}^{-i\omega t}\mathrm{d}\omega \tag{1.17}$$

と表されることが知られており，これを**フーリエ変換**とよぶ．一方，また $F(\omega)$ も同じように

$$F(\omega)=\frac{1}{2\pi}\int_{-\infty}^{\infty}f(t)\mathrm{e}^{i\omega t}\mathrm{d}t \tag{1.18}$$

と書くことができる．式（1.17）は，時間的に勝手な変化をする関数が，いろいろな角振動数をもつ単振動の重ね合わせで表されることを意味している．ここで $F(\omega)$ は，角振動数 ω の単振動の複素振幅である．波数ベクトル $\boldsymbol{k}$ と位置ベクトル $\boldsymbol{r}$ の間にも同様な関係

$$\left.\begin{aligned}f(\boldsymbol{k})&=\iiint F(\boldsymbol{r})\exp(-i\boldsymbol{k}\cdot\boldsymbol{r})\mathrm{d}x\mathrm{d}y\mathrm{d}z\\F(\boldsymbol{r})&=\left(\frac{1}{2\pi}\right)^3\iiint f(\boldsymbol{k})\exp(i\boldsymbol{k}\cdot\boldsymbol{r})\mathrm{d}k_x\mathrm{d}k_y\mathrm{d}k_z\end{aligned}\right\} \tag{1.19}$$

が成り立ち，空間の任意の関数は $\exp(i\boldsymbol{k}\cdot\boldsymbol{r})$ で表される正弦的な関数の重ね合わせの形に書くことができる．したがって，時間ならびに空間の関数である一般の波を，式（1.15）のような正弦波の形の平面波（これを**フーリエ成分**とよぶ）の重ね合わせとして表すことができる．

われわれが扱うべき問題が線形である場合には重ね合わせの原理が成立するので，一般の波を扱う場合に，それを多くのフーリエ成分の和と考え，式（1.15）ないしは式（1.16）で表されるような各々の成分について計算を行い，最後にそれを重ね合わせることにより求める結果を得ることができる．光の問題では，ほとんどの場合，$\boldsymbol{E}$ や $\boldsymbol{B}$ に関してこの重ね合わせの原理が成立するので，フーリエ展開して一つのフーリエ成分について扱えば十分である．ただし，レーザー光のように光の電磁場が強いときには，重ね合わせの原理が成り立たず，非線形光学効果とよばれる現象が現れる．しかしこの場合も，ふつういくつかの ω や $\boldsymbol{k}$ の決まった光だけが問題になるので，やはり式（1.15）ないしは式（1.16）の形の波を考えて問題を扱うことができる．

なお，強度を振動数やエネルギーの関数として表したものはふつう**スペクトル**

とよばれる．光の電場が時間の関数として与えられた場合，式 (1.18) を使ってこれをフーリエ変換して角振動数 ω の成分の振幅を求め，その絶対値の二乗を取ることによりスペクトルが計算される．たとえば，サイクル平均強度が時定数 $1/\gamma$ で指数関数的に減衰する

$$\tilde{\boldsymbol{E}}(t)=\boldsymbol{e}\tilde{E}_0\exp\left(-\frac{\gamma t}{2}-i\omega_0 t\right) \tag{1.20}$$

なる電磁波について考えると（ただし $t\geq0$），スペクトルは

$$I(\omega)\propto\frac{|\tilde{E}_0|^2}{(\omega-\omega_0)^2+(\gamma/2)^2} \tag{1.21}$$

のようになる．これは**ローレンツ型**の曲線である．ピークの半分の高さの所での幅を**半値幅**というが，上の場合，角振動数で表したスペクトルの半値幅は γ となる．一方，この電磁波は $1/\gamma$ 程度の時間しか続かない．したがって，時間幅と角振動数で表したスペクトル幅の積は 1 程度の大きさになる．一つの波として続く時間的な長さとスペクトル幅の間のこのような関係は極めて一般的なものであり，これは時間とエネルギーの間の不確定性関係に対応している（問題 1.4）．

1.4 物質中のマクスウェル方程式

次に，物質が存在する一般の場合のマクスウェル方程式について考える．物質はミクロに見ると多くの原子核と電子より成るから，まず物質を点電荷の集まりとみなし，その質量，電荷，位置，速度をそれぞれ $m_i, q_i, \boldsymbol{r}_i, \boldsymbol{v}_i$ としよう（ただし $i=1,2,3,\cdots$）．すると，点電荷に対する古典的な運動方程式は

$$\frac{\mathrm{d}}{\mathrm{d}t}(m_i\boldsymbol{v}_i)=q_i[\boldsymbol{e}(\boldsymbol{r}_i,t)+\boldsymbol{v}_i\times\boldsymbol{b}(\boldsymbol{r}_i,t)] \tag{1.22}$$

と書くことができる．ここで，$\boldsymbol{e}(\boldsymbol{r},t)$ と $\boldsymbol{b}(\boldsymbol{r},t)$ は微視的な電場と磁束密度であり，右辺は**ローレンツの力**とよばれる．$\boldsymbol{e}$ と $\boldsymbol{b}$ は次のマクスウェル方程式に従う．

$$\left.\begin{aligned}&\nabla\cdot\boldsymbol{e}=\rho/\varepsilon_0, &&\nabla\cdot\boldsymbol{b}=0\\ &\nabla\times\boldsymbol{e}=-\partial\boldsymbol{b}/\partial t, &&\nabla\times\boldsymbol{b}=\mu_0\left(\varepsilon_0\frac{\partial\boldsymbol{e}}{\partial t}+\boldsymbol{j}\right)\end{aligned}\right\} \tag{1.23}$$

ただし，$\rho(\boldsymbol{r},t)$ と $\boldsymbol{j}(\boldsymbol{r},t)$ は電荷密度と電流密度であり，

$$\left.\begin{aligned}\rho&=\sum_i q_i\delta(\boldsymbol{r}-\boldsymbol{r}_i)\\ \boldsymbol{j}&=\sum_i q_i\boldsymbol{v}_i\delta(\boldsymbol{r}-\boldsymbol{r}_i)\end{aligned}\right\} \tag{1.24}$$

と表される．ここで $\delta(\boldsymbol{r}-\boldsymbol{r}_i)$ は三次元の δ 関数で，これは $\boldsymbol{r}\neq\boldsymbol{r}_i$ では零であり，全空間にわたって積分すると 1 になる（3.3 節参照）．$\nabla\cdot\nabla\times\boldsymbol{b}=0$ であるから式 (1.23) より

$$\nabla\cdot\boldsymbol{j}+\partial\rho/\partial t=0 \tag{1.25}$$

なる連続の方程式が導かれるが，これは電荷の保存を表している．

上の微視的な考え方では，電磁場が決まれば電荷に及ぼす力がローレンツ力として与えられ，式 (1.22) を解くことにより電荷の運動が決まる．一方，それが決まれば電磁場は式 (1.23) を解くことにより求められる．したがって，これは閉じた理論になっており，互いに矛盾しない電磁場と電荷の運動が求める解である．しかし，これらの方程式は実際には非常に複雑で解くことができないから，光の波長が原子の大きさや格子定数よりは十分大きいことを考えて，平均的な量を扱うことにしよう．すなわち，一般には光の電場や磁場がほぼ一定の領域に多くの荷電粒子が存在すると考えられるので，物質のミクロな構造は忘れて，波長よりは十分小さく，しかも分子的な尺度よりは十分に大きな領域で平均を取り，巨視的な電磁場に対するマクスウェル方程式を求めることにする．そのような平均を横線で表すと，この平均操作と微分演算とは順序を換えても構わないから，$\boldsymbol{E}\equiv\bar{\boldsymbol{e}}$，$\boldsymbol{B}\equiv\bar{\boldsymbol{b}}$ として式 (1.23) は

$$\left.\begin{aligned}&\nabla\cdot\boldsymbol{E}=\bar{\rho}/\varepsilon_0, &&\nabla\cdot\boldsymbol{B}=0\\ &\nabla\times\boldsymbol{E}=-\partial\boldsymbol{B}/\partial t, &&\nabla\times\boldsymbol{B}=\mu_0\left(\varepsilon_0\frac{\partial\boldsymbol{E}}{\partial t}+\bar{\boldsymbol{j}}\right)\end{aligned}\right\} \tag{1.26}$$

となる．そこで $\bar{\rho}$ であるが，これを考える領域内で平均した場合に零にならず残るような電荷（これを**真電荷**という）の密度 ρ_t と，ミクロには電荷が分布しているが電荷の平均値としては零になるような部分からの寄与 ρ_d の和と考える．後者の寄与は零ではない．なぜならば，正と負の電荷 q と $-q$ が極く微小な距離 d だけ離れている場合，これを**電気双極子**とよび，大きさが qd で負電荷から正電荷の方向を向くベクトルを**電気双極子モーメント**とよぶが，このようなものが存在すると，電荷の平均値は零になるが，そのまわりに零ではない電場が生じるからである．そこで，全体として中性になる電荷の分布を電気双極子の分布でおき換え，その双極子モーメントの平均的な密度を $\bar{\boldsymbol{p}}$ とすると，これは $-\nabla\cdot\bar{\boldsymbol{p}}$ で与えられる密度で電荷が分布しているのと等価であることが，それによって生じる電場の比較からわかる．したがって，$\rho_d=-\nabla\cdot\bar{\boldsymbol{p}}$ と書くことができる（これ

を**分極電荷**という)．ここで，単位体積あたりの平均的な電気双極子モーメント $\bar{p}\equiv \boldsymbol{P}$ は**分極**とよばれる．

$\bar{\boldsymbol{j}}$ についても同様に，これを真の平均値である**伝導電流** $\boldsymbol{J}$ と，ρ_d が時間的に変化するために生じる**分極電流** $\boldsymbol{J}_d$，ならびにミクロには電流が分布しているが電流の平均値としては零になるような部分からの寄与 $\boldsymbol{J}_m$ の和と考えよう．$\boldsymbol{J}_d$ と ρ_d とは連続の方程式 (1.25) を満足し，$\boldsymbol{J}_d=\partial \boldsymbol{P}/\partial t$ なる関係がある．一方，$\boldsymbol{J}_m$ は原子内における電子の軌道運動や自転運動（スピン）などによるものである．微小なリングにそって流れる電流のループを**磁気双極子**とよび，このループの面積と電流の大きさの積を大きさとしループに垂直なベクトルを**磁気双極子モーメント**とよぶが，このようなものがあると，電流の平均値は零になるが，そのまわりに零ではない磁束密度が生じるから，この寄与は零ではない．そこで，平均としては零になるこのような電流の分布を磁気双極子の分布でおき換え，その双極子モーメントの平均的な密度を $\overline{\boldsymbol{m}}$ とすると，これは $\nabla\times\overline{\boldsymbol{m}}$ で与えられる密度で電流が分布しているのと等価になる．したがって，$\boldsymbol{J}_m=\nabla\times\overline{\boldsymbol{m}}$ と書くことができる．ここで，単位体積あたりの平均的な磁気双極子モーメント $\overline{\boldsymbol{m}}\equiv\boldsymbol{M}$ は**磁化**とよばれる．

なお，上で定義した $\boldsymbol{E}, \boldsymbol{B}$ はもちろん，ρ_t や $\boldsymbol{J}, \boldsymbol{P}, \boldsymbol{M}$ も平均を取る領域の中心の座標 $\boldsymbol{r}$ ならびに時間 t の関数と考えることができる．したがって，結局，電束密度 $\boldsymbol{D}(\boldsymbol{r},t)$ および磁場 $\boldsymbol{H}(\boldsymbol{r},t)$ を

$$\left.\begin{aligned}\boldsymbol{D}&=\varepsilon_0\boldsymbol{E}+\boldsymbol{P}\\ \boldsymbol{H}&=\boldsymbol{B}/\mu_0-\boldsymbol{M}\end{aligned}\right\}\tag{1.27}$$

と定義すると，物質中における**平均的な場に対するマクスウェル方程式**は

$$\left.\begin{aligned}\nabla\cdot\boldsymbol{D}&=\rho_t\\ \nabla\cdot\boldsymbol{B}&=0\\ \nabla\times\boldsymbol{E}&=-\partial\boldsymbol{B}/\partial t\\ \nabla\times\boldsymbol{H}&=\partial\boldsymbol{D}/\partial t+\boldsymbol{J}\end{aligned}\right\}\tag{1.28}$$

の形にまとめられる．この場合，物質の性質は，$\boldsymbol{P}$ や $\boldsymbol{M}, \boldsymbol{J}$ あるいは

$$\boldsymbol{D}=\varepsilon\boldsymbol{E},\quad \boldsymbol{B}=\mu\boldsymbol{H},\quad \boldsymbol{J}=\sigma\boldsymbol{E}\tag{1.29}$$

などと書いたときの係数である**誘電率** ε，**透磁率** μ，**電気伝導度** σ を通して電場や磁場に影響を与えることになる．なお，一般には ε, μ, σ はテンソルで表すべきであるが，本書では簡単のため物質は均一で等方的であり，ε, μ, σ は方向によ

らないスカラーの量であるとする．物質が等方的でない場合はベクトル成分に分けて考えればよい．また多くの場合，ε, μ, σ は $\boldsymbol{E}$ や $\boldsymbol{B}$ によらないから，これらは物質定数と考えてよく，その場合にはマクスウェル方程式（1.28）は線形になる．強誘電体や強磁性体では例外的に $\boldsymbol{D}$ や $\boldsymbol{B}$ が $\boldsymbol{E}$ や $\boldsymbol{H}$ に比例せず，過去の履歴に依存するなど複雑な振舞いをするが，その場合にも光の振動数で振動する成分だけを取り出すと，上の比例関係が成り立つ．ただし，レーザー光のように光の電磁場が強い場合には一般に比例関係からのずれが現れ，このずれに基づく種種の現象を**非線形光学効果**とよぶ．本書では ε, μ, σ は物質定数として扱い，非線形光学効果については 6.5 節でふれる．

いま，中性（$\rho_t=0$）で透明な絶縁体（$\sigma=0$）について考えると，1.2節と同様にして，波動方程式

$$\left.\begin{aligned} \nabla^2\boldsymbol{E}-\varepsilon\mu\partial^2\boldsymbol{E}/\partial t^2=0 \\ \nabla^2\boldsymbol{B}-\varepsilon\mu\partial^2\boldsymbol{B}/\partial t^2=0 \end{aligned}\right\} \tag{1.30}$$

が得られ，$n=\sqrt{\varepsilon\mu/\varepsilon_0\mu_0}$ として物質中の光の速さと波数ベクトルの大きさは $c'=c/n$ および $k=\omega n/c$ となることがわかる．またサイクル平均強度は

$$I=\frac{1}{2}\sqrt{\varepsilon/\mu}\,|\boldsymbol{E}_0|^2=\frac{1}{2}\frac{\varepsilon c}{n}|\boldsymbol{E}_0|^2 \tag{1.31}$$

となる．ここで n は物質の屈折率である．これに対して σ が零でない場合には，物質中を進むに従って光の強度は減衰する．これはマクスウェル方程式（1.28）から

$$\nabla\cdot\boldsymbol{S}+\partial U/\partial t+\boldsymbol{J}\cdot\boldsymbol{E}=0 \tag{1.32}$$

が成り立ち，単位時間に単位体積あたり $\sigma|\boldsymbol{E}|^2$ だけのエネルギーがジュール熱に変換されるからである（問題 1.1）．なお，光の減衰特性については次の章で詳しく述べる．

1.5 電磁ポテンシャルとゲージ変換

いま，**スカラーポテンシャル** $\phi(\boldsymbol{r}, t)$ と**ベクトルポテンシャル** $A(\boldsymbol{r}, t)$ を使って

$$\boldsymbol{E}=-\nabla\phi-\partial A/\partial t, \quad \boldsymbol{B}=\nabla\times A \tag{1.33}$$

とすると，式（1.28 b）と式（1.28 c）は自動的に満足される．ところが，$\boldsymbol{A}$ と ϕ には任意性があり，式（1.33）を満たす一つの解を $\boldsymbol{A}_0, \phi_0$ とした場合，$u(\boldsymbol{r}, t)$

を任意のスカラー関数として

$$A=A_0+\nabla u,\quad \phi=\phi_0-\partial u/\partial t \tag{1.34}$$

としても同じ $\boldsymbol{E},\boldsymbol{B}$ が得られる．式 (1.34) の変換を**ゲージ変換**という．そこで，

$$\Box u+\nabla\cdot A_0+\varepsilon\mu\partial\phi_0/\partial t=0 \tag{1.35}$$

を満足するような関数を u として選んでゲージ変換を行うと，

$$\nabla\cdot A+\varepsilon\mu\partial\phi/\partial t=0 \tag{1.36}$$

とすることができる（ここで $\Box=\nabla^2-\varepsilon\mu\partial^2/\partial t^2$ であり，$\Box$は**ダランベルシャン**とよばれる）．これをローレンツ条件といい，このような条件を満たすように A と ϕ を選ぶことを**ローレンツゲージ**をとるという．このようにすると，ε,μ をスカラーとして，マクスウェル方程式 (1.28) は

$$\left.\begin{aligned}\Box\phi&=-\rho_t/\varepsilon\\ \Box A&=-\mu \boldsymbol{J}\end{aligned}\right\} \tag{1.37}$$

という同じ形の二つの式にまとめられる（問題 1.6）．さらに，これらの方程式の特解は，物質中の光速 $c'=(\varepsilon\mu)^{-1/2}$ を使って

$$\left.\begin{aligned}\phi(\boldsymbol{r},t)&=\frac{1}{4\pi\varepsilon}\int\frac{\rho_t(\boldsymbol{r}',t')}{R}\mathrm{d}\boldsymbol{r}'\\ A(\boldsymbol{r},t)&=\frac{\mu}{4\pi}\int\frac{\boldsymbol{J}(\boldsymbol{r}',t')}{R}\mathrm{d}\boldsymbol{r}'\\ t'&=t-R/c'\end{aligned}\right\} \tag{1.38}$$

で与えられることが知られている（電磁気学の教科書を参照のこと）．ここで，$R\equiv|\boldsymbol{r}-\boldsymbol{r}'|$ は観測点 $\boldsymbol{r}$ と ρ や $\boldsymbol{J}$ のある点 $\boldsymbol{r}'$ との間の距離であり，$\int\mathrm{d}\boldsymbol{r}'$ は位置 $\boldsymbol{r}'$ を全空間にわたって動かして積分を行うこと，すなわち $\iiint\mathrm{d}x'\mathrm{d}y'\mathrm{d}z'$ を意味している．この式は $\boldsymbol{r}'$ にある電荷や電流の作用が観測点に光速 c' で伝わることを表しており，式 (1.38 a, b) は**遅延ポテンシャル**とよばれる．なお式 (1.37) の一般解は，式 (1.37) で右辺を零とした方程式の一般解（A に関するものは次に述べる放射場を表す）を式 (1.38) に加えたものになる．

式 (1.35) の代わりに

$$\nabla^2 u+\nabla\cdot A_0=0 \tag{1.39}$$

を満足するような関数を u として選んでゲージ変換を行うと

$$\nabla\cdot A=0 \tag{1.40}$$

とすることができるが，これは $\boldsymbol{A}$ を横波とするということであり（式 (1.5 a) 参照)，電磁場として横波である電磁波だけに注目する場合に大変便利である．なお，この**クーロンゲージ**をとった場合，$\nabla^2\chi=0$ を満たす関数 $\chi(\boldsymbol{r},t)$ を u に加えてゲージ変換を行っても，やはり同じ $\boldsymbol{E}$ と $\boldsymbol{B}$ が得られるし，式 (1.40) も満足される．

自由空間の場合には，クーロンゲージをとり，式 (1.33) を式 (1.1 a, d) に代入すると

$$\nabla^2\phi=0,\quad \Box\boldsymbol{A}=\varepsilon_0\mu_0\nabla(\partial\phi/\partial t) \tag{1.41}$$

となるが，これを満たす ϕ_1 について $\phi_1=\partial\chi/\partial t$，$\nabla^2\chi=0$ となる関数 χ を選ぶことができる．これを u に加えても構わないから，式 (1.34 b) より $\phi=\phi_0-\partial u/\partial t-\partial\chi/\partial t=\phi_1-\partial\chi/\partial t$ としてもよく，$\phi=0$ とすることができる．結局この場合，$\boldsymbol{A}(\boldsymbol{r},t)$ が満たすべき方程式は

$$\left.\begin{aligned}\nabla\cdot\boldsymbol{A}&=0\\ \Box\boldsymbol{A}&=0\end{aligned}\right\} \tag{1.42}$$

となり，電場，磁場は

$$\boldsymbol{E}=-\partial\boldsymbol{A}/\partial t,\quad \boldsymbol{B}=\nabla\times\boldsymbol{A} \tag{1.43}$$

で与えられる．このような電磁場は，特に**放射場**とよばれる．なお，式 (1.42) の一般解は次節で示す．

空間に物質が存在する一般の場合には，クーロンゲージをとると，ε,μ をスカラーとして，マクスウェル方程式 (1.28) から

$$\left.\begin{aligned}\nabla^2\phi&=-\rho_t/\varepsilon\\ \Box\boldsymbol{A}-\varepsilon\mu\nabla(\partial\phi/\partial t)&=-\mu\boldsymbol{J}\end{aligned}\right\} \tag{1.44}$$

が成り立つことが必要となるが，任意のベクトル場 $\boldsymbol{V}(\boldsymbol{r},t)$ は $\nabla\times\boldsymbol{V}_L=0$ を満たす縦型成分 $\boldsymbol{V}_L$ と $\nabla\cdot\boldsymbol{V}_T=0$ を満たす横型成分 $\boldsymbol{V}_T$ の和で表されるから，

$$\boldsymbol{J}=\boldsymbol{J}_L+\boldsymbol{J}_T \tag{1.45}$$

とすると，式 (1.44 b) は

$$\left.\begin{aligned}\varepsilon\nabla(\partial\phi/\partial t)&=\boldsymbol{J}_L\\ \Box\boldsymbol{A}&=-\mu\boldsymbol{J}_T\end{aligned}\right\} \tag{1.46}$$

のように ϕ と $\boldsymbol{A}$ の方程式に分離される．同様にして

$$\boldsymbol{E}=\boldsymbol{E}_L+\boldsymbol{E}_T \tag{1.47}$$

とすると，

$$\left.\begin{aligned} \boldsymbol{E}_L &= -\nabla\phi \\ \boldsymbol{E}_T &= -\partial \boldsymbol{A}/\partial t \end{aligned}\right\} \tag{1.48}$$

となる．また，$\boldsymbol{B}$ と $\boldsymbol{H}$ が横型成分のみから成ることは式（1.28 b）より明らかである．結局，横波である電磁波に対しては

$$\left.\begin{aligned} &\Box \boldsymbol{A} = -\mu \boldsymbol{J}_T \\ &\nabla\cdot\boldsymbol{A} = 0 \\ &\boldsymbol{E} = -\partial\boldsymbol{A}/\partial t \\ &\boldsymbol{B} = \nabla\times\boldsymbol{A} \end{aligned}\right\} \tag{1.49}$$

が成り立つ．したがって，$\boldsymbol{J}_T$ が与えられた場合，$\boldsymbol{A}$ は式（1.38 b）を使って求めることができ，さらに $\boldsymbol{E}$ および $\boldsymbol{B}$ はこれから式（1.49 c）（1.49 d）を使って求められる．

1.6　放射場の量子化

次に，放射場について考えることとし，まず式（1.42）の一般解を求めよう．いま，真空中に一辺の長さ L の立方体を考え，その相対する面上の対応する点で電磁場は等しいとしよう．これは空間をいくつもの立方体に分けて，その各々で同じことが繰り返されると仮定したことに相当するが，このような条件をつけても L を十分大きくすれば自由空間の場合と変わらないと考えられる．このような条件を**周期的境界条件**という．すると，ベクトルポテンシャルは式（1.19 b）より

$$\boldsymbol{A}(\boldsymbol{r},t) = \sum_k \boldsymbol{A}_k(t)\exp(i\boldsymbol{k}\cdot\boldsymbol{r}) \tag{1.50}$$

と展開することができるが，ここで，$\boldsymbol{A}(x+L,y,z,t)=\boldsymbol{A}(x,y,z,t)$ などが成り立つから，n_x, n_y, n_z を整数として

$$k_x = 2\pi n_x/L,\quad k_y = 2\pi n_y/L,\quad k_z = 2\pi n_z/L \tag{1.51}$$

なる関係が必要である．すなわち，波数ベクトルとしては整数の組 (n_x, n_y, n_z) で指定されるもののみが許されることになる．この一つ一つを**モード**とよぶ．さらに，式（1.42 a）より $\boldsymbol{A}_k(t)$ は $\boldsymbol{k}$ に垂直であり，放射場は横波であるが，それには二つの独立な偏りがあるから，それぞれのモードに二つの自由度がある．そこで，あるモードの一つの偏り成分 λ について考えると（これを一つのモードとよぶこともある），式(1.42 b）より $\omega_\lambda = |\boldsymbol{k}_\lambda|c$ として

$$\boldsymbol{A}_\lambda(t) = A_\lambda \boldsymbol{e}_\lambda \exp(-i\omega_\lambda t) \tag{1.52}$$

が成立し，その自由度のベクトルポテンシャルは，実の量の形に表すと

$$\boldsymbol{A}_\lambda(\boldsymbol{r},t)=\boldsymbol{e}_\lambda[A_\lambda \exp\{i(\boldsymbol{k}_\lambda\cdot\boldsymbol{r}-\omega_\lambda t)\}+\mathrm{C.C.}] \tag{1.53}$$

と書くことができる．ここで，A_λ は複素振幅であり，C.C. は複素共役を意味する．方程式（1.42）の解は，一般に式（1.53）をすべてのモードと偏り方向について和をとったもので表すことができる．なお，λ 成分の電場と磁場は式（1.43）より

$$\left.\begin{aligned}\boldsymbol{E}_\lambda(\boldsymbol{r},t)&=i\omega_\lambda\boldsymbol{e}_\lambda[A_\lambda \exp\{i(\boldsymbol{k}_\lambda\cdot\boldsymbol{r}-\omega_\lambda t)\}-\mathrm{C.C.}]\\ \boldsymbol{H}_\lambda(\boldsymbol{r},t)&=i\omega_\lambda\sqrt{\varepsilon_0/\mu_0}\boldsymbol{h}_\lambda[A_\lambda \exp\{i(\boldsymbol{k}_\lambda\cdot\boldsymbol{r}-\omega_\lambda t)\}-\mathrm{C.C.}]\end{aligned}\right\} \tag{1.54}$$

となる．ただし，$\boldsymbol{e}_\lambda$ と $\boldsymbol{h}_\lambda$ は互いに直交する単位ベクトルで，

$$\boldsymbol{e}_\lambda\times\boldsymbol{h}_\lambda=\boldsymbol{k}_\lambda/|\boldsymbol{k}_\lambda| \tag{1.55}$$

なる関係がある．

ここで，次のような実の変数 P_λ, Q_λ を導入しよう．

$$\left.\begin{aligned}P_\lambda&=i\omega_\lambda\sqrt{\varepsilon_0 V}\,(A_\lambda{}^*-A_\lambda)\\ Q_\lambda&=\sqrt{\varepsilon_0 V}\,(A_\lambda{}^*+A_\lambda)\end{aligned}\right\} \tag{1.56}$$

すると，体積 $V=L^3$ の中の λ 成分の電磁波のサイクル平均エネルギーは，式（1.8）より

$$\begin{aligned}\overline{W_\lambda}&=\frac{1}{2}\int_V(\varepsilon_0\overline{\boldsymbol{E}_\lambda{}^2}+\mu_0\overline{\boldsymbol{H}_\lambda{}^2})\mathrm{d}\boldsymbol{r}\\ &=2\varepsilon_0 V\omega_\lambda{}^2A_\lambda A_\lambda{}^*=\frac{1}{2}(P_\lambda{}^2+\omega_\lambda{}^2Q_\lambda{}^2)\end{aligned} \tag{1.57}$$

となり，ちょうど単位質量の調和振動子のエネルギーを与える式とまったく同じ形になる（付録C参照）．すなわち，電磁波の一つ一つの自由度は，それぞれ独立な調和振動子とみなすことができ，P_λ と Q_λ はこの調和振動子の運動量と座標（変位）に対応している．

量子論では物理量は波動関数に作用する**演算子**で表され（これを＾をつけて表すことにする），座標と運動量の間には

$$[\hat{P}_\lambda,\hat{Q}_\mu]\equiv\hat{P}_\lambda\hat{Q}_\mu-\hat{Q}_\mu\hat{P}_\lambda=(\hbar/i)\delta_{\lambda\mu} \tag{1.58}$$

なる**交換関係**とよばれる条件がつく．ただし $\hbar=h/2\pi$ であり（$\hbar$ はエイチバーと読む），また $\delta_{\lambda\mu}$ は**クロネッカーのデルタ**で，$\delta_{\lambda\mu}=1$（$\lambda=\mu$），$\delta_{\lambda\mu}=0$（$\lambda\neq\mu$）である．そこで，上の関係をもっと簡単にするために，次のような新しい演算子を導入する．

$$\left.\begin{aligned}\hat{a}_\lambda&=(2\hbar\omega_\lambda)^{-1/2}(\omega_\lambda\hat{Q}_\lambda+i\hat{P}_\lambda)\\ \hat{a}_\lambda{}^\dagger&=(2\hbar\omega_\lambda)^{-1/2}(\omega_\lambda\hat{Q}_\lambda-i\hat{P}_\lambda)\end{aligned}\right\}\tag{1.59}$$

すると，交換関係は規格化され，より一般的な形で書くと

$$\left.\begin{aligned}&[\hat{a}_\lambda,\hat{a}_\mu{}^\dagger]=\delta_{\lambda\mu}\\ &[\hat{a}_\lambda,\hat{a}_\mu]=[\hat{a}_\lambda{}^\dagger,\hat{a}_\mu{}^\dagger]=0\end{aligned}\right\}\tag{1.60}$$

となる．次に，式（1.59）より $\hat{P}_\lambda, \hat{Q}_\lambda$ を求めて式（1.57）で P_λ と Q_λ を $\hat{P}_\lambda$ と $\hat{Q}_\lambda$ でおき換えた式に代入することにより，サイクル平均エネルギー $\overline{W}_\lambda$ を与える演算子（**ハミルトニアン**）は

$$\hat{H}_\lambda=\hbar\omega_\lambda\left(\hat{a}_\lambda{}^\dagger\hat{a}_\lambda+\frac{1}{2}\right)\tag{1.61}$$

と表されることがわかる．また，$\hat{a}_\lambda{}^\dagger, \hat{a}_\lambda$ を使って $\boldsymbol{A}_\lambda$，$\boldsymbol{E}_\lambda$，$\boldsymbol{H}_\lambda$ を演算子として表すと，

$$\left.\begin{aligned}\hat{\boldsymbol{A}}_\lambda&=(\hbar/2\varepsilon_0V\omega_\lambda)^{1/2}\boldsymbol{e}_\lambda[\hat{a}_\lambda\exp\{i(\boldsymbol{k}_\lambda\cdot\boldsymbol{r}-\omega_\lambda t)\}+\hat{a}_\lambda{}^\dagger\exp\{-i(\boldsymbol{k}_\lambda\cdot\boldsymbol{r}-\omega_\lambda t)\}]\\ \hat{\boldsymbol{E}}_\lambda&=i(\hbar\omega_\lambda/2\varepsilon_0V)^{1/2}\boldsymbol{e}_\lambda[\hat{a}_\lambda\exp\{i(\boldsymbol{k}_\lambda\cdot\boldsymbol{r}-\omega_\lambda t)\}-\hat{a}_\lambda{}^\dagger\exp\{-i(\boldsymbol{k}_\lambda\cdot\boldsymbol{r}-\omega_\lambda t)\}]\\ \hat{\boldsymbol{H}}_\lambda&=i(\hbar\omega_\lambda/2\mu_0V)^{1/2}\boldsymbol{h}_\lambda[\hat{a}_\lambda\exp\{i(\boldsymbol{k}_\lambda\cdot\boldsymbol{r}-\omega_\lambda t)\}-\hat{a}_\lambda{}^\dagger\exp\{-i(\boldsymbol{k}_\lambda\cdot\boldsymbol{r}-\omega_\lambda t)\}]\end{aligned}\right\}\tag{1.62}$$

となる．以下では，簡単のために一つの自由度のみを考えることにして，λ を省略する．

一般に物理量 A に対応する演算子 $\hat{A}$ を作用させても状態が変わらない場合，この状態は A の**固有状態**であるといわれる．この場合，この状態を表す波動関数を $|\phi\rangle$ とすると

$$\hat{A}|\phi\rangle=\alpha|\phi\rangle\tag{1.63}$$

が成り立ち，数値 α は A の**固有値**とよばれる．固有状態 $|\phi\rangle$ について物理量 A を測定すると，その値は常に α となる．いま，式（1.61）で与えられるハミルトニアン $\hat{H}$ の固有状態の一つを $|\phi_n\rangle$ と表し，そのエネルギーを W_n とすると

$$\hat{H}|\phi_n\rangle=W_n|\phi_n\rangle\tag{1.64}$$

となるが，式（1.60）を使うと

$$\left.\begin{aligned}\hat{H}\hat{a}|\phi_n\rangle&=(W_n-\hbar\omega)\hat{a}|\phi_n\rangle\\ \hat{H}\hat{a}^\dagger|\phi_n\rangle&=(W_n+\hbar\omega)\hat{a}^\dagger|\phi_n\rangle\end{aligned}\right\}\tag{1.65}$$

が成り立つことがわかる．これは，$\hat{H}$ の固有状態に $\hat{a}$ や $\hat{a}^\dagger$ を作用させてできた状態がやはり $\hat{H}$ の固有状態であり，そのエネルギーは $\hat{a}$ を作用させることにより $\hbar\omega$ だけ下がり，また $\hat{a}^\dagger$ を作用させることにより $\hbar\omega$ だけ高くなることを意味し

ている．したがって，$\hat{H}$ の固有状態のエネルギーは $\hbar\omega$ ずつ離れた等間隔のものとなるが，式 (1.57) より放射場のエネルギーは負にはならないから，エネルギーが最低の基底状態が存在する．これを $|\phi_0\rangle$ と表すと，それよりエネルギーの低い状態はないから，$\hat{a}|\phi_0\rangle=0$ が成立し，式 (1.61) より基底状態のエネルギーは $\hbar\omega/2$ と求められる．さらに基底状態から数えて n 番目の状態のエネルギー W_n は

$$W_n=\hbar\omega\left(n+\frac{1}{2}\right) \tag{1.66}$$

となり，結局，単一モードの放射場のエネルギーは図 1.1 に示すようなものとなることがわかる．

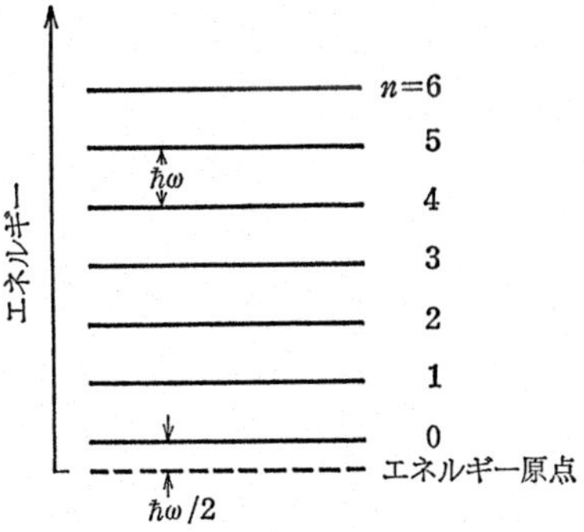

図 1.1 単一モードの放射場のエネルギー

このように，一つのモードの放射場のエネルギーは等間隔で，n は零または正の整数であるから，これを $\hbar\omega$ のエネルギーをもつ粒子である光子が n 個あると解釈することができる．このような見方では，$\hat{a}$ はこの光子の数を 1 個減らす作用をもち，逆に $\hat{a}^{+}$ は 1 個増やす作用をもつ．そこで，これらをそれぞれ**消滅演算子**ならびに**生成演算子**とよぶ．また，式 (1.61) と式 (1.66) より

$$\hat{a}^{+}\hat{a}|\phi_n\rangle=n|\phi_n\rangle \tag{1.67}$$

が成立し，$\hat{a}^{+}\hat{a}$ は光子が何個あるかを表す演算子になっている．そこで，$\hat{a}^{+}\hat{a}\equiv\hat{n}$ を**個数演算子**とよぶ．なお，基底状態 $|\phi_0\rangle$ は光子が存在しない $n=0$ の状態であるが，その場合もエネルギーは零ではない．このエネルギー $\hbar\omega/2$ は**零点エネルギー**とよばれる．これが残るのは，放射場のエネルギーを光子数が零の所ではなく，零点エネルギーのない所を原点に取って測っているためである（問題 1.7）．

光子数 n の状態を $|n\rangle$ と書くことにし，これは $\langle n|m\rangle=\delta_{nm}$ を満足するように規格化されているものとしよう．ただし，$\langle n|m\rangle$ は $|m\rangle$ に $|n\rangle$ の複素共役を掛けて，状態を規定している空間全体にわたって積分することを意味する（このような記法については 3.1 節を参照のこと）．すると

$$\left.\begin{aligned}\langle n|\hat{a}^{+}\hat{a}|n\rangle&=\langle n|\hat{n}|n\rangle=n\\ \langle n|\hat{a}\hat{a}^{+}|n\rangle&=\langle n|\hat{n}+1|n\rangle=n+1\end{aligned}\right\} \tag{1.68}$$

が成立するから，状態関数の位相を適当に選べば

$$\left.\begin{aligned}\hat{a}|n\rangle&=\sqrt{n}\,|n-1\rangle\\ \hat{a}^{+}|n\rangle&=\sqrt{n+1}\,|n+1\rangle\end{aligned}\right\}\tag{1.69}$$

となる（問題1.8）．ここで $\sqrt{n}$ や $\sqrt{n+1}$ は光子の数が1個減る，ないしは1個増える際の確率振幅を表している．したがって，光子が減る確率はそこにある光子の数 n に比例し，光子が増える確率は $(n+1)$ に比例することになるが，これについては3.6節で改めて述べる．

1.7 光の状態密度

前節では，一辺の長さが L の立方体を考え，放射場が周期的境界条件を満足する場合，波数ベクトルとして許されるのは式（1.51）で n_x, n_y, n_z が整数のもののみであることを知った．この場合，L が波長 λ に比べて十分大きいとすると，

$$n_x{}^2+n_y{}^2+n_z{}^2=(L/2\pi)^2(k_x{}^2+k_y{}^2+k_z{}^2)=(L/\lambda)^2\tag{1.70}$$

は非常に大きな数となるから，$|\boldsymbol{k}|$ が0と k の間にあるモードの数は半径が $(kL/2\pi)$ の球の体積で近似できる．したがって，$|\boldsymbol{k}|$ が k と $k+\mathrm{d}k$ の間にあるモードの数は

$$N(k)\mathrm{d}k=(L^3/2\pi^2)k^2\mathrm{d}k\tag{1.71}$$

と求められる．さらに，一つの $\boldsymbol{k}$ に対して二つの独立な偏り方向が取れるから，許される自由度の数はこの2倍になる．波長に比べて十分大きな空間を考えれば，これは空間の形によらないと考えられるから，一般に放射場の単位体積あたりの自由度の数は

$$D(k)\mathrm{d}k=(k^2/\pi^2)\mathrm{d}k\tag{1.72}$$

となる（問題1.9）．したがって，角振動数が ω と $\omega+\mathrm{d}\omega$ の間にある自由度の数を単位体積あたり $D(\omega)\mathrm{d}\omega$ とすると

$$D(\omega)=\omega^2/\pi^2c^3\tag{1.73}$$

が得られる．

角振動数 ω，波数ベクトル $\boldsymbol{k}$ の電磁波は，エネルギー $\hbar\omega$，運動量 $\hbar\boldsymbol{k}$ の光子に対応し，二つの偏りの自由度は光子のスピンの二つの自由度に対応する．したがって，エネルギーが W と $W+\mathrm{d}W$ の間にある光子の状態の単位体積あたりの数を $D(W)\mathrm{d}W$ とすると

$$D(W)=W^2/\pi^2\hbar^3c^3\tag{1.74}$$

となる．$D(W)$ ないしは $D(\omega)$ は**状態密度**とよばれる．なお上では進行波について考えたが，光がある体積の空間内に閉じ込められた定常波の場合にも状態密度はまったく同じ値になる．

絶対温度 T に保たれた空洞内の放射が熱平衡にあるとき，角振動数が ω と $\omega+\mathrm{d}\omega$ の間にある空洞内の単位体積あたりの放射エネルギーを $u_T(\omega)\mathrm{d}\omega$ とすると

$$u_T(\omega)=\frac{\omega^2}{\pi^2c^3}\frac{\hbar\omega}{\exp(\hbar\omega/k_\mathrm{B}T)-1} \tag{1.75}$$

と表される．ここで k_B はボルツマン定数であり，この式は**プランクの放射公式**とよばれる．1個の光子のエネルギーが $\hbar\omega$ であることと光の状態密度 (1.73) を考慮すると，この式は熱平衡状態にある場合，一つの自由度あたり配分されている光子の平均数（**平均占有数**）が

$$\langle n\rangle=\frac{1}{\exp(\hbar\omega/k_\mathrm{B}T)-1} \tag{1.76}$$

で与えられることを示している．このような分布は**プランク分布**とよばれる．

問　　題

1.1 ポインティングの定理

$$\nabla\cdot(\boldsymbol{A}\times\boldsymbol{B})=\boldsymbol{B}\cdot(\nabla\times\boldsymbol{A})-\boldsymbol{A}\cdot(\nabla\times\boldsymbol{B})$$

を用いることにより式 (1.9) (1.32) を確かめよ．

1.2 正弦波で表される z 方向に進む平面波の円偏光は

$$\tilde{\boldsymbol{E}}(\boldsymbol{r},t)=\tilde{\boldsymbol{E}}_0(\boldsymbol{e}_x\pm i\boldsymbol{e}_y)\exp\{i(kz-\omega t)\}$$

と書くことができることを示せ．±のどちらが右まわり円偏光に対応するか．一般に直線偏光は二つの円偏光の和で表されることも確かめよ．

1.3 光の電場と磁場を式 (1.15) および式 (1.16) の形に表して，そのベクトル積の大きさのサイクル平均を求めよ．これから，複素表示を用いて光の電場と磁場を式 (1.15) の形に書いた場合，ポインティングベクトルのサイクル平均は

$$\bar{\boldsymbol{S}}=\mathrm{Re}(\tilde{\boldsymbol{E}}^*\times\tilde{\boldsymbol{H}})/2$$

のように表されることを示せ．ただし，Re は実部を取ることを意味する．

1.4 電場が

$$\tilde{\boldsymbol{E}}(t)=\boldsymbol{e}_x\exp(-t^2/t_p{}^2)\exp\{i(kz-\omega_0t)\}$$

で表される光のスペクトルを求めよ．このスペクトルの半値幅とサイクル平均強度の時間幅とはどのような関係になるか．ただし，$t_p\gg\omega_0{}^{-1}$ とする．上の関係はエネルギー W と時間 t の間の**不確定性関係** $\Delta W\Delta t\sim h$ に対応することを示せ．

1.5 中性で等方的な絶縁体中の電磁波の場合，一般に光電場のエネルギー密度 $\boldsymbol{E}\cdot\boldsymbol{D}/2$ と光磁場のエネルギー密度 $\boldsymbol{H}\cdot\boldsymbol{B}/2$ とは等しいことを示せ．

1.6 式 (1.37) (1.44) を確かめよ．

1.7　一つの自由度の光を考え，

$$\langle n|\hat{\boldsymbol{E}}|n\rangle=0,\quad \langle n|\hat{\boldsymbol{E}}^2|n\rangle=\frac{\hbar\omega}{\varepsilon_0 V}\left(n+\frac{1}{2}\right)$$

が成り立つことを示せ．この結果は，光子が存在しない状態でも，電場や磁場は零ではなく，平均値零のまわりでゆらいでいることを示している．このゆらぎは**零点振動**とよばれ，そのエネルギーが零点エネルギーに対応している．

1.8　式 (1.68) (1.69) を確かめよ．

1.9　一辺の長さが L の立方体の中で，波数ベクトルが $\boldsymbol{k}$ と $\boldsymbol{k}+\mathrm{d}\boldsymbol{k}$ の間にある電磁波の自由度ないしは状態の数は，$\mathrm{d}\boldsymbol{k}=(\mathrm{d}k_x, \mathrm{d}k_y, \mathrm{d}k_z)$ として

$$\mathrm{d}N(\boldsymbol{k})=2(L/2\pi)^3\mathrm{d}k_x\mathrm{d}k_y\mathrm{d}k_z$$

であり，これは $\mathrm{d}\boldsymbol{k}$ の張る立体角を $\mathrm{d}\Omega$ とし，$|\boldsymbol{k}|=k$，$|\mathrm{d}\boldsymbol{k}|=\mathrm{d}k$ として

$$\mathrm{d}N(\boldsymbol{k})=2(L/2\pi)^3k^2\mathrm{d}k\mathrm{d}\Omega$$

であることを示せ．またこれが式 (1.72) と合うことを確かめよ．ただし，L は光の波長に比べて十分に大きいとする．

1.10　真空中で温度 T にある空洞内で，波長が λ と $\lambda+\mathrm{d}\lambda$ の間にある放射のエネルギー密度を λ の関数として求めよ．

2. 光と物質との相互作用の古典論

本章では，光と物質との交渉を古典電磁気学的な現象とみなして，これを巨視的なマクスウェル方程式に基づいて扱うことにする．その結果，光の反射，屈折，吸収といった現象が光学定数とよばれる二つの物質定数を使って記述することができ，さらにこれらの定数はクラマース－クローニッヒの関係式で互いに結び付けられていることが知られる．次に，物質中には様々な固有振動数をもつたくさんの電気振動子があるというモデルを使うことにより，光学定数の振舞いや多くの光学現象がうまく記述できることを示す．

2.1 複素誘電率

光は電場や磁場の振動が空間を伝播するものであり，一方，物質は原子核や電子，イオンといった荷電粒子の集まりであるから，これらの間には電気的ならびに磁気的な相互作用が働く．この相互作用は，古典的にはマクスウェル方程式(1.28)によって扱うことができる．いま電磁波を考え，$\boldsymbol{E}$ も $\boldsymbol{B}$ も $\exp[i(\boldsymbol{k}\cdot\boldsymbol{r}-\omega t)]$ のように変化するものとしよう（以後しばしば (1.15) の形の複素表示を使うが，煩雑になるので～は省略することにする）．すると，(1.28c) より $|\boldsymbol{E}|/|\boldsymbol{B}|=\omega/|\boldsymbol{k}|$ なる関係が得られ，これはちょうど物質中の光速になっている．物質に対する電磁波の作用は，速度 $\boldsymbol{v}$ で運動する荷電粒子（電荷を q とする）に働くローレンツ力

$$\boldsymbol{F}=q(\boldsymbol{E}+\boldsymbol{v}\times\boldsymbol{B}) \tag{2.1}$$

が物質中の電子やイオンなどに働くことに基づくと考えられるが，上の関係から，光磁場の効果は光電場の効果に比べて電子やイオンの速度と光の速度の比くらい小さいことがわかる．電子の運動速度は，ボーアのモデルで水素原子について計算してみると，$v=e^2/4\pi\varepsilon_0 n\hbar$（$n$ は正の整数，$-e$ は電子の電荷）となり，$n=1$ としても，$v\approx 1\times 10^6$ m/s と，光速に比べてかなり小さい．したがって，光と物質との相互作用は，第一近似としては光の磁場の効果は無視して，物質中の電子やイオンに光の電場が作用することによるものと考えてよい．そこで以下では，光の磁場と物質との相互作用を無視することにしよう．すると，$\boldsymbol{B}$ や $\boldsymbol{H}$ が光の振動数という高い振動数成分の場合に，それによって物質に誘起される磁化

はないわけだから，これは μ を真空中の値 μ_0 でおき換えるのと同じことである（磁性体を考えなければ，低い振動数領域でも μ は μ_0 で近似できる）．

また，式（1.28 a）と（1.28 d）より式（1.29）の関係を使って

$$\partial\rho_t/\partial t+(\sigma/\varepsilon)\rho_t=0 \tag{2.2}$$

が得られるが，これはたとえ物質中に真電荷があったとしても，$\sigma\neq0$ であればそれは $\rho_t=\rho_t{}^0\exp(-\sigma t/\varepsilon)$ のように時間とともに減衰してしまうことを示している．また $\sigma=0$ であれば $\partial\rho_t/\partial t=0$ が成り立ち，ρ_t は静的な効果しかもたない．そこで以下では，物質は中性であり真電荷はないものとして，$\rho_t=0$ とおくことにする．さらに光を扱う際にフーリエ展開して一つのフーリエ成分のみに注目し，$\boldsymbol{E}=\boldsymbol{E}_0\exp[i(\boldsymbol{k}\cdot\boldsymbol{r}-\omega t)]$ とすると，$\partial\boldsymbol{D}/\partial t+\boldsymbol{J}=(-i\omega\varepsilon+\sigma)\boldsymbol{E}$ となるので，$(-i\omega\varepsilon+\sigma)/(-i\omega)=\varepsilon+i\sigma/\omega$ を改めて $\tilde{\varepsilon}$ とおくことにより，（1.28 d）の右辺をまとめて $\tilde{\varepsilon}\partial\boldsymbol{E}/\partial t$ と書くことができる．このようにして，われわれが光と物質との相互作用を扱うのに出発点となる式は，次のようになる．

$$\left.\begin{aligned}\nabla\cdot\boldsymbol{E}&=0\\ \nabla\cdot\boldsymbol{B}&=0\\ \nabla\times\boldsymbol{E}&=-\partial\boldsymbol{B}/\partial t\\ \nabla\times\boldsymbol{B}&=\tilde{\varepsilon}\mu_0\partial\boldsymbol{E}/\partial t\end{aligned}\right\} \tag{2.3}$$

ここで，物質の効果はすべて $\tilde{\varepsilon}$ の中に含められた．$\tilde{\varepsilon}$ は**複素誘電率**とよばれる．これは一般に ω の関数であり，このことを強調するために，$\tilde{\varepsilon}(\omega)$ を誘電関数ということもある．$\tilde{\varepsilon}$ は ω だけでなく $\boldsymbol{k}$ にも依存する場合があるが，ここではこの空間分散効果については考えない．なお，上のような扱いは，光の振動数領域では問題ないが，直流電気伝導度 σ_0 が零でないとき $\omega\to0$ で $\tilde{\varepsilon}$ は発散する．そこで十分低い振動数領域を問題にするときには，電気伝導度の寄与は別に扱うことにして，静的誘電率 $\varepsilon(0)$ というときにはいつも実部の誘電率を指すものとする．

2.2 物質中の光の伝播と光学定数

前節の式（2.3）から，式（1.2）を使うことにより

$$\left.\begin{aligned}\nabla^2\boldsymbol{E}-\tilde{\varepsilon}\mu_0\partial^2\boldsymbol{E}/\partial t^2&=0\\ \nabla^2\boldsymbol{B}-\tilde{\varepsilon}\mu_0\partial^2\boldsymbol{B}/\partial t^2&=0\end{aligned}\right\} \tag{2.4}$$

が得られる．これは式（1.3）と同じ形の波動方程式であるから，ω の決まった

光（これを**単色光**という）の平面波の解を考え，

$$\left.\begin{aligned}\boldsymbol{E}&=\boldsymbol{E}_0\exp\{i(\tilde{\boldsymbol{k}}\cdot\boldsymbol{r}-\omega t)\}\\ \boldsymbol{B}&=\boldsymbol{B}_0\exp\{i(\tilde{\boldsymbol{k}}\cdot\boldsymbol{r}-\omega t)\}\end{aligned}\right\} \tag{2.5}$$

としてみると，式 (2.3c, d) より

$$\tilde{\boldsymbol{k}}\times(\tilde{\boldsymbol{k}}\times\boldsymbol{E})=-\tilde{\varepsilon}\mu_0\omega^2\boldsymbol{E} \tag{2.6}$$

となる（問題2.1）．さらに，公式

$$\boldsymbol{A}\times(\boldsymbol{B}\times\boldsymbol{C})=\boldsymbol{B}(\boldsymbol{A}\cdot\boldsymbol{C})-\boldsymbol{C}(\boldsymbol{A}\cdot\boldsymbol{B}) \tag{2.7}$$

を利用し，式 (2.3a) の関係を使うと

$$\tilde{\boldsymbol{k}}\cdot\tilde{\boldsymbol{k}}=\tilde{\varepsilon}\mu_0\omega^2 \tag{2.8}$$

が得られる．この右辺は複素量であるから，$\tilde{\boldsymbol{k}}$ も複素ベクトルでなければならない．そこでこれをはっきり示すために，$\boldsymbol{k}$ の上に～の記号をつけて書いてある．

これを実のベクトル $\boldsymbol{k}', \boldsymbol{k}''$ を使って

$$\tilde{\boldsymbol{k}}=\boldsymbol{k}'+i\boldsymbol{k}'' \tag{2.9}$$

と表すと，式 (2.5a) は

$$\boldsymbol{E}=\boldsymbol{E}_0\exp\{i(\boldsymbol{k}'\cdot\boldsymbol{r}-\omega t)\}\exp(-\boldsymbol{k}''\cdot\boldsymbol{r}) \tag{2.10}$$

となる．$\boldsymbol{k}\cdot\boldsymbol{r}_1=$定数 は一つの面を表し，$\boldsymbol{k}\cdot\boldsymbol{r}_2=0$ は $\boldsymbol{k}$ ベクトルに垂直な面を表すが，これらは交らないから $\boldsymbol{k}', \boldsymbol{k}''$ はそれぞれ等位相面および等振幅面に垂直なベクトルであることがわかる．また $\boldsymbol{k}''\neq 0$ は、波の振幅が一定ではなく，波が進むにしたがってしだいに減衰（ないしは増大）していくことを表している．簡単のために $\boldsymbol{k}'$ も $\boldsymbol{k}''$ も z 方向を向いているものとして，$\tilde{\boldsymbol{k}}=\tilde{k}\boldsymbol{e}_z$ とすると，式 (2.8) から

$$\tilde{k}c/\omega=(\tilde{\varepsilon}/\varepsilon_0)^{1/2}=\tilde{n}=n+i\kappa \tag{2.11}$$

と書くことができる．ここで $n=|\boldsymbol{k}'|c/\omega$，$\kappa=|\boldsymbol{k}''|c/\omega$ であり，$\tilde{n}$ は**複素屈折率**とよばれる．この場合，式 (2.10) は

$$\boldsymbol{E}=\boldsymbol{E}_0\exp\left\{i\omega\left(\frac{n}{c}z-t\right)-\frac{\omega\kappa}{c}z\right\} \tag{2.12}$$

となるから，n は波の位相速度を決め，一方 κ は振幅の大きさが波の進行距離とともに減衰する割合を決めることがわかる．n と κ はそれぞれ**屈折率**および**消衰係数**とよばれる．さらに，式 (2.12) よりサイクル平均強度は

$$\left.\begin{aligned}I(z)&=I(0)\exp(-\alpha z)\\ \alpha&=2\omega\kappa/c\end{aligned}\right\} \tag{2.13}$$

のように変化することになり，αを**吸収係数**とよぶ．また，試料の厚さをLとして $\log[I(0)/I(L)]=\alpha L\log e$ を**光学密度**という（溶液などではこれを吸光度とよび，$\alpha\log e$ をモル吸光係数とモル濃度の積の形に表すこともある）．ここでnとκないしはnとαは，物質の巨視的な光学的性質を決める最も基本的な量であるから，**光学定数**とよばれる．

なお，$\tilde{\varepsilon}$を実部と虚部にわけて $\tilde{\varepsilon}=\varepsilon'+i\varepsilon''$ とすると

$$\left.\begin{aligned}\varepsilon'/\varepsilon_0&=n^2-\kappa^2\\ \varepsilon''/\varepsilon_0&=2n\kappa\end{aligned}\right\}\qquad(2.14)$$

となり，

$$\left.\begin{aligned}n^2&=\frac{1}{2\varepsilon_0}\left(\sqrt{\varepsilon'^2+\varepsilon''^2}+\varepsilon'\right)\\ \kappa^2&=\frac{1}{2\varepsilon_0}\left(\sqrt{\varepsilon'^2+\varepsilon''^2}-\varepsilon'\right)\end{aligned}\right\}\qquad(2.15)$$

が成り立つ．吸収のない物質では$\tilde{\varepsilon}$は実数になり，$\kappa=0$，$\alpha=0$，$n=\sqrt{\varepsilon'/\varepsilon_0}$となる．これは式（1.30）で扱った場合にあたる．

2.3　境界面における光の振舞い

二つの等方的な媒質1と2が互いに平面で接しているとして，境界面を光が通過するときに満たされるべき境界条件について考えよう．まず，境界面をxz面にとり，xy面内で図2.1に示す領域中で式（2.3c）のz成分を積分すると

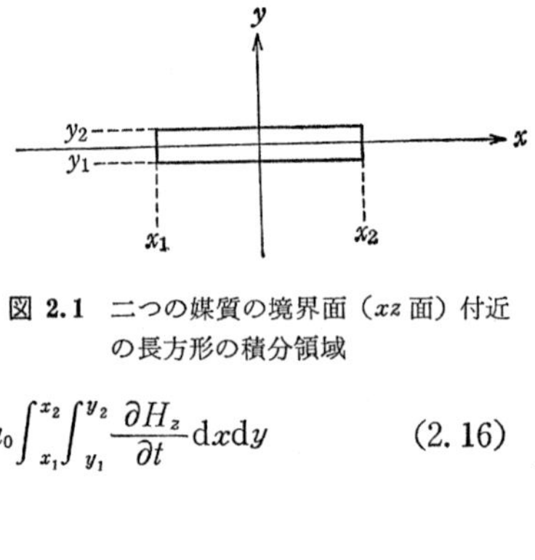

図 2.1　二つの媒質の境界面（xz面）付近の長方形の積分領域

$$\int_{x_1}^{x_2}\int_{y_1}^{y_2}(\nabla\times\boldsymbol{E})_z\mathrm{d}x\mathrm{d}y=-\mu_0\int_{x_1}^{x_2}\int_{y_1}^{y_2}\frac{\partial H_z}{\partial t}\mathrm{d}x\mathrm{d}y\qquad(2.16)$$

となるが，これは

$$\int_{x_1}^{x_2}\int_{y_1}^{y_2}\left(\frac{\partial E_y}{\partial x}-\frac{\partial E_x}{\partial y}\right)\mathrm{d}x\mathrm{d}y=\int_{y_1}^{y_2}[(E_y)_{x=x_2}-(E_y)_{x=x_1}]\mathrm{d}y$$

$$-\int_{x_1}^{x_2}[(E_x)_{y=y_2}-(E_x)_{y=y_1}]\mathrm{d}x=-\mu_0\frac{\partial}{\partial t}\int_{x_1}^{x_2}\mathrm{d}x\int_{y_1}^{y_2}H_z\mathrm{d}y\qquad(2.17)$$

と書き直される．そこで，y_1とy_2を境界面に限りなく近づけると，被積分関数は有限であるから，yに関する積分は零になり

$$\int_{x_1}^{x_2}[(E_x)_{y=+0}-(E_x)_{y=-0}]\mathrm{d}x=0 \tag{2.18}$$

が成り立つことになる．これが任意の x_1, x_2 に対して常に成り立つためには境界面で電場の x 成分が連続でなければならない．同じことは電場の z 成分についてもいえるから，結局，境界面では電場の接線方向の成分が連続であることが結論される．また同様のことを式(2.3d)について行えば，磁束密度ならびに磁場の接線方向の成分も境界面で連続でなければならないことが証明される．

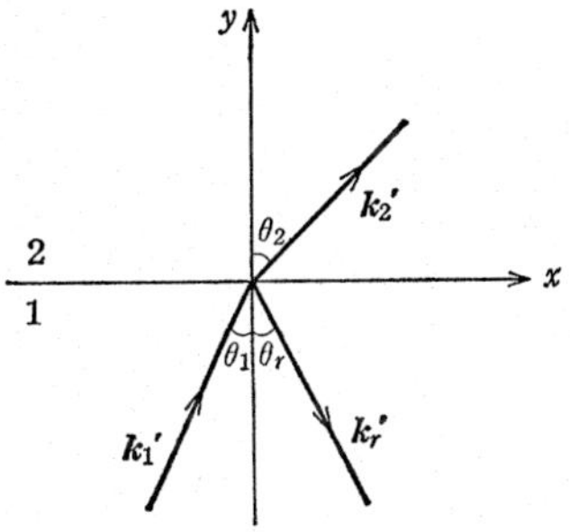

図 2.2　二つの媒質の境界面での光線の屈折と反射

いま，二つの等方的な媒質1, 2が互いに平面で接しており，単色の平行光線が1の側から境界面に入射して一部分は反射され，一部分は屈折して透過する場合を考えよう（図2.2）．入射波，反射波，屈折波の電場をそれぞれ

$$\left.\begin{aligned}\boldsymbol{E}_1&=\boldsymbol{E}_{10}\exp\{i(\tilde{\boldsymbol{k}}_1\cdot\boldsymbol{r}-\omega_1 t)\}\\ \boldsymbol{E}_r&=\boldsymbol{E}_{r0}\exp\{i(\tilde{\boldsymbol{k}}_r\cdot\boldsymbol{r}-\omega_r t)\}\\ \boldsymbol{E}_2&=\boldsymbol{E}_{20}\exp\{i(\tilde{\boldsymbol{k}}_2\cdot\boldsymbol{r}-\omega_2 t)\}\end{aligned}\right\} \tag{2.19}$$

と表し，また磁場についても同様に上の $\boldsymbol{E}$ を $\boldsymbol{H}$ でおき換えたものとする．さらに，$\tilde{\boldsymbol{k}}_1$ の実部と虚部ならびに境界面に対する法線ベクトル $\boldsymbol{n}$ は一つの平面内にあるものとする（この面を**入射面**とよぶ）．すると，境界面における三つの波の間の位相関係は境界条件で決まり境界面上の座標や時間の取り方には依存しないから，$\omega_1=\omega_r=\omega_2$ となり，また境界面上の任意の点の座標を $\boldsymbol{r}_0$ として，$\tilde{\boldsymbol{k}}_1\cdot\boldsymbol{r}_0=\tilde{\boldsymbol{k}}_r\cdot\boldsymbol{r}_0=\tilde{\boldsymbol{k}}_2\cdot\boldsymbol{r}_0$ が成立する（反射や屈折の際の一定の位相の変化は複素振幅の方に含ませている）．そこで座標原点を境界面内に選び，ベクトル $\boldsymbol{r}_0$ を入射面に垂直に取ると，$\tilde{\boldsymbol{k}}_1\cdot\boldsymbol{r}_0=0$ となることから，$\tilde{\boldsymbol{k}}_1, \tilde{\boldsymbol{k}}_r, \tilde{\boldsymbol{k}}_2$ はすべて入射面内にあることがわかる．そこで今度は $\boldsymbol{r}_0$ を入射面内にとり，入射面を xy 面として，$\boldsymbol{r}_0$ は x 方向を向くものとすると，$\tilde{k}_{1x}=\tilde{k}_{rx}=\tilde{k}_{2x}$ が成立する．さらにこれを使うと

$$\left.\begin{aligned}&\tilde{\boldsymbol{k}}_1\cdot\tilde{\boldsymbol{k}}_1=\tilde{\boldsymbol{k}}_r\cdot\tilde{\boldsymbol{k}}_r=\mu_0\tilde{\varepsilon}_1\omega^2=\tilde{k}_{1x}{}^2+\tilde{k}_{1y}{}^2=\tilde{k}_{rx}{}^2+\tilde{k}_{ry}{}^2\\ &\tilde{\boldsymbol{k}}_2\cdot\tilde{\boldsymbol{k}}_2=\mu_0\tilde{\varepsilon}_2\omega^2=\tilde{k}_{2x}{}^2+\tilde{k}_{2y}{}^2\end{aligned}\right\} \tag{2.20}$$

より

$$\left.\begin{aligned}\tilde{k}_{ry}&=-\tilde{k}_{1y}\\ \tilde{k}_{2y}&=[(\tilde{\varepsilon}_2/\varepsilon_0)\omega^2/c^2-\tilde{k}_{1x}{}^2]^{1/2}\end{aligned}\right\} \tag{2.21}$$

が得られる．そこで，$\boldsymbol{k}$ ベクトルの実部の間の角度を図 2.2 に示すように決めると，上の関係から

$$\left.\begin{aligned} &\theta_r=\theta_1 \\ &|\boldsymbol{k}_1'|\sin\theta_1=|\boldsymbol{k}_2'|\sin\theta_2 \end{aligned}\right\} \tag{2.22}$$

となる．これはよく知られた**スネルの法則**を一般化したものである．媒質 1 に吸収がない場合を考えると，$\varepsilon_1/\varepsilon_0=n_1^2$，$|\boldsymbol{k}_1'|=n_1\omega/c$，$|\boldsymbol{k}_1''|=0$ であるから

$$\left.\begin{aligned} &\tilde{k}_{2x}=(n_1\omega/c)\sin\theta_1 \\ &\tilde{k}_{2y}=(\omega/c)[(\tilde{\varepsilon}_2/\varepsilon_0)-n_1^2\sin^2\theta_1]^{1/2} \end{aligned}\right\} \tag{2.23}$$

が得られる．この場合，$k_{2x}''=0$ であり，$\boldsymbol{k}_2''$ は境界面に常に垂直になる．このように一般に物質に斜めに光が入射した場合，物質中では $\boldsymbol{k}'$ と $\boldsymbol{k}''$ は方向がずれる．$\boldsymbol{k}'$ と $\boldsymbol{k}''$ が平行な場合を**均一な平面波**，平行でない場合を**不均一な平面波**という．通常，不均一な平面波を均一な平面波として扱っても，実際の問題に生じる違いはわずかであるので，扱いやすい均一な平面波を考えるのがふつうである．

2.4 光の反射率と透過率

前節と同様に媒質 1 と 2 の境界面に平面波の単色光が入射する場合を考え，媒質 1 ではこの光に対する吸収はないものとする．一般に，電場および磁場の接線成分が境界面で連続であるという条件は

$$\left.\begin{aligned} &\boldsymbol{n}\times[\boldsymbol{E}_{10}+\boldsymbol{E}_{r0}-\boldsymbol{E}_{20}]=0 \\ &\boldsymbol{n}\times[\boldsymbol{H}_{10}+\boldsymbol{H}_{r0}-\boldsymbol{H}_{20}]=0 \end{aligned}\right\} \tag{2.24}$$

と表されるが，横波には二つの偏りの自由度があるから，電場ベクトルが入射面に垂直な成分（**s 偏光**）と入射面内にある成分（**p 偏光**）とに分けて考える．すると，入射面を xy 面として，s 偏光については

$$\left.\begin{aligned} &E_{1z}+E_{rz}=E_{2z} \\ &k_{1y}(E_{1z}-E_{rz})=\tilde{k}_{2y}E_{2z} \end{aligned}\right\} \tag{2.25}$$

が成り立つ．ただし E_{1z} は $\boldsymbol{E}_1$ の z 成分であり，$\boldsymbol{H}=\boldsymbol{k}\times\boldsymbol{E}/\omega\mu$ と式 (2.7) の関係を使った．ここで

$$E_{rz}=\tilde{r}_{\mathrm{s}}E_{1z},\quad E_{2z}=\tilde{t}_{\mathrm{s}}E_{1z} \tag{2.26}$$

により s 偏光に対する電場の**振幅反射率** $\tilde{r}_{\mathrm{s}}$ と**振幅透過率** $\tilde{t}_{\mathrm{s}}$ を定義すると，これらは上の関係より

$$\left.\begin{aligned}\tilde{r}_s&=\frac{k_{1y}-\tilde{k}_{2y}}{k_{1y}+\tilde{k}_{2y}}\\ \tilde{t}_s&=\frac{2k_{1y}}{k_{1y}+\tilde{k}_{2y}}=1+\tilde{r}_s\end{aligned}\right\}\tag{2.27}$$

と求められる．

p 偏光に対しては，磁場ベクトルが入射面に垂直であるから磁場ベクトルについて考えると，s 偏光の場合とまったく同じように扱うことができ，$H_{rz}=\tilde{r}_p H_{1z}$, $H_{2z}=\tilde{t}_p H_{1z}$ により p 偏光に対する磁場の振幅反射率 $\tilde{r}_p$ と振幅透過率 $\tilde{t}_p$ を定義すると，これらは

$$\left.\begin{aligned}\tilde{r}_p&=\frac{k_{1y}-\tilde{k}_{2y}(\varepsilon_1/\tilde{\varepsilon}_2)}{k_{1y}+\tilde{k}_{2y}(\varepsilon_1/\tilde{\varepsilon}_2)}\\ \tilde{t}_p&=\frac{2k_{1y}}{k_{1y}+\tilde{k}_{2y}(\varepsilon_1/\tilde{\varepsilon}_2)}=1+\tilde{r}_p\end{aligned}\right\}\tag{2.28}$$

と求められる．さらにこれらを入射角 θ_1 を使って表すと

$$\left.\begin{aligned}\tilde{r}_s=\tilde{t}_s-1&=\frac{\cos\theta_1-[(\tilde{\varepsilon}_2/\varepsilon_1)-\sin^2\theta_1]^{1/2}}{\cos\theta_1+[(\tilde{\varepsilon}_2/\varepsilon_1)-\sin^2\theta_1]^{1/2}}\\ \tilde{r}_p=\tilde{t}_p-1&=\frac{(\tilde{\varepsilon}_2/\varepsilon_1)\cos\theta_1-[(\tilde{\varepsilon}_2/\varepsilon_1)-\sin^2\theta_1]^{1/2}}{(\tilde{\varepsilon}_2/\varepsilon_1)\cos\theta_1+[(\tilde{\varepsilon}_2/\varepsilon_1)-\sin^2\theta_1]^{1/2}}\end{aligned}\right\}\tag{2.29}$$

となる．これはまた

$$\left.\begin{aligned}\sin\tilde{\theta}_2&=(\varepsilon_1/\tilde{\varepsilon}_2)^{1/2}\sin\theta_1\\ \cos\tilde{\theta}_2&=[1-(\varepsilon_1/\tilde{\varepsilon}_2)\sin^2\theta_1]^{1/2}\end{aligned}\right\}\tag{2.30}$$

を使って

$$\left.\begin{aligned}\tilde{r}_s=\tilde{t}_s-1&=\frac{\sin(\tilde{\theta}_2-\theta_1)}{\sin(\tilde{\theta}_2+\theta_1)}\\ \tilde{r}_p=\tilde{t}_p-1&=-\frac{\tan(\tilde{\theta}_2-\theta_1)}{\tan(\tilde{\theta}_2+\theta_1)}\end{aligned}\right\}\tag{2.31}$$

の形に表すこともできる．なお，媒質 2 に吸収がなければ，$\tilde{\theta}_2$ は屈折角 θ_2 に一致する．このとき，媒質 1 が媒質 2 よりも屈折率が小さければ，$\theta_2<\theta_1$ となり，$\tilde{r}_s$ は負になる．また $\theta_1+\theta_2<\pi/2$ であれば $\tilde{r}_p$ は正になり，媒質 2 の方が光学的に疎であれば関係は逆になる．したがって，媒質 1 から 2 に光が垂直に入射して反射される場合，$n_1<n_2$ であれば電場の符号が反転し，$n_1>n_2$ であれば磁場の符号が反転する．なお，透過光に対しては，一般に電場も磁場も符号は変わらない．

物質の光に対する（エネルギー）**反射率**は

$$R=-\bar{\boldsymbol{S}}_r\cdot\boldsymbol{n}/\bar{\boldsymbol{S}}_1\cdot\boldsymbol{n} \tag{2.32}$$

で定義されるが（¯はサイクル平均を意味する），

$$\bar{\boldsymbol{S}}_1=\frac{1}{2}\mathrm{Re}(\boldsymbol{E}_1{}^*\times\boldsymbol{H}_1),\quad \bar{\boldsymbol{S}}_r=\frac{1}{2}\mathrm{Re}(\boldsymbol{E}_r{}^*\times\boldsymbol{H}_r) \tag{2.33}$$

であるから（問題 1.3 参照），s 偏光，p 偏光に対する反射率 R_s, R_p は振幅反射率を使って

$$R_\mathrm{s}=\tilde{r}_\mathrm{s}{}^*\tilde{r}_\mathrm{s},\quad R_\mathrm{p}=\tilde{r}_\mathrm{p}{}^*\tilde{r}_\mathrm{p} \tag{2.34}$$

と表される．また，偏りのない光や円偏光に対する反射率は

$$R=\frac{1}{2}(R_\mathrm{s}+R_\mathrm{p}) \tag{2.35}$$

で与えられる．さらに垂直入射の場合には，反射率は

$$R_\perp=\left|\frac{1-(\tilde{\varepsilon}_2/\varepsilon_1)^{1/2}}{1+(\tilde{\varepsilon}_2/\varepsilon_1)^{1/2}}\right|^2=\frac{(n_1-n_2)^2+\kappa_2{}^2}{(n_1+n_2)^2+\kappa_2{}^2} \tag{2.36}$$

となる．なお，媒質 1 に吸収がある場合には，式 (2.36) の分子の $\kappa_2{}^2$ は $(\kappa_1-\kappa_2)^2$ で，また分母の $\kappa_2{}^2$ は $(\kappa_1+\kappa_2)^2$ でおき換えなければならない．そこで 1 と 2 を入れ換えても $R_\perp$ は変わらないから，光が媒質 1 から 2 へ入射する場合の垂直反射率は，2 から 1 へ入射する際の垂直反射率に等しい．

金属の場合には電気伝導度 σ が大きく，特に低振動数領域では $\varepsilon'\ll\varepsilon''$ となるから式 (2.15) より $n_2\approx\kappa_2\gg n_1$ が成立し，$R_\perp$ はほぼ 1 になることがわかる．この場合 $\tilde{\varepsilon}=i\sigma/\omega$ とみなしてよく，$\kappa\approx(\sigma/2\omega\varepsilon_0)^{1/2}$ となるので式 (2.12) より電場の振幅が 1/e になる距離（これを**表皮厚さ**という）は $c/\omega\kappa=(2/\sigma\omega\mu_0)^{1/2}$ となる．銅の電気伝導度は 6×10^7/オームm であるから，たとえば波長 10 μm の光は銅の表面から 10 nm 程度しか内部に入らず，より短波長の光では進入できる深さはもっと小さい．これを**表皮効果**とよぶ．

媒質 1 も 2 も吸収がないとして式 (2.22 b) は $n_1\sin\theta_1=n_2\sin\theta_2$ であるから，$n_1>n_2$ の場合には $\sin^{-1}(n_2/n_1)$ よりも入射角が大きいと，この関係を満足するような角度 θ_2 は存在しない．この場合には式 (2.23) からわかるように $\tilde{k}_{2x}$ は実数になり $\tilde{k}_{2y}$ は純虚数になる．したがって，屈折波は x 方向には正弦的に変化する進行波となり，この波の強度は y 方向には指数関数的に減衰する．すなわち，屈折波の等位相面は境界面に垂直になり，等振幅面は境界面に平行になる．このとき屈折波のポインティングベクトルの y 方向成分は零になり，式 (2.27 a)

(2.28a) からもわかるように，エネルギー反射率は1になる．これを**全反射**という．この場合，媒質2の中に光は $1/|\tilde{\boldsymbol{k}}_{2y}|=(c/\omega)\,[n_1{}^2\sin^2\theta_1-n_2{}^2]^{-1/2}$ くらいの深さまではしみ出すわけで，これは物質の表面や界面の物性を調べるのに利用することができる．なお，媒質2が十分薄ければ，しみ出した波は第3の媒質中にまで達し，光エネルギーの一部は第1の媒質から第2の媒質を通って第3の媒質へと抜けることになる．これは量子力学でよく知られたトンネル効果に対応する．なお，全反射によって電場の振幅は変わらないが，式 (2.27a) (2.28a) からわかるように $\tilde{r}_s$, $\tilde{r}_p$ は複素数になるから位相は変化する．この変化量はs偏光とp偏光で異なるため，純粋のs偏光，p偏光でない直線偏光は全反射によって楕円偏光または円偏光になる．

全反射の際に，光はわずかではあるが媒質2にしみ出し，それは x 方向には進行波となるから，光線は正確に境界面の所で折れるようには進まず，図2.3で Δx は零にならない．これを**グース‐ヘンチェン効果**とよぶ．また，入射光が楕円偏光や円偏光の場合には，全反射の際に Δz も零にならず，これを**インバート効果**とよぶ（問題2.2）．これらの効果による光線のずれは光の波長程度の大きさで，実際上はほとんどの場合無視することができる．

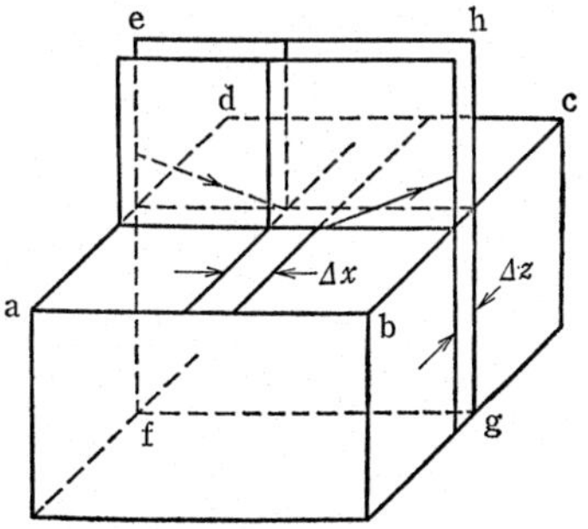

図 2.3　グース‐ヘンチェン効果（$\Delta x\fallingdotseq 0$）とインバート効果（$\Delta z\fallingdotseq 0$）．ただし，abcd は二つの媒質の境界面，efgh は光の入射面

2.5　光学定数の決め方

吸収のあまり大きくない波長領域では，光学定数を直接的な方法で決めることができる．すなわち，光源からの光を分光器を通して準単色光をつくり，これを平行にして平行平板状の試料に垂直に入射させ，透過光強度と入射光強度の比（これを**透過率**という）を測る．この場合，試料の厚さが厚いとか，試料の二つの面が完全には平行でないなどのために試料の表面での反射による干渉縞の効果が無視できるときには，試料の厚さを L として垂直入射の際の光の透過率は，多重反射を考慮することにより

$$T=\frac{(1-R_{\perp})^2\mathrm{e}^{-\alpha L}}{1-R_{\perp}{}^2\mathrm{e}^{-2\alpha L}} \tag{2.37}$$

と表される．ただし $R_\perp$ は試料表面での反射率で式 (2.36) で与えられる．したがって，この測定を厚さの異なる二つの試料について行うか，あるいは十分厚い試料について別に求めた反射率 $R_\perp$ を使うと，この式から吸収係数 $\alpha(\omega)$ が求められる．一方，屈折率を決めるには，測定すべき物質でプリズムをつくり，準単色光を通した後にビームの進行方向が曲げられる偏角の最小値を測る．プリズムの頂角を β，最小偏角を δ_0 とすると，屈折率 n は

$$n=\sin[(\beta+\delta_0)/2]/\sin(\beta/2) \tag{2.38}$$

により求めることができる (問題 2.3).

吸収が大きい場合には透過測定がむずかしいので，反射データのみから光学定数を決めなければならない．よく使われるのは，**楕円偏光解析**とよばれる方法である．すでに述べたように，入射面に対して振動面が傾いた直線偏光を入射させると，反射光は楕円偏光になるが，この方法は，この楕円を決めることにより n と κ を求めるものである．たとえば，入射面に 45° に偏った直線偏光を試料に斜に入射させたとすると，入射光に関しては p 偏光成分の電場の振幅 E_{1p} と s 偏光成分の電場の振幅 E_{1s} は等しいから，反射光に対しては

$$E_{rp}/E_{rs}=-\frac{\cos(\theta_1+\tilde{\theta}_2)}{\cos(\theta_1-\tilde{\theta}_2)}=\rho\exp(i\delta) \tag{2.39}$$

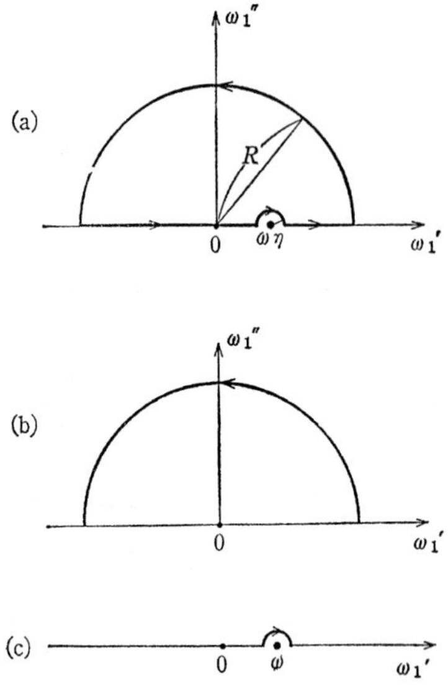

図 2.4　複素平面上での積分経路

となる．この実の量である ρ と δ を測定するわけであるが，入射角 $\theta_1=0$ のとき $\rho=1$, $\delta=\pi$，また $\theta_1=\pi/2$ のとき $\rho=1$, $\delta=0$ となるから，必ず $\delta=\pi/2$ となる入射角があるはずである．この方向で光を入射させ，反射光を軸を入射面に合わせた $\lambda/4$ 板を通すと直線偏光になる．そこで，まずこのような入射角 θ_1 を決め，次に直線偏光になった光の振動面の方向を決める．その振動面が，入射面と垂直な方向から測って角度 ψ の方向にあるとすると $\rho=\tan\psi$ なる関係がある．そこで，θ_1 と ψ を測り，これから n と κ を求める (問題 2.4)．その他，クラマース－クローニッヒの関係式を利用する方法や，ローレンツモデ

ルを使ってパラメターを決める方法もあるが，これらについては後で述べる．

2.6 クラマース-クローニッヒの関係式

時間の関数である電場 $\boldsymbol{E}(t)$ はフーリエ変換 (1.17) により

$$\boldsymbol{E}(t)=\int_{-\infty}^{\infty}\boldsymbol{E}(\omega)\mathrm{e}^{-i\omega t}\mathrm{d}\omega \tag{2.40}$$

と表される．$\boldsymbol{E}(\omega)$ も同様に

$$\boldsymbol{E}(\omega)=\frac{1}{2\pi}\int_{-\infty}^{\infty}\boldsymbol{E}(t)\mathrm{e}^{i\omega t}\mathrm{d}t \tag{2.41}$$

と表すことができるが，$\boldsymbol{E}(t)$ が実際の電場だとするとそれは実の量であるから，$\boldsymbol{E}^*(\omega)=\boldsymbol{E}(-\omega)$ が成立することは容易にわかる．

電束密度 $\boldsymbol{D}(t)$ もフーリエ展開すると

$$\boldsymbol{D}(t)=\int_{-\infty}^{\infty}\boldsymbol{D}(\omega)\mathrm{e}^{-i\omega t}\mathrm{d}\omega \tag{2.42}$$

となり

$$\boldsymbol{D}(\omega)=\varepsilon(\omega)\boldsymbol{E}(\omega) \tag{2.43}$$

の関係により誘電率 $\varepsilon(\omega)$ が定義される．さらに，分極 $\boldsymbol{P}(t)=\boldsymbol{D}(t)-\varepsilon_0\boldsymbol{E}(t)$ も同様に展開して

$$\boldsymbol{P}(\omega)=\varepsilon_0\chi(\omega)\boldsymbol{E}(\omega) \tag{2.44}$$

により**電気感受率** $\chi(\omega)$ を導入しよう．すると，誘電率と電気感受率の間には

$$\varepsilon(\omega)/\varepsilon_0=1+\chi(\omega) \tag{2.45}$$

なる関係がある．ただし，ここで ε は 2.1 節で述べた $\tilde{\varepsilon}$ とは異なり，$i\sigma/\omega$ の項は含まない式 (1.29) の誘電率に対応するものである．その場合にも ε は複素量と考えるべきである．それは角振動数 ω の振動電場 $\boldsymbol{E}(t)$ が物質に作用した場合，物質中の電気双極子モーメントは同じ角振動数 ω で振動するが，その位相は必ずしも $\boldsymbol{E}(t)$ のそれとは一致しないと考えられるからである．これは絶縁体の場合にも光の吸収が起きることから明らかである (問題 2.5)．

実の電場 $\boldsymbol{E}(t)$ によって誘起される電束密度 $\boldsymbol{D}(t)$ や分極 $\boldsymbol{P}(t)$ はやはり実の量と考えられるから，$\varepsilon^*(\omega)=\varepsilon(-\omega)$ や $\chi^*(\omega)=\chi(-\omega)$，つまり

$$\left.\begin{aligned}\varepsilon'(-\omega)=\varepsilon'(\omega),\quad \varepsilon''(-\omega)=-\varepsilon''(\omega)\\ \chi'(-\omega)=\chi'(\omega),\quad \chi''(-\omega)=-\chi''(\omega)\end{aligned}\right\} \tag{2.46}$$

なる関係が成立する．したがって，$\varepsilon(\omega)$ や $\chi(\omega)$ としては $\omega\geq 0$ の成分だけが

知られていれば十分である．

ところで $\varepsilon(\omega)$ や $\chi(\omega)$ は刺激と応答を結びつける応答関数の一種であるが，そのようなものでは一般に因果律のために実部と虚部とがある関係で結びつけられている．つまり原因があって初めて結果が生じるのであるから，応答は刺激に先んじて起こることはなく，たとえば分極に対しては

$$\boldsymbol{P}(t)=\varepsilon_0\int_0^\infty G(\tau)\boldsymbol{E}(t-\tau)\mathrm{d}\tau \tag{2.47}$$

が成立する．ただし，$G(\tau)$ は δ 関数的な電場が作用してから τ だけ時間がたった後で分極がどうなるかを表す関数である．ここで $\tau\geq 0$ のみが利くという所が因果律の表れである．式 (2.40) を式 (2.47) に代入することにより

$$\chi(\omega)=\int_0^\infty G(\tau)\mathrm{e}^{i\omega\tau}\mathrm{d}\tau \tag{2.48}$$

を得るが，複素積分を行うために ω を複素量 ω_1 でおき換え，χ を複素平面上で定義された関数と考える．すると $\omega_1=\omega_1'+i\omega_1''$ としてみればわかるように，$G(\tau)$ が自然な振舞いをするとき，$\chi(\omega_1)$ が発散するような異常な振舞いをするのは $\omega_1''<0$ の場合に限られる．すなわち，複素平面の上半分では $\chi(\omega_1)$ は正則である．そこで，ω が実軸上にあるとして $\chi(\omega_1)/(\omega_1-\omega)$ を図 2.4(a) で示す経路に沿って積分したもの

$$A=\oint\frac{\chi(\omega_1)}{\omega_1-\omega}\mathrm{d}\omega_1 \tag{2.49}$$

を考えると，被積分関数が経路で囲まれた領域に極をもたないことから，コーシーの定理によりこの積分は零になる．ただし，図 2.4(a) で $\omega_1=\omega$ にある極は半径 η の小さな半円で避けてある．さらに，図 2.4(b), (c) で示す経路に沿った積分を B, C とすると，実軸上の積分として定義される次の主値積分

$$\mathscr{P}\int_{-\infty}^\infty\frac{\chi(\omega_1)}{\omega_1-\omega}\mathrm{d}\omega_1=\lim_{\eta\to 0}\left[\int_{-\infty}^{\omega-\eta}\frac{\chi(\omega_1)}{\omega_1-\omega}\mathrm{d}\omega_1+\int_{\omega+\eta}^\infty\frac{\chi(\omega_1)}{\omega_1-\omega}\mathrm{d}\omega_1\right] \tag{2.50}$$

は $\lim_{R\to\infty\ \eta\to 0}(A-B-C)$ に等しい．ところが，振動数が十分大きい場合には，分極は電場の振動に追従できなくなるので，$\chi(\omega_1)$ は $|\omega_1|$ を大きくすると十分に零に近くなると考えられ，$\lim_{R\to\infty}B=0$ となる．また，複素積分により $C=-i\pi\chi(\omega)$ となるから，結局

$$\chi(\omega)=\frac{1}{i\pi}\mathscr{P}\int_{-\infty}^\infty\frac{\chi(\omega_1)}{\omega_1-\omega}\mathrm{d}\omega_1 \tag{2.51}$$

が成立し，

$$\left.\begin{aligned}\chi'(\omega)&=\frac{1}{\pi}\mathscr{P}\int_{-\infty}^{\infty}\frac{\chi''(\omega_1)}{\omega_1-\omega}\mathrm{d}\omega_1\\ \chi''(\omega)&=-\frac{1}{\pi}\mathscr{P}\int_{-\infty}^{\infty}\frac{\chi'(\omega_1)}{\omega_1-\omega}\mathrm{d}\omega_1\end{aligned}\right\}\tag{2.52}$$

が得られる．これは，電気感受率の実部か虚部の一方が振動数の関数として知られていれば，他方は計算で求めることができるということを意味している．応答関数の実部と虚部を結ぶこのような式を**クラマース - クローニッヒの関係式**とよぶ．

さらに，式 (2.52) は式 (2.46) を使うと

$$\left.\begin{aligned}\chi'(\omega)&=\frac{2}{\pi}\mathscr{P}\int_{0}^{\infty}\frac{\omega_1\chi''(\omega_1)}{{\omega_1}^2-\omega^2}\mathrm{d}\omega_1\\ \chi''(\omega)&=-\frac{2}{\pi}\mathscr{P}\int_{0}^{\infty}\frac{\omega\chi'(\omega_1)}{{\omega_1}^2-\omega^2}\mathrm{d}\omega_1\end{aligned}\right\}\tag{2.53}$$

と書き直すこともできる．また式 (2.52) (2.53) で $\chi'(\omega)$ と $\chi''(\omega)$ を $\varepsilon'(\omega)-\varepsilon_0$ と $\varepsilon''(\omega)$ でおき換えた式が成り立つことも容易にわかる．また，$\chi(\omega_1)$ の代わりに $[1+\chi(\omega_1)]^{1/2}-1=n(\omega_1)-1+i\kappa(\omega_1)$ について考えると，これはやはり複素平面の上半分で正則であり，$|\omega_1|$ の大きい所では十分に零に近いとしてよいから

$$\left.\begin{aligned}n(\omega)-1&=\frac{2}{\pi}\mathscr{P}\int_{0}^{\infty}\frac{\omega_1\kappa(\omega_1)}{{\omega_1}^2-\omega^2}\mathrm{d}\omega_1=\frac{c}{\pi}\mathscr{P}\int_{0}^{\infty}\frac{\alpha(\omega_1)}{{\omega_1}^2-\omega^2}\mathrm{d}\omega_1\\ \kappa(\omega)&=-\frac{2}{\pi}\mathscr{P}\int_{0}^{\infty}\frac{\omega n(\omega_1)}{{\omega_1}^2-\omega^2}\mathrm{d}\omega_1\end{aligned}\right\}\tag{2.54}$$

なる関係が成り立つ (問題 2.6)．これから，κ や α の大きい吸収線の近傍の振動数領域で屈折率が大きく変化することがわかる．

ところで，垂直反射率 $R_{\perp}(\omega)$ は直接に測定できる量であるから，次にこれに関するクラマース - クローニッヒの関係式を求めよう．ただし入射側の媒質としては空気や真空を想定し，吸収はなく屈折率は 1 とする．そこで電場の垂直振幅反射率を $\tilde{r}_{\perp}(\omega)$ とすると，$\sqrt{R_{\perp}(\omega)}=r(\omega)$ を用い，式 (2.29 a) よりこれは

$$\tilde{r}_{\perp}(\omega)=\frac{1-n-i\kappa}{1+n+i\kappa}=r(\omega)\exp[-i\theta(\omega)]\tag{2.55}$$

と表すことができる．ここで $\theta=\tan^{-1}[2\kappa/(1-n^2-\kappa^2)]$ は反射の際に生じる位相の変化に対応する角度である ($\pi\geq\theta\geq0$)．したがって

$$\ln[\tilde{r}_{\perp}(\omega)]=\ln r(\omega)-i\theta(\omega)\tag{2.56}$$

が成り立つ．$\tilde{r}_{\perp}(\omega)$ は入射波と反射波の電場のフーリエ成分の振幅の間の関係

$\boldsymbol{E}_r(\omega)=\tilde{r}_\perp(\omega)\boldsymbol{E}_1(\omega)$ によって定義され，$\chi(\omega_1)$ の場合と同様に因果律より $\tilde{r}_\perp(\omega_1)$ は複素平面の上半分で正則である．さらに，κ は完全には零にならないため $R_\perp(\omega)$ は零になることはなく，$\ln[\tilde{r}_\perp(\omega)]$ も複素平面の上半分で正則である．ただし，$|\omega_1|\to\infty$ では分極の振動は電場の変化に追従することができないため反射率は零に近づき $\ln[\tilde{r}_\perp(\omega_1)]$ はマイナス無限大になるから，前と少しやり方を変えなければならないが，結局，前と同様な次の関係が得られる（付録A参照）．

$$\theta(\omega)=\frac{2}{\pi}\mathscr{P}\int_0^\infty\frac{\omega\ln[r(\omega_1)]}{\omega_1{}^2-\omega^2}\mathrm{d}\omega_1 \tag{2.57}$$

さらにこれは

$$\theta(\omega)=\frac{\omega}{\pi}\int_0^\infty\frac{\ln[R_\perp(\omega_1)/R_\perp(\omega)]}{\omega_1{}^2-\omega^2}\mathrm{d}\omega_1 \tag{2.58}$$

と書くことができ，また部分積分を行うことにより

$$\theta(\omega)=\frac{1}{2\pi}\int_0^\infty\ln\left|\frac{\omega_1+\omega}{\omega_1-\omega}\right|\frac{\mathrm{d}\ln[R_\perp(\omega_1)]}{\mathrm{d}\omega_1}\mathrm{d}\omega_1 \tag{2.59}$$

と表すこともできる（問題 2.7）．これから，反射率が一定の振動数領域ならびに $\ln|(\omega_1+\omega)/(\omega_1-\omega)|$ が小さい $\omega_1\gg\omega$ と $\omega_1\ll\omega$ の振動数領域は $\theta(\omega)$ に寄与しないことがわかる．実験的に得られた垂直反射率から，式（2.58）ないしは式（2.59）を使って $\theta(\omega)$ を計算し，光学定数を求めることがしばしば行われる．$r(\omega)=\sqrt{R_\perp(\omega)}$ と $\theta(\omega)$ が知られれば，光学定数は

$$\left.\begin{aligned}n&=(1-r^2)/(1+r^2+2r\cos\theta)\\ \kappa&=2r\sin\theta/(1+r^2+2r\cos\theta)\end{aligned}\right\} \tag{2.60}$$

により求められる．実際にはすべての振動数領域にわたって $R_\perp$ を実験的に決めることは困難であるから，測定された領域以外は何らかの方法で外挿する必要がある．適当な仮定を用いて外挿したり，ある波長領域で他の方法で求められた n や κ の値と合うように調整するのがふつうである．

2.7 総　和　則

前節で述べたように，$\omega\to\infty$ では分極は電場の振動に追従できなくなるから，吸収は零になる．そこで，それ以上の振動数領域には吸収がないような限界角振動数を ω_c とすると，式（2.53 a）は

$$\chi'(\omega)=\frac{2}{\pi}\mathscr{P}\int_0^{\omega_c}\frac{\omega_1\chi''(\omega_1)}{\omega_1{}^2-\omega^2}\mathrm{d}\omega_1 \tag{2.61}$$

となるが，ω_c よりも十分高い角振動数 ω を考えると，分母の $\omega_1{}^2$ を無視して

$$\chi'(\omega)=-\frac{2}{\pi\omega^2}\int_0^\infty \omega_1\chi''(\omega_1)\mathrm{d}\omega_1 \tag{2.62}$$

と近似することができる．ところが，振動数が十分高い場合には，2.9節で述べるように

$$\left.\begin{aligned}\chi'(\omega)&=-\omega_\mathrm{p}{}^2/\omega^2\\ \omega_\mathrm{p}&=(Ne^2/m\varepsilon_0 V)^{1/2}\end{aligned}\right\} \tag{2.63}$$

と書くことができる．ここで N/V と m は遷移に関係する振動子の単位体積あたりの数と質量である．したがって，次の関係が成り立つ．

$$\int_0^\infty \omega_1\chi''(\omega_1)\mathrm{d}\omega_1=\pi\omega_\mathrm{p}{}^2/2 \tag{2.64}$$

また，同様に次の関係も得られる（問題 2.8）．

$$\int_0^\infty \alpha(\omega_1)\mathrm{d}\omega_1=\pi\omega_\mathrm{p}{}^2/2c \tag{2.65}$$

このような関係は**総和則**とよばれ，測定した波長領域以外の所に大きな吸収帯があるかどうか，あるいは電子によるすべての吸収を測定したかどうかを判定するのにしばしば利用される．

なお，式（2.53 a）で $\omega=0$ とすると

$$\chi'(0)=\frac{2}{\pi}\int_0^\infty \frac{\chi''(\omega_1)}{\omega_1}\mathrm{d}\omega_1 \tag{2.66}$$

となる．これから，静的な誘電率 $\varepsilon(0)=\varepsilon_0[1+\chi'(0)]$ は低いエネルギーの所に強い吸収をもつ物質ほど大きくなることが予想されるが，次節で述べるように，多くの半導体や絶縁体について比較してみると，確かにこの傾向が認められる．

2.8 ローレンツモデル

絶縁体の場合，物質の誘電率 ε を決めているものは，その定義

$$\boldsymbol{D}=\varepsilon\boldsymbol{E}=\varepsilon_0\boldsymbol{E}+\boldsymbol{P} \tag{2.67}$$

からも明らかなように，物質に電場をかけることによって物質中に誘起される分極 $\boldsymbol{P}$ である．これはミクロには，原子の中の正の電荷の重心と負の電荷の重心がずれることや，正イオンと負イオンの位置が平衡点からずれることに原因があり，物質は振動電場に対する応答の点ではいろいろの固有振動数をもつ電気双極子の集まりとみなすことができる．そこで一つの電気双極子をばねで束縛された電荷とみなして，速度に比例する摩擦力を受けながら振動する調和振動子として扱っ

てみよう．このようなモデルは**ローレンツモデル**とよばれる．いま，振動子の質量，電荷ならびに固有角振動数を m, q, ω_0 とすると，外から加えた x 方向の振動電場による振動子の運動方程式は

$$m\left(\frac{\mathrm{d}^2X}{\mathrm{d}t^2}+\Gamma_0\frac{\mathrm{d}X}{\mathrm{d}t}+\omega_0{}^2X\right)=qE=qE_0\mathrm{e}^{-i\omega t} \tag{2.68}$$

と書くことができる．ここで X は平衡位置からの変位であり，Γ_0 は摩擦による振動の減衰の速度定数である．強制振動により変位 X も角振動数 ω で振動すると考えられるから，$X=X_0\exp(-i\omega t)$ とすると，

$$\left.\begin{aligned}X_0&=\frac{qE_0/m}{\omega_0{}^2-\omega^2-i\omega\Gamma_0}=\frac{qE_0/m}{[(\omega_0{}^2-\omega^2)^2+\omega^2\Gamma_0{}^2]^{1/2}}\mathrm{e}^{i\phi}\\ \tan\phi&=\omega\Gamma_0/(\omega_0{}^2-\omega^2)\end{aligned}\right\} \tag{2.69}$$

となり，ϕ は振動電場に対する電気双極子モーメント $\boldsymbol{M}=qX\boldsymbol{e}_x$ の振動の位相の遅れを表している．Γ_0 は正であるから，ω を零から大きくして行くと ϕ は零から次第に大きくなり，$\omega=\omega_0$ で $\pi/2$ となり，$\omega\gg\omega_0$ では π に近づく．また予想されるように，変位の大きさ $|X_0|$ は m が小さいほど大きく，$\omega=\omega_0$ の所でピークをもち，その付近で共鳴的に増大する．このような振動子が体積 V 中に N_0 個あるものとすると，分極の大きさは $P=qXN_0/V$ で与えられるから，誘電率は

$$\varepsilon=\varepsilon_0+\frac{N_0q^2/mV}{\omega_0{}^2-\omega^2-i\omega\Gamma_0} \tag{2.70}$$

となることがわかる．以上では固有振動数が ω_0 の振動子のみを考えたが，いろいろの振動数をもつ振動子が体積 V 中に N 個あり，そのうち固有振動数が ω_j のものの割合が f_j であるとすると

$$\varepsilon=\varepsilon_0+\sum_j\frac{(Nq^2/mV)f_j}{\omega_j{}^2-\omega^2-i\omega\Gamma_j} \tag{2.71}$$

となることは容易にわかる．ここで f_j は**振動子強度**とよばれる．図 2.5 には $\varepsilon'/\varepsilon_0$ を ω の関数として模型的に示してある．ε' は十分高い振動数領域では ε_0 に等しいが，ω を小さくしていくと固有振動数の領域で変化し，その領域を過ぎる度に ε' は大きくなる．これは，固有振動数 ω_j の振動子は $\omega>\omega_j$ の振動には追従できないが，$\omega<\omega_j$ の振動には追従して応答するからである．ふつう，電子の電荷分布の変化に対応する固有振動数は可視や紫外の領域にあり，また分子内の原子振動や結晶の格子振動の固有

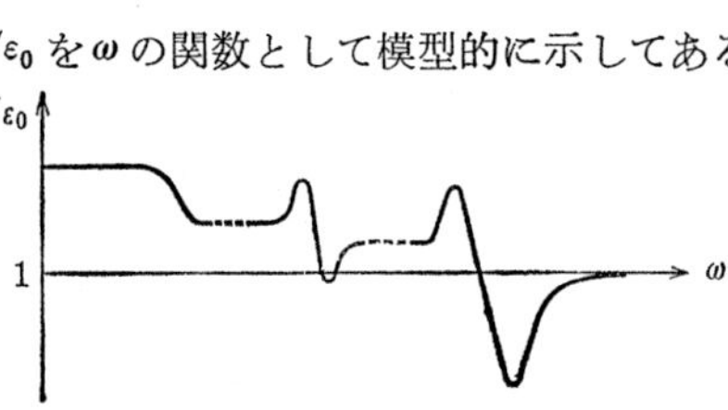

図 2.5 誘電率の実部の振動数依存性

振動数は赤外領域に現れる．さらに，分子の回転の固有振動数はマイクロ波領域など低い振動数の所にある（4.1節参照）．

いま，固有振動数 ω_0 の一つの振動子に注目し，他の固有振動数は，ω_0 から十分離れているとすると，ω_0 付近の注目する振動数領域は Γ_0 に比べて十分広いとし，その上限と下限での誘電率を $\varepsilon_u, \varepsilon_l$ として

$$\varepsilon(\omega)=\varepsilon_u+\frac{(\varepsilon_l-\varepsilon_u)\omega_0{}^2}{\omega_0{}^2-\omega^2-i\omega\Gamma_0} \tag{2.72}$$

と書くことができる．この式を使って計算した反射率を実験データと比較したり，n と κ の知られた領域での値とこの式とを比べて，注目する全領域での光学定数を決めることがしばしば行われる．ε_u には ω_0 より高い固有振動数をもつ振動子からの寄与が入っていることは図2.5からわかる．Γ_0 は一般に小さいから $\omega\approx\omega_0$ の近傍を除くと $i\omega\Gamma_0$ は無視することができ，$\varepsilon/\varepsilon_0$ はほぼ n^2 に等しい．したがって，透明領域では，λ を真空中の波長，C, D, D' を物質で決まる定数として

$$n^2-1=C+\frac{D}{\omega_0{}^2-\omega^2}=C+\frac{D'\lambda^2}{\lambda^2-\lambda_0{}^2} \tag{2.73}$$

なる関係が成り立つ．これは**セルマイヤーの分散公式**とよばれる．

式(2.72)を使って ε', ε'', n, κ ならびに真空に対する垂直反射率 $R_\perp$ などを計算したものが図2.6である．ε'' は $\omega=\omega_0$ の近傍にピークをもつほぼローレンツ形の曲線で，半値幅は大体 Γ_0 である．一方，ε' は $\omega=\omega_0-\Gamma_0/2$ 付近に最大値，また $\omega=\omega_0+\Gamma_0/2$ 付近に最小値をもつ分散型の曲線で，$\omega=\omega_0$ での値はちょうど ε_u になっている．いま，$\varepsilon'=0$ となる二つの角振動数の高い方を ω_L とすると，ω_0 から離れた $\omega>\omega_L$ および $\omega<\omega_0-\Gamma_0$ の領域は透明領域（$\kappa\approx0$）であり，そこでは $R_\perp$ はほぼ $(n-1)^2/(n+1)^2$ で与えられる．$\omega>\omega_L$ の領域よりも $\omega<\omega_0-\Gamma_0$ の領域の方が n の値が大きいので $R_\perp$ の値も大きい．$\omega_0-\Gamma_0<\omega<\omega_L$ の領域では吸収が強く反射率も大きい．n と κ のピークは $\omega_0-\Gamma_0<\omega<\omega_0+\Gamma_0$ の領域にあるが，$R_\perp$ のピークは κ が大きく n が小さい $\omega_0+\Gamma_0<\omega<\omega_L$ の領域にある．$\omega<\omega_0-\Gamma_0$ および $\omega>\omega_L$ の透明領域では屈折率は振動数が高くなるに従って大きくなるが，ω_0 付近では逆に振動数とともに n は小さくなる．屈折率が振動数に依存する現象を**分散**といい，$dn/d\omega>0$ の場合を**正常分散**，<0 の場合を**異常分散**という．なお，式(2.72)で $\Gamma_0=0$ としてみると，$\omega_0<\omega<\omega_L$ の領域では $\tilde{n}$ は純虚数になるため $R_\perp=1$ となり，反射スペクトルは ω が ω_0 および ω_L

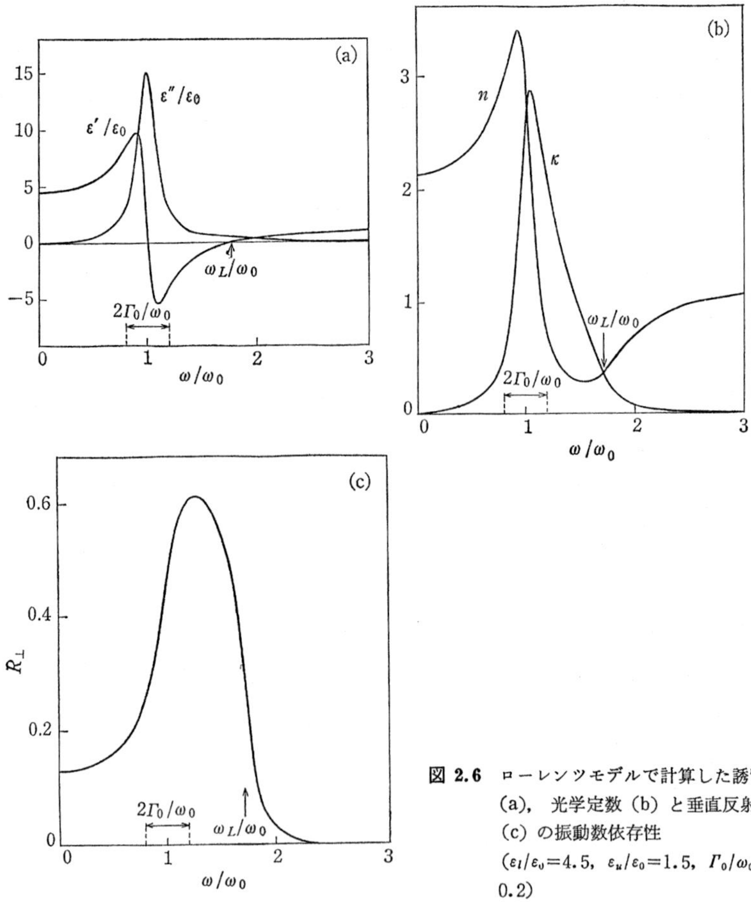

図 2.6 ローレンツモデルで計算した誘電率 (a)，光学定数 (b) と垂直反射率 (c) の振動数依存性 ($\varepsilon_l/\varepsilon_0=4.5$，$\varepsilon_u/\varepsilon_0=1.5$，$\Gamma_0/\omega_0=0.2$)

の所で折れることになる (図 2.7)．それに対して $\Gamma_0 \neq 0$ の場合は，図 2.6(c) に示すようにやはり $\omega_0<\omega<\omega_L$ の領域で $R_\perp$ は大きな値をもつが，ピークは 1 より小さくなり，曲線はなめらかになる．このような垂直反射率の振舞いは次節で述べる金属の場合と比較することにより，光の反射現象の物理的なイメージを描く手掛かりになる．

図 2.8 は赤外域で測定された AlN の垂直反射率のスペクトルである．これから式 (2.58) の関係を使って $\theta(\omega)$ を計算し，誘電率ならびに光学定数の波長依存性を求めた結果を図 2.9 に示す．これはローレンツモデルで計算した図 2.6 の結果と非常によく似ており，これはこの領域で単一の振動子を仮定したローレン

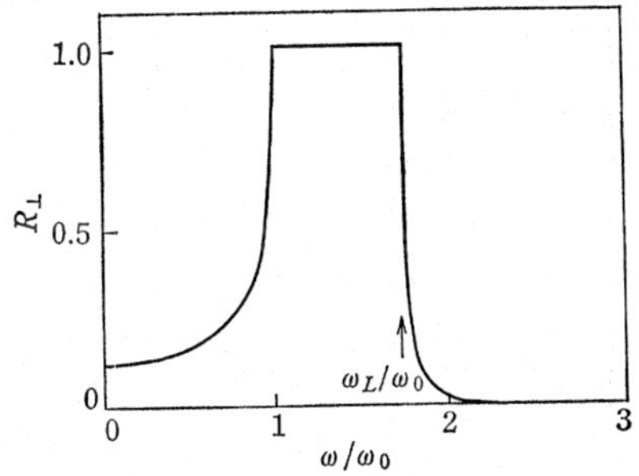

図 2.7　ローレンツモデルで $\Gamma_0=0$ としたときの反射スペクトル（$\varepsilon_l/\varepsilon_0=4.5$, $\varepsilon_u/\varepsilon_0=1.5$）

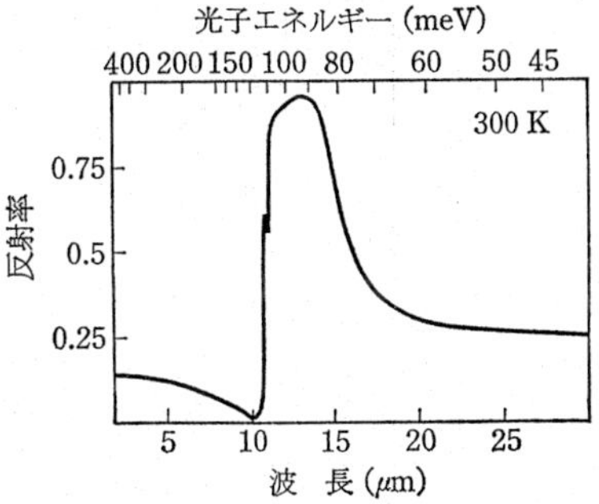

図 2.8　AlN の反射スペクトル[1)]

ツモデルがよく成り立つことを示している．ε'' のピークと $\varepsilon'=0$ となる波長から $\hbar\omega_0$ と $\hbar\omega_L$ は 83 meV, 114 meV と求められるが，これらは波数ベクトルの大きさが零の横型光学フォノンと縦型光学フォノンのエネルギーに対応している（フォノンについては 4 章を参照）．なお，ω_0 を決めるには $\varepsilon''\omega=2n\kappa\omega$ のピークを求めればよく，また $\varepsilon'=0$ になる振動数を見つけるには，$-\mathrm{Im}(1/\varepsilon)$ を ω の関数としてプロットし，それがピークになる所を捜せばよい．

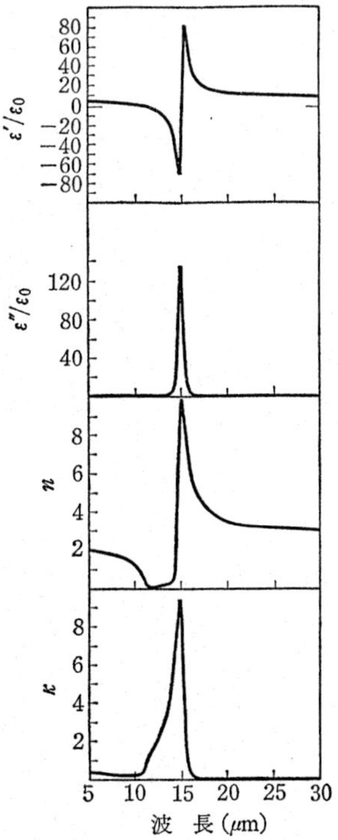

図 2.9　反射スペクトルから求めた AlN の誘電率と光学定数[1)]

式 (2.72) で $\omega=\omega_L$ とすると

$$\frac{\varepsilon_l}{\varepsilon_u}=\frac{\omega_L^2}{\omega_0^2}\left(1+\frac{\Gamma_0^2}{\omega_L^2-\omega_0^2}\right) \qquad (2.74)$$

が得られるが，$\Gamma_0^2 \ll (\omega_L^2-\omega_0^2)$ であれば，これは

$$\varepsilon_l/\varepsilon_u=\omega_L^2/\omega_0^2 \qquad (2.75)$$

と近似できる．これは**ライダン－ザックス－テラーの関係式**とよばれる．これを使うと，Γ_0 を無視して式 (2.72) は

$$\varepsilon(\omega)/\varepsilon_u=\frac{\omega_L^2-\omega^2}{\omega_0^2-\omega^2} \qquad (2.76)$$

と書くこともできる．たとえば AlN の場合，$\varepsilon_u/\varepsilon_0$ を波長 550 nm における屈折率 2.2 の二乗とし，式 (2.75) から $\varepsilon_l/\varepsilon_0$ を求めると 9.1 となり，反射率のデータから求めた値 9.1 とよく一致する．表 2.1 はいく

表 2.1 LOフォノンとTOフォノンのエネルギーと誘電率[2)]

	NaF	NaCl	NaBr	NaI
ω_{LO} (cm^{-1})	414	264	209	181
ω_{TO} (cm^{-1})	239	164	134	117
$\varepsilon_l/\varepsilon_0$ (計算)	5.2	6.0	6.3	7.2
$\varepsilon(0)/\varepsilon_0$ (実験)	5.1	5.9	6.3	7.3

つかの結晶について，赤外域の反射スペクトルから得られた光学モードのフォノンのエネルギーと可視域の屈折率から求めた ε_u を使って式 (2.75) により ε_l を計算したものである．結果は $\varepsilon(0)$ とかなりよく一致することがわかる．

いま，簡単化して，振動子強度の最も大きい一つの固有振動のみを考えることにして，式 (2.70) を用い，$\omega=0$ として静的な誘電率を求めると，これは

$$\varepsilon(0)=\varepsilon_0+N_0q^2/mV\omega_0^2 \tag{2.77}$$

となる．そこで，たとえば Si について考えると，強い吸収は約 3 eV にあり，これに寄与する価電子は，Si 原子1個につき4個あるから，単位体積あたりの Si 原子の数 5×10^{22} 個/cm^3 を用い，q と m を電子の電荷および質量として，上の式から $\varepsilon(0)/\varepsilon_0$ は ほぼ10 と求められる．これは実際に測定された12という値とかなり近い．また式 (2.77) から，バンドギャップエネルギーの小さい物質で $\varepsilon(0)$ は大きくなることが予想されるが，表 2.2 に示すように実験結果は確かにそのような傾向を示している（バンドギャップや価電子については 5.6 節参照）.

表 2.2 バンドギャップエネルギーと静的誘電率

結晶	W_g(eV)	$\varepsilon(0)/\varepsilon_0$	結晶	W_g(eV)	$\varepsilon(0)/\varepsilon_0$
Si	1.12	11.9	InSb	0.17	17.7
Ge	0.66	16.0	NaF	11.5	5.1
CdS	2.42	5.4	NaCl	8.75	5.9
ZnS	3.68	5.2	NaBr	7.1	6.4
GaAs	1.42	13.1	NaI	5.9	7.3
InAs	0.36	14.6	KCl	8.7	4.8

2.9 金属のドルーデモデル

ローレンツモデルは絶縁体や半導体中の束縛電子に適用されるモデルであるが，次に金属や半導体中の電気伝導に与る自由キャリヤー（伝導帯電子および価

電子帯正孔，これについては5.6節参照）の効果について考えよう．その場合にはキャリヤーは物質中を自由に動きまわるから復元力は働かず，式（2.68）で $\omega_0=0$ としてよい．このようなモデルは**ドルーデモデル**とよばれる．ここで $q=\pm e$ であり，m としてはキャリヤーの有効質量 m^* を用いる（有効質量についてはは5.6節参照）．さらに，振動の減衰はふつうフォノンなどによって自由キャリヤーが散乱される効果によるから，Γ_0^{-1} としては散乱から次の散乱までの平均時間（平均自由時間）τ を用いる．すると，単位体積あたりの自由キャリヤーの数を N/V として

$$\varepsilon=\varepsilon_0-\frac{Ne^2/m^*V}{\omega(\omega+i\tau^{-1})} \tag{2.78}$$

が得られるが，ここで $\omega=0$ 付近を考えると

$$\varepsilon=\varepsilon_0+i\frac{Ne^2\tau/m^*V}{\omega} \tag{2.79}$$

となり，これは電気伝導度 σ を $Ne^2\tau/m^*V$ としたことに相当する．このように式（2.78）（2.79）の誘電率は2.1節で定義した複素誘電率 $\tilde{\varepsilon}$ になっている．

式（2.78）を使って計算した真空に対する垂直反射率を図2.10に示す．ω が ω_p 以下では $R_\perp$ はほぼ1であるが，ω_p を越えると反射率は急激に減り，物質は透明になる．ここで，**プラズマ振動数** ω_p は，$\tau^{-1}\ll\omega$ として求めた $\varepsilon'=0$ に対応する角振動数で，

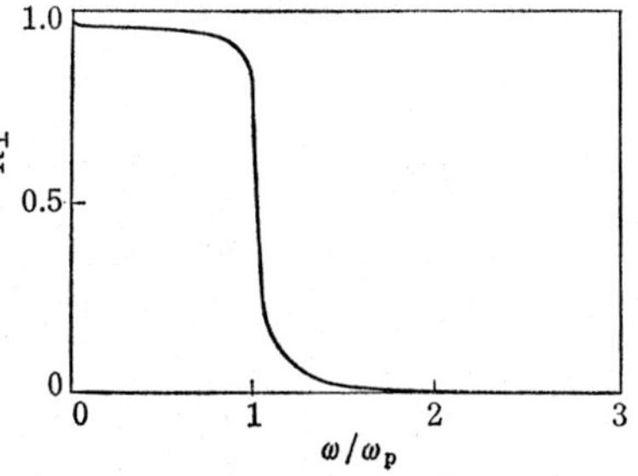

図 2.10 ドルーデモデルで計算した金属の反射スペクトル（$\omega_p\tau=50$）

$$\omega_p=(Ne^2/m^*\varepsilon_0V)^{1/2} \tag{2.80}$$

で与えられる．通常の金属の場合，プラズマ振動数は電磁波の波長に直すと可視ないしは紫外の領域にくる．一方，τ の値は 10^{-14} s といった値が典型的であるから，ω_p の近傍では $\omega\tau\gg1$ が成立している．式（2.78）より一般に $\omega\tau\gg1$ のとき

$$\tilde{\varepsilon}/\varepsilon_0=1-\frac{\omega_p{}^2}{\omega^2},\quad \chi=-\omega_p{}^2/\omega^2 \tag{2.81}$$

と近似できることがわかる．したがって $\omega=\omega_p$ では $n\approx0$ となるが，これは物質中での電場の振動の波長が非常に長くなることを意味する．すなわち，プラズマ振動数は広い空間領域にわたって自由キャリヤーが位相をそろえて振動する場

合の振動数を表している．ω_p より低い振動数領域では $\tilde{n}$ は純虚数になり，電磁波は伝播できないので光は金属中に入り込むことができず，表面で反射される．一方，ω_p より高い振動数領域ではキャリヤーの運動は電場の変化に追従することができず，電磁波は自由に伝播する．したがって，反射率は図 2.10 のような振舞いを示す．

図 2.11 は Al の反射スペクトルである．この結果はバンド間遷移に相当するエネルギー付近に小さな凹みが見られるほかは式 (2.78) を使ってよく再現される．半導体の場合には自由キャリヤーの数が温度によって異なるためプラズマ振動数も温度によって変化する．なお，式 (2.70) で $\omega \gg \omega_0$ とすると ω_0 は無視できるから，高い振動数領域ではドルーデモデルは絶縁体や半導体中の束縛電子の場合にも適用できることがわかる．したがって式 (2.81) は高い振動数領域では一般に成り立つ．十分高い振動数領域では，式 (2.81) からわかるようにどのような物質でも一般に $\varepsilon \approx \varepsilon_0$ となり，屈折率はほぼ 1 になる．したがって，X 線や γ 線の領域で鏡やレンズの働きをする物質を見つけることはむずかしい．

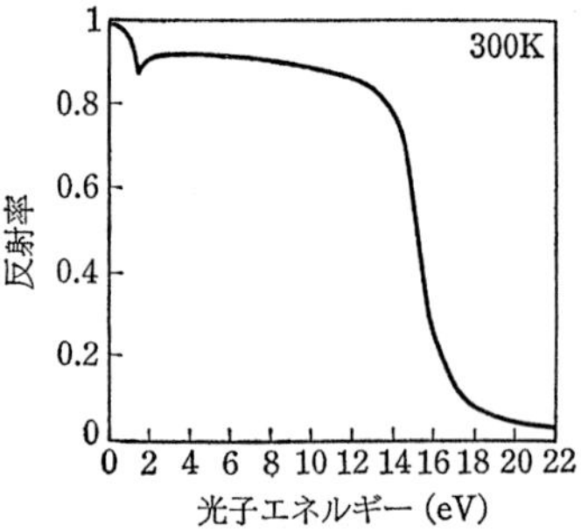

図 2.11　アルミニウムの反射スペクトル[3)]

2.10　ローレンツの局所電場

ローレンツモデルで考えた外場，すなわち式 (2.68) の右辺の電場は，物質中での平均的な電場ではなく，1 個の原子や分子などに働く微視的な電場である．この局所的な電場は，一般に外から加えた電場ないしは物質中の平均的な電場とは異なる．特に固体や液体など密な物質では，注目する原子（ないしは分子など）以外の部分が分極する効果のために，この二つの場の違いは無視できなくなる．局所的な電場 $\boldsymbol{E}_{\mathrm{loc}}$ は，電場が物質に掛かっている際に，他に影響を与えないようにしながら原子をくり抜いて真空にしたときにそこに現れる電場である．そこで，いま物質を連続体として，平均電場 $\boldsymbol{E}$ が掛かっている場合にそこに原子に相当する球をくり抜いたとしよう．すると球の表面には分極電荷が現れ，その面密度は $\boldsymbol{P}\cdot\boldsymbol{n}$ で与えられる（電磁気学の教科書を参照のこと）．ただし $\boldsymbol{P}$ は物質の分極であり，$\boldsymbol{n}$ は球の表面に立てた法線方向（内向き）の単位ベクトルであ

る．したがって，球の中心での電場は，平均電場にこの電荷による電場が付け加わって

$$\boldsymbol{E}_{\mathrm{loc}}=\boldsymbol{E}+\frac{\boldsymbol{P}}{3\varepsilon_0} \tag{2.82}$$

となる（問題 2.10）．

実際の物質はミクロな構造をもち，くり抜く空間の形を球とすることや，物質を連続体として扱うことは，かなり粗い近似である．ローレンツは，注目する原子のまわりにある大きさの球を考え，その外側の物質は連続体として扱い，球の内部の物質はミクロな構造まで考えて扱うことを提案した．球の外側の効果は式（2.82）と同じく $\boldsymbol{P}/3\varepsilon_0$ である．一方，球の内部の原子が球の中心におかれた注目する原子に作用する電場は，結晶構造によって異なるが，たとえば NaCl 構造の結晶を考え，すべての原子が電気双極子とみなすことができるものとし，そのモーメントの方向が加えた電場に平行になるものとすると，各原子からの寄与が相殺しあって，全体としてはこの電場は零になってしまう．したがってこの場合には（2.82）が成り立つ．一般の場合にも，絶縁体では式（2.82）はよい近似であると考えられる．式（2.82）で表される局所的電場は，**ローレンツの局所電場**とよばれる．なお，上では絶縁体や半導体中の局在中心を考え，ローレンツモデルの振動子の実体は，原子や分子など，空間的な広がりの極めて小さいものとしたが，ドルーデモデルで扱われるような結晶全体に広がった自由キャリヤーに対しては，式（2.68）の右辺の外場を平均的な電場そのものと考えるのはよい近似であると思われる．

ところで，ローレンツモデルでローレンツの局所電場を考慮するために，物質に加えられた電場の大きさを E として式（2.68）の右辺を $q(E+P/3\varepsilon_0)$ でおき換え，$P=N_0qX/V$ なる関係を使うと，式（2.70）の $\omega_0{}^2$ を $\omega_0{}^2-N_0q^2/3\varepsilon_0mV$ でおき換えた式が得られる．すなわち，共鳴振動数は局所電場を考慮すると変化し，その変化量は物質の密度に依存することがわかる．なお，一つの原子（ないしは分子）に対応する電気双極子のモーメント $\boldsymbol{M}_j$ は局所電場 $\boldsymbol{E}_{\mathrm{loc}}$ に比例すると考えられ，

$$\boldsymbol{M}_j=\alpha_j\boldsymbol{E}_{\mathrm{loc}} \tag{2.83}$$

と書くことができる．ここで比例定数 α_j は原子（ないしは分子）の**分極率**とよばれ，これは双極子の性質で決まる．そこで $\boldsymbol{E}_{\mathrm{loc}}$ としてローレンツの局所電場

を使うと，分極率が α_j の原子の単位体積あたりの数を N_j/V として誘電率は

$$\varepsilon=\varepsilon_0+\frac{\sum_j N_j\alpha_j/V}{1-\frac{1}{3\varepsilon_0}\sum_j N_j\alpha_j/V} \tag{2.84}$$

と表され，これを変形すると

$$\frac{\varepsilon-\varepsilon_0}{\varepsilon+2\varepsilon_0}=\frac{1}{3\varepsilon_0}\sum_j N_j\alpha_j/V \tag{2.85}$$

を得る．透明な波長領域では $\varepsilon/\varepsilon_0=n^2$ としてよいから，これから物質の単位体積あたりの原子数を N/V として，

$$\frac{n^2-1}{n^2+2}\cdot\frac{V}{N}=\text{定数} \tag{2.86}$$

なる関係が近似的に成り立つことがわかる．これは多くの物質について，特に電気双極子間の相互作用が無視できる N/V の小さい場合によく成り立つ関係で，**ローレンツ－ローレンツの関係**とよばれる．また式 (2.85) で $\omega=0$ の極限を考えると，静的な誘電率に対して

$$\frac{\varepsilon(0)/\varepsilon_0-1}{\varepsilon(0)/\varepsilon_0+2}\cdot\frac{V}{N}=\text{定数} \tag{2.87}$$

というまったく同様な関係が得られる．これは，**クラウジウス－モソッティの関係**とよばれる．

2.11 電磁波の放出

空間に電流密度 $\boldsymbol{J}(\boldsymbol{r}',t')$ があるとき，それがソースになって放出される電磁波は，式 (1.49) を使って求められる．すなわち，式 (1.49 a) の解は式 (1.38 b) で $\boldsymbol{J}$ を $\boldsymbol{J}_T$ としたもので与えられ，ソース $\boldsymbol{J}$ が存在する領域の大きさや電磁波の波長に比べてソースと観測点との間の距離 R が十分に大きいとすると，ソースの外側での光速を c' として式 (1.49 c, d) から (ただし μ は μ_0 でおき換えて)，$\boldsymbol{E}$ と $\boldsymbol{B}$ は

$$\left.\begin{aligned}\boldsymbol{E}(\boldsymbol{r},t)&=-\frac{\mu_0}{4\pi R}\int\frac{\partial\boldsymbol{J}_T(\boldsymbol{r}',t')}{\partial t'}\mathrm{d}\boldsymbol{r}'\\ \boldsymbol{B}(\boldsymbol{r},t)&=\boldsymbol{R}\times\boldsymbol{E}(\boldsymbol{r},t)/Rc',\qquad t'=t-\frac{R}{c'}\end{aligned}\right\} \tag{2.88}$$

となる (電磁気学の教科書を参照のこと)．これが電磁波を表していることは，$\boldsymbol{E},\boldsymbol{B},\boldsymbol{S}$ が右手直交系をなすことや $I\propto 1/R^2$ が成り立つことからわかる．

いま，ソースが原点付近だけにあるとすると，$r \gg r'$ として

$$t' \approx t - \frac{r}{c'} + \frac{\boldsymbol{r}\cdot\boldsymbol{r}'}{rc'} \tag{2.89}$$

と近似できるが，最後の項は小さいので

$$\boldsymbol{J}(\boldsymbol{r}', t) = \boldsymbol{J}\left(\boldsymbol{r}', t - \frac{r}{c'}\right) + \frac{\partial \boldsymbol{J}\left(\boldsymbol{r}', t - \frac{r}{c'}\right)}{\partial t}\left(\frac{\boldsymbol{r}\cdot\boldsymbol{r}'}{rc'}\right) \tag{2.90}$$

と展開しよう．すると，連続の方程式

$$\nabla'\cdot\boldsymbol{J}\left(\boldsymbol{r}', t - \frac{r}{c'}\right) + \frac{\partial}{\partial t}\rho\left(\boldsymbol{r}', t - \frac{r}{c'}\right) = 0 \tag{2.91}$$

を使うことによりソースの電気双極子モーメント

$$\boldsymbol{M}(t) = \int \boldsymbol{r}'\rho(\boldsymbol{r}', t)\mathrm{d}\boldsymbol{r}' \tag{2.92}$$

に関して次の式が成り立つ．

$$\begin{aligned}\dot{\boldsymbol{M}}\left(t - \frac{r}{c'}\right) &= -\int \boldsymbol{r}'\left[\nabla'\cdot\boldsymbol{J}\left(\boldsymbol{r}', t - \frac{r}{c'}\right)\right]\mathrm{d}\boldsymbol{r}' \\ &= \int \boldsymbol{J}\left(\boldsymbol{r}', t - \frac{r}{c'}\right)\mathrm{d}\boldsymbol{r}' \end{aligned}\tag{2.93}$$

ここで変数の上の点は時間 t に関する偏微分を表し，

$$\nabla\cdot(x\boldsymbol{J}) = x\nabla\cdot\boldsymbol{J} + J_x \tag{2.94}$$

なる関係を使って部分積分を行った．したがって，式 (2.90) の第一項のみを考えると，式 (2.88 a) は

$$\boldsymbol{E}(\boldsymbol{r}, t) = -\frac{\mu_0}{4\pi r}\ddot{\boldsymbol{M}}_T\left(t - \frac{r}{c'}\right) \tag{2.95}$$

と表すことができ，ポインティングベクトルは，

$$\boldsymbol{S}(\boldsymbol{r}, t) = \frac{\mu_0 \boldsymbol{r}}{16\pi^2 r^3 c'}\left|\ddot{\boldsymbol{M}}_T\left(t - \frac{r}{c'}\right)\right|^2 \tag{2.96}$$

となる．この電磁波は**電気双極子放射**とよばれる．

一方，式 (2.90) の第二項を考えると，式 (2.88 a) は

$$\begin{aligned}\boldsymbol{E}(\boldsymbol{r}, t) &= \frac{\mu_0 \boldsymbol{r}}{4\pi r^2 c'} \times \ddot{\boldsymbol{m}}\left(t - \frac{r}{c'}\right) \\ &\quad - \frac{\mu_0 \boldsymbol{r}}{8\pi r^4 c'} \times \left[\left\{\dddot{\boldsymbol{Q}}\left(t - \frac{r}{c'}\right)\boldsymbol{r}\right\} \times \boldsymbol{r}\right] \end{aligned}\tag{2.97}$$

と表すことができる（電磁気学の教科書を参照のこと）．ここで

$$\boldsymbol{m}(t) = \frac{1}{2}\int \boldsymbol{r}' \times \boldsymbol{J}(\boldsymbol{r}', t)\mathrm{d}\boldsymbol{r}' \tag{2.98}$$

は磁気双極子モーメントであり，また $\boldsymbol{Q}$ は電気四極子テンソルで，その成分は i, j を x, y, z のどれかとして

$$Q_{ij}(t)=\int\left[r_i'r_j'-\frac{1}{3}\delta_{ij}\boldsymbol{r}'^2\right]\rho(\boldsymbol{r}',t)\mathrm{d}\boldsymbol{r}' \tag{2.99}$$

と書くことができる．磁気双極子および電気四極子の振動により放出される電磁波は，**磁気双極子放射**，**電気四極子放射**（ないしは電気四重極放射）とよばれる．ソースの電荷を q，電荷の広がりの大きさを a とすると，電気双極子モーメント，磁気双極子モーメント，電気四極子テンソルの大きさは，それぞれ qa, $q\omega a^2$, qa^2 程度と見積もられるから，電気四極子放射と磁気双極子放射の強度はほぼ等しく，$k=\omega/c'$ としてそれらは電気双極子放射の強度の $(ak)^2$ 倍程度である．a を原子の大きさ，電磁波を可視光とすると，$(ak)^2$ は 10^{-6} 程度となり，電気双極子放射が圧倒的に強いことがわかる．

なお，ソースの広がりの大きさが R に比べて十分小さく，その中で電荷が速度 $\boldsymbol{v}=\mathrm{d}\boldsymbol{r}'(t')/\mathrm{d}t'$ の一様な運動をしているものとすると，$s=R(1-\boldsymbol{R}\cdot\boldsymbol{v}/c'R)$ として，遅延ポテンシャル (1.38) は

$$\left.\begin{aligned}\phi(\boldsymbol{r},t)&=\frac{q}{4\pi\varepsilon s}\\ \boldsymbol{A}(\boldsymbol{r},t)&=\frac{\mu_0 q\boldsymbol{v}}{4\pi s}\end{aligned}\right\} \tag{2.100}$$

のように近似でき（ただし μ を μ_0 でおき換えてある），これを使うと，$\dot{\boldsymbol{v}}=\mathrm{d}\boldsymbol{v}/\mathrm{d}t'$ として，このソースから放出される電磁波は

$$\left.\begin{aligned}\boldsymbol{E}(\boldsymbol{r},t)&=\frac{q\mu_0 R^2}{4\pi s^3}\,\frac{\boldsymbol{R}}{R}\times\left[\left(\frac{\boldsymbol{R}}{R}-\frac{\boldsymbol{v}}{c'}\right)\times\dot{\boldsymbol{v}}\right]\\ \boldsymbol{B}(\boldsymbol{r},t)&=\boldsymbol{R}\times\boldsymbol{E}(\boldsymbol{r},t)/c'R\end{aligned}\right\} \tag{2.101}$$

で与えられる（電磁気学の教科書を参照のこと）．ただし，$\boldsymbol{R}, s, \boldsymbol{v}$ は $t'=t-R/c'$ での値であり，また q はソースの中の全電荷である．式 (2.100) は，**リエナール－ヴィーヒェルトのポテンシャル**とよばれる．

式 (2.101) からわかるように，電荷が加速度運動をすると電磁波が放出される．物質中に打ち込まれた荷電粒子が抵抗を受けて減速されるときに電磁波が放出される**制動放射**の現象や，荷電粒子が円運動をするときに電磁波が放出される**サイクロトロン放射**，**シンクロトロン放射**などの現象は，これによって理解することができる．電子が光速に近い速さで回転するシンクロトロンから放射される電磁波は，synchrotron orbital radiation ないしは synchrotron radiation を略

して **SOR** 光，あるいは **SR** 光とよばれる．これは赤外からX線までの広い波長領域の電磁波を連続的に含んでおり，特に紫外からX線の領域の強力な光源として広く利用されている．

いま，物質中の点電荷 q を考え，ふつう，物質中の電荷の運動の速さは光速 c' に比べてずっと遅いから $\boldsymbol{v}/c'$ を無視すると，$s=R$ となるので，式 (2.101 a) は

$$\boldsymbol{E}(\boldsymbol{r},t)=\frac{\mu_0}{4\pi R^3}\boldsymbol{R}\times(\boldsymbol{R}\times q\dot{\boldsymbol{v}}) \tag{2.102}$$

となり，$r\gg r'$，$q\dot{\boldsymbol{v}}=\ddot{\boldsymbol{M}}(t-r/c')$ とすると，これは式 (2.95) と一致する．

2.12　電気双極子からの光の放出

原点に電荷 q があり，小さい振幅で x 方向に $X=X_0\exp(-\mathrm{i}\omega t)$ のように単振動する場合を考えると，電荷の運動の速さは光速に比べて十分遅いとして，原点から離れた観測点 $\boldsymbol{r}$ での電場は式 (2.102) より

$$\boldsymbol{E}(\boldsymbol{r},t)=(\omega^2\mu_0/4\pi r^3)(\boldsymbol{r}\times qX_0\boldsymbol{e}_x)\times\boldsymbol{r}\mathrm{e}^{i(kr-\omega t)} \tag{2.103}$$

となる．したがって，放出される電磁波は電気双極子の振動と同じ角振動数をもつ．さらにこの場合，$\boldsymbol{r}$ と x 方向のなす角を θ として，ポインティングベクトルを実数表示で表すと

$$\boldsymbol{S}(\boldsymbol{r},t)=\frac{\mu_0\omega^4\boldsymbol{r}}{16\pi^2r^3c'}q^2X_0{}^2\sin^2\theta\cos^2(kr-\omega t) \tag{2.104}$$

となるから，放出される電磁波は球面波であり，その強度の方向分布は図 2.12 のようになる．すなわち，振動する電気双極子から放出される電磁波の強度は振動方向では零であり，それに垂直な方向で最も強くなる．これを全方向について積分することにより，単位時間に放出される電磁波の全エネルギーは，

$$\int|\boldsymbol{S}|r^2\mathrm{d}\Omega=(\mu_0\omega^4/6\pi c')q^2X_0{}^2\cos^2(kr-\omega t) \tag{2.105}$$

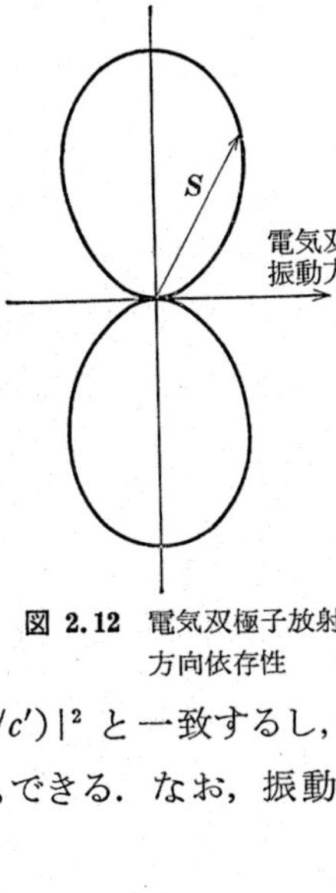

図 2.12　電気双極子放射強度の方向依存性

と計算される ($\mathrm{d}\Omega$ は微小立体角を表す)．これはもちろん式 (2.95) から求めた値 $(\mu_0/6\pi c')|\ddot{\boldsymbol{M}}(t-r/c')|^2$ と一致するし，$r\gg r'$，$\ddot{\boldsymbol{M}}(t-r/c')=q\dot{\boldsymbol{v}}$ として $(\mu_0/6\pi c')q^2\dot{\boldsymbol{v}}^2$ と表すこともできる．なお，振動する磁

気双極子から放出される電磁波の場合には，磁気双極子モーメント $\boldsymbol{m}=\boldsymbol{m}_0\exp(-i\omega t)$ の振動方向と $\boldsymbol{r}$ とのなす角を θ として，ポインティングベクトルは式 (2.104) の $q^2X_0{}^2$ を $|\boldsymbol{m}_0/c'|^2$ でおき換えたものとなり，放射強度の方向分布はやはり $\sin^2\theta$ に比例する．

ところで，電荷が運動をすることにより電磁波を放出すると，電荷の運動エネルギーは減少するはずである．すなわち，電磁波の放出の反作用により電荷は力を受けて運動は減衰する．いま，x 方向に振動している電荷が時刻 t_1 に左端にあり t_2 に右端にあるものとすると，その間に電荷がされる仕事は，電荷に働く x 方向の力を F_x として

$$\int_{t_1}^{t_2} F_x\dot{X}\mathrm{d}t=-\frac{\mu_0q^2}{6\pi c'}\int_{t_1}^{t_2}\ddot{X}^2\mathrm{d}t$$
$$=-\frac{\mu_0q^2}{6\pi c'}\left[(\ddot{X}\dot{X})\Big|_{t_1}^{t_2}-\int_{t_1}^{t_2}\dddot{X}\dot{X}\mathrm{d}t\right]$$
$$=\frac{\mu_0q^2}{6\pi c'}\int_{t_1}^{t_2}\dddot{X}\dot{X}\mathrm{d}t \qquad (2.106)$$

となる．したがって，この力は

$$F_x=(\mu_0q^2/6\pi c')\dddot{X} \qquad (2.107)$$

と求められ，この電荷の運動方程式は固有角振動数を ω_0 として

$$m\ddot{X}+m\omega_0{}^2X=(\mu_0q^2/6\pi c')\dddot{X} \qquad (2.108)$$

と書くことができる．ここで右辺は小さいので，右辺が零の場合の解を使って $\dddot{X}=-\omega_0{}^2\dot{X}$ と近似すると式 (2.108) は速度に比例する摩擦力を受けながら振動する調和振動子の式と同じになり，式 (2.68) との比較から振動の減衰の速度定数 Γ_0 は

$$\Gamma_0=\mu_0q^2\omega_0{}^2/6\pi c'm \qquad (2.109)$$

と求められる．これに q および m として電子の電荷と質量を入れると，光の振動数領域では $\Gamma_0\ll\omega_0$ が成り立つことがわかる．したがって Γ_0 が電磁波の放出による反作用で決まっている場合，これは ω_0 に比べて十分小さいとしてよい．そこで，式 (2.108) で $X=X_0\exp(-i\omega t)$ とすると，$\omega\approx\omega_0-i\Gamma_0/2$ となり，$E(t)\propto\ddot{M}(t-r/c')$ より

$$\left.\begin{aligned}E(\omega)&\propto\int_0^\infty\exp\left(-\frac{\Gamma_0}{2}t-i\omega_0t+i\omega t\right)\mathrm{d}t\\ I(\omega)&\propto|E(\omega)|^2\propto\frac{1}{(\omega-\omega_0)^2+(\Gamma_0/2)^2}\end{aligned}\right\} \qquad (2.110)$$

となるから，放出される電磁波のスペクトルはローレンツ型で角振動数にして Γ_0 の半値幅をもつことが知られる（問題2.11).

ローレンツモデルでは，ばねで束縛された電荷があるところに電磁波が入射する場合を考えたが，その場合には，式（2.68）からわかるように，強制振動による電荷の振動が起こるから，それにより入射波と同じ振動数の電磁波が放出されることになる．これは電磁波の散乱を表している．これによって単位時間あたり放出される電磁波のサイクル平均エネルギーは，式（2.105)（2.69 a）より

$$\dot{W}=\frac{\mu_0 q^2\omega^4|X_0|^2}{12\pi c'}$$

$$=\frac{\mu_0 q^4|E_0|^2}{12\pi c' m^2}\times\frac{\omega^4}{(\omega^2-\omega_0{}^2)^2+\omega^2\Gamma_0{}^2} \tag{2.111}$$

となる．一方，単位時間あたり単位面積をよぎる入射電磁波のサイクル平均エネルギーは

$$|\bar{\boldsymbol{S}}|=|E_0|^2/2\mu_0 c' \tag{2.112}$$

となるから，$\dot{W}$ と $|\bar{\boldsymbol{S}}|$ の比は

$$\sigma_{\mathrm{R}}=(\mu_0{}^2 q^4/6\pi m^2)\frac{\omega^4}{(\omega^2-\omega_0{}^2)^2+\omega^2\Gamma_0{}^2} \tag{2.113}$$

と求められる．これは面積の次元をもち，**散乱断面積**とよばれる．q を電子の電荷 $-e$ とし，$\Gamma_0, \omega\ll\omega_0$ とすると，散乱断面積は

$$\sigma_{\mathrm{R}}=(\mu_0{}^2 e^4/6\pi m^2)(\omega^4/\omega_0{}^4) \tag{2.114}$$

となる．このような束縛電子による入射電磁波と同じ振動数の電磁波の散乱を，**レイリー散乱**という．空が青く見えるのは，このような散乱現象によるものである．なお，物質中で原子は振動しており，そのため電気双極子の振動は変調を受けるので，入射電磁波と異なる振動数の散乱光も現れるが，これについては6.2節で述べる．電気双極子の振動は物質に電子線をあてたり，電圧を加えたりといったことでも引き起こされるし，電磁波を照射した場合にも，それとはまったく相関をもたず，物質の固有振動数で電気双極子の振動が起こる場合もある．そのようなものから放出される光は，熱放射でない場合には**ルミネッセンス**とよばれる．これについては6.1節で述べる．なお，光照射その他によって電気双極子ばかりでなく電気四極子や磁気双極子の振動も起こり，それによる光散乱やルミネッセンスも見られるが，これはすでに述べたように電気双極子によるものと比べてずっと弱い．

2.13　均一で密な電気双極子と光との相互作用

次に，真空中で $z=0$ の xy 平面上の厚さ dz の薄い層の中に電気双極子が密にあって，それらが一様に分布しており，$\boldsymbol{M}=\boldsymbol{e}_x M_0 \exp(-i\omega t)$ のように位相をそろえて x 方向に振動する場合を考える．これらの電気双極子全体による z 軸上の点 $\boldsymbol{r}(0,0,z)$ での電場は，

$$\boldsymbol{E}(0,0,z,t)=\boldsymbol{e}_x(kNM_0 \mathrm{d}z/2\varepsilon_0)\exp\left\{i\left(k|z|-\omega t+\frac{\pi}{2}\right)\right\} \qquad (2.115)$$

と計算される（付録B参照）．ここで $k=\omega/c$ であり，N は単位体積あたりの電気双極子の数である．この電場は点 $(0,0,z)$ を通る z 軸に垂直な面の上のどこでも同じであるから，面状に一様に分布し面内で位相をそろえて振動する電気双極子があると，そこからその面に垂直に進む平面波が二方向に放出され，それらは双極子の振動と $\pi/2$ だけ位相のずれた波がソースの面から放出されたとみなされることがわかる．

いま，電磁波の波長に比べて十分に大きく，等方的で均一な物質に真空中から z 方向に進む電磁波

$$\boldsymbol{E}_1(z,t)=\boldsymbol{e}_x E_{10}\exp\{i(kz-\omega t)\} \qquad (2.116)$$

が垂直に入射する場合を考える．物質は微視的に見ると電気双極子の集まりとみなすことができ，この入射電磁波により $z=z_0$ の面上の電気双極子モーメントは

$$\boldsymbol{M}(z_0,t)=\boldsymbol{e}_x M_{10}\exp\{i(kz_0-\omega t+\phi)\} \qquad (2.117)$$

のように揺すられるであろう．ここで，ϕ は入射波に対する双極子の振動の位相の遅れを表す（式 (2.69) 参照）．E_{10} と M_{10} は同位相であるが，これをはっきり示すためにこれらは実数で正とする．すると，厚さ dz_0 の薄い層にあるこれらの振動電気双極子からは

$$\boldsymbol{E}_2(z,t)=\boldsymbol{e}_x(kNM_{10}\mathrm{d}z_0/2\varepsilon_0) \times\exp\left\{i\left(k|z-z_0|-\omega t+\phi+\frac{\pi}{2}+kz_0\right)\right\} \qquad (2.118)$$

で表される電磁波が二次波として放出されることが，式 (2.115) から理解される．

物質は $z=0$ から $z=L$ までであるとすると，$0\leq z\leq L$ における z 方向へ進む二次波と $z\leq 0$ における $-z$ 方向に進む二次波はそれぞれ

$$\left.\begin{aligned}\boldsymbol{E}_{2+}(z,t)&=\boldsymbol{e}_x(kNM_{10}z/2\varepsilon_0)\exp\left\{i\left(kz-\omega t+\phi+\frac{\pi}{2}\right)\right\}\\ \boldsymbol{E}_{2-}(z,t)&=\boldsymbol{e}_x(NM_{10}/4\varepsilon_0)\exp\{i(-kz-\omega t+\phi+\pi)\}\end{aligned}\right\} \qquad (2.119)$$

となる．ただし，ここで L は光の波長に比べて十分大きいとして $\exp(2ikL)$ を

無視した．これは波長以下の精度で物質の厚さが一定でなければ干渉効果によりこの項は消えてしまうからである．式 (2.119 a) を

$$\boldsymbol{E}_{2+}(z,t)=\boldsymbol{e}_x(kNM_{10}z/2\varepsilon_0)(-\sin\phi+i\cos\phi)\times\exp\{i(kz-\omega t)\} \tag{2.120}$$

と表すと，式 (2.69 b) からわかるように，ふつう $\pi>\phi>0$ であるから，$\sin\phi$ は正になる．したがって，この第一項が加わることにより入射波の強度は弱められる．これは電磁波の吸収を表している．ただし，レーザーの場合のように熱平衡状態からひどくはずれた状態では，$\Gamma_0<0$ になることがあり，その場合には $\sin\phi$ は負になり，式 (2.120) の第一項が付け加わって，入射波は増幅されることになる

一方，90° 位相のずれた成分が入射波に加わると，$E_{20}=NM_{10}/2\varepsilon_0$，$kzE_{20}\ll E_{10}$ として

$$\begin{aligned}&(E_{10}+ikzE_{20}\cos\phi)\exp\{i(kz-\omega t)\}\\&\approx E_{10}\exp\left[\frac{ikzE_{20}\cos\phi}{E_{10}}\right]\exp\{i(kz-\omega t)\}\\&\approx E_{10}\exp\left[ik\left(1+\frac{E_{20}\cos\phi}{E_{10}}\right)z-i\omega t\right]\end{aligned} \tag{2.121}$$

となるから，合成波は入射波とは異なる位相速度で物質中を進むことになる．これは屈折の効果を表している．$\cos\phi$ は $\omega<\omega_0$ では正，$\omega>\omega_0$ では負であるから，位相速度は $\omega<\omega_0$ では原子がない場合よりも遅く，$\omega>\omega_0$ では速くなる．これは 2.8 節と一致する結果である．一方，式 (2.119 b) は反射波を表しているが，$\omega\ll\omega_0$ の場合 $\phi=0$ となるから，物質表面で反射波の電場は入射波のそれに対して位相が π だけ変わることがわかる．これは屈折率の小さい媒質から大きい媒質に光が垂直に入射して反射される場合，媒質に吸収がないならば表面で光の電場の符号が反転するという 2.4 節で述べた結果と一致する．

問　　題

2.1　式 (2.6) を確かめよ．

2.2　図 2.2 で媒質 1, 2 に吸収がなく，全反射の条件が満たされるとき，媒質 2 の中の屈折波のポインティングベクトルのサイクル平均は，式 (2.19) (2.23) を使って

$$\bar{S}_x=\frac{\tilde{k}_{2x}}{2\omega}\left[\frac{|E_{2z}|^2}{\mu}+\frac{|H_{2z}|^2}{\varepsilon}\right]$$

$$\bar{S}_y=0$$

$$\overline{S}_z=\frac{\tilde{k}_{2x}\tilde{k}_{2y}}{2\omega^2\varepsilon\mu}[H_{2z}E_{2z}{}^*-H_{2z}{}^*E_{2z}]$$

となることを示せ．

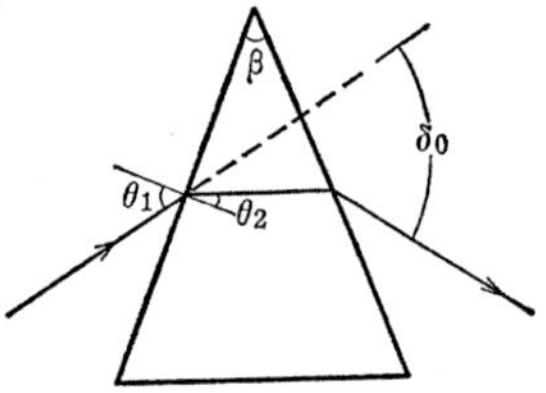

2.3　プリズムでの偏角δが最小になるとき入射光と透過光は右図のように対称になる．これを使って式（2.38）を確かめよ．

2.4　楕円偏光解析により光学定数が決められる手順を確かめよ．

2.5　物質中を電磁波が伝播する場合，分極の振動が電場の振動に比べて位相が遅れると，電磁波のエネルギーは物質中で失われることを示せ．このような効果は**誘電損失**とよばれる．位相の遅れをϕとしたとき，単位体積あたり単位時間に失われる電磁波のサイクル平均エネルギーはどれだけか．

2.6　式（2.54）を確かめよ．

2.7　式（2.58）（2.59）を確かめよ．

2.8　式（2.65）を確かめよ．

2.9　金属で$\omega\ll\tau^{-1}\ll\omega_{\mathrm{p}}$のとき（$\tau$はキャリヤーの平均自由時間），空気中から金属へ光が入射する場合の垂直反射率は

$$R_{\perp}=1-(8\omega\varepsilon_0/\sigma)^{1/2}$$

となることを示せ．これを**ハーゲン－ルーベンスの関係**という．

2.10　式（2.82）を確かめよ．

2.11　式（2.70）でN_0q^2/mVが小さな量であり，$\Gamma_0\ll\omega_0$であるとき，吸収スペクトルは式（2.110）で与えられる放出光のスペクトルと一致することを示せ．

3. 光と物質との相互作用の量子論

本章では，まず物質を量子論的に扱い，一方光は電磁波として扱う半古典論のやり方で，古典的な扱いによって前章で得た結果とほとんど一致する結果が得られることを示す．次に，光の方も量子化して光と物質との相互作用を扱う．その場合，様々な光学現象は定常状態間の遷移による光子の吸収や放出という形で理解される．後半では，こういった遷移の確率を与える一般式を導き，それを使って光の吸収や放出，散乱などの確率を計算する．

3.1 物質の量子論

量子力学によれば，N 個の粒子からなる系の状態は**波動関数** $\Psi(\boldsymbol{r}_1, \boldsymbol{r}_2, \cdots, \boldsymbol{r}_N, t)$ によって表され，$|\Psi|^2$ を全空間で積分したものが 1 に規格化されているものとすると，

$$|\Psi(\boldsymbol{r}_1, \boldsymbol{r}_2, \cdots, \boldsymbol{r}_N, t)|^2 \mathrm{d}\boldsymbol{r}_1 \mathrm{d}\boldsymbol{r}_2 \cdots \mathrm{d}\boldsymbol{r}_N \tag{3.1}$$

は時刻 t に粒子 $1, 2, \cdots, N$ がそれぞれ $\boldsymbol{r}_1, \boldsymbol{r}_2, \cdots, \boldsymbol{r}_N$ 付近の微小領域 $\mathrm{d}\boldsymbol{r}_1, \mathrm{d}\boldsymbol{r}_2, \cdots, \mathrm{d}\boldsymbol{r}_N$ に見出される確率を表す．そして，物理量 A には演算子 $\hat{A}$ が対応し，状態 Ψ にある系に関して物理量 A の測定を行った場合，一般には測定の度に得られる値はばらつくが，多数回の測定に対する平均値（**期待値**）は

$$\langle A \rangle = \int \Psi^*(\boldsymbol{R}, t) \hat{A} \Psi(\boldsymbol{R}, t) \mathrm{d}\boldsymbol{R} \tag{3.2}$$

で与えられる．ここで $\boldsymbol{r}_1, \boldsymbol{r}_2, \cdots, \boldsymbol{r}_N$ をまとめて $\boldsymbol{R}$ と表した．さらに，系の全エネルギーに対応する演算子（ハミルトニアン）を $\hat{H}$ として，波動関数の時間変化は，**時間を含むシュレーディンガー方程式**

$$\hat{H}\Psi(\boldsymbol{R}, t) = i\hbar \partial \Psi(\boldsymbol{R}, t)/\partial t \tag{3.3}$$

に従う．

$\hat{H}$ が時間 t を含まない場合には，波動関数は時間部分と空間部分に分けられ，

$$\Psi(\boldsymbol{R}, t) = \phi(\boldsymbol{R}) \exp(-iWt/\hbar) \tag{3.4}$$

という形に書くことができる．ここで，

$$\hat{H}\phi(\boldsymbol{R}) = W\phi(\boldsymbol{R}) \tag{3.5}$$

が成立し，$\phi(\boldsymbol{R})$ は $\hat{H}$ の固有関数であり，W は系のエネルギーを表す．この場

合，式 (3.3) の一般解は式 (3.4) の形の波動関数の線形結合で表される．なお，式 (3.5) は**時間を含まないシュレーディンガー方程式**，あるいは単に**シュレーディンガー方程式**とよばれる．境界条件を指定してこれを解くことにより，定常状態の波動関数ならびにエネルギー固有値，つまり**エネルギー準位**が求められる．いろいろの物質でエネルギー準位構造がどのようになるかは第5章で扱うこととし，本章では，シュレーディンガー方程式は解けて，各状態のエネルギーや波動関数が知られたものとして話を進めることにする．

ところで，**摂動論**の考え方をしばしば使うので，ここでこれについて少し触れておこう．いま，系のハミルトニアン $\hat{H}$ が二つの部分 $\hat{H}_0$ と $\hat{H}'$ に分けられ，$\hat{H}'$ が $\hat{H}_0$ に比べて十分に小さいとすると，まず $\hat{H}_0$ の固有状態を考え，その固有関数やエネルギーが $\hat{H}'$ によってわずかに変化すると考えるのが適当であろう．そこで $\hat{H}_0$ や $\hat{H}'$ があらわに時間 t を含まないとして，無摂動系のハミルトニアン $\hat{H}_0$ の固有関数を $\psi_m(\boldsymbol{R})$ とする．これをディラックの記法を用いて簡単に $|m\rangle$ と書き，$\psi_m{}^*(\boldsymbol{R})$ を $\langle m|$ と表そう．固有関数は直交規格化されており

$$\int \psi_n{}^*(\boldsymbol{R})\psi_m(\boldsymbol{R})\mathrm{d}\boldsymbol{R} \equiv \langle n|m\rangle = \delta_{nm} \tag{3.6}$$

を満足するものとする．また，演算子 $\hat{A}$ を $\psi_m(\boldsymbol{R})$ に作用させたものは $\hat{A}|m\rangle$ と表し，$\int \psi_n{}^*(\boldsymbol{R})\hat{A}\psi_m(\boldsymbol{R})\mathrm{d}\boldsymbol{R}$ は $\langle n|\hat{A}|m\rangle$ と表す．すると，状態 $|m\rangle$ のエネルギーを W_m として

$$\hat{H}_0|m\rangle = W_m|m\rangle \tag{3.7}$$

と書けるが，さらに，微小な量 η を使って

$$\tilde{H}\tilde{\phi}_m \equiv (\hat{H}_0 + \eta\hat{H}')\tilde{\phi}_m = \tilde{W}_m\tilde{\phi}_m \tag{3.8}$$

で表される $\tilde{H}$ の固有関数と固有エネルギーを

$$\left.\begin{aligned} \tilde{\phi}_m &= |m^{(0)}\rangle + \eta|m^{(1)}\rangle + \eta^2|m^{(2)}\rangle + \cdots \\ \tilde{W}_m &= W_m + \eta W_m{}^{(1)} + \eta^2 W_m{}^{(2)} + \cdots \end{aligned}\right\} \tag{3.9}$$

と展開して式 (3.8) に代入し，両辺の η の同じべきの項を等しいとおく．さらに $|m^{(l)}\rangle = \sum_n b_{mn}{}^{(l)}|n\rangle$，$b_{mn}{}^{(0)} = \delta_{mn}$ として左辺から $\langle k|$ を掛けることにより，一次摂動，二次摂動，… のエネルギー $W_m{}^{(1)}, W_m{}^{(2)}\cdots$ や，展開係数 $b_{mn}{}^{(1)}$，$b_{mn}{}^{(2)}\cdots$ を求める．そこで，最後に η を1にすれば，$\hat{H} = \hat{H}_0 + \hat{H}'$ の固有関数と固有エネルギーは

$$\left.\begin{aligned}\bar{\phi}_m&=|m\rangle+\sum_{k\neq m}|k\rangle\frac{\langle k|\hat{H}'|m\rangle}{W_m-W_k}+\cdots\\ \overline{W}&=W_m+\langle m|\hat{H}'|m\rangle+\sum_{k\neq m}\frac{|\langle k|\hat{H}'|m\rangle|^2}{W_m-W_k}+\cdots\end{aligned}\right\}\tag{3.10}$$

となることがわかる（問題3.1）．ただし，状態$|m\rangle$は縮退していないものとする．

もし状態 $|m\rangle$ に縮退があると，式（3.10）の分母が零になり，上のような扱いはできなくなる．その場合には，$|m\rangle$ に属する固有関数を $|mj\rangle$ として（$j=1, 2, 3, \cdots, N$），まず $\hat{H}'$ を $|mj\rangle$ について対角化する．すなわち $|mj\rangle$ の一次結合により

$$|m^{(0)}\rangle=\sum_j c_j|mj\rangle \tag{3.11}$$

とすると，式（3.7）が成立するから，式（3.9）で一次摂動のみを考えて

$$|m^{(1)}\rangle=\sum_j b_{mj}{}^{(1)}|mj\rangle \tag{3.12}$$

として式（3.8）に代入し，左辺から $\langle mk|$ を掛けると

$$\sum_j (H'_{kj}-W_m{}^{(1)}\delta_{kj})\ c_j=0 \tag{3.13}$$

を得る．ここで，$H_{kj}'=\langle mk|\hat{H}'|mj\rangle$ である．（3.13）は c_j についての連立一次方程式であり，$c_1=c_2=\cdots=c_N=0$ 以外の解をもつための必要十分条件は行列式 $|H_{kj}'-W_m{}^{(1)}\delta_{kj}|$ が零になることである．すなわち

$$\begin{vmatrix} H_{11}'-W_m{}^{(1)} & H_{12}' & \cdots & H_{1N}' \\ H_{21}' & H_{22}'-W_m{}^{(1)} & \cdots & H_{2N}' \\ \vdots & & & \vdots \\ H_{N1}' & \cdots\cdots & & H_{NN}'-W_m{}^{(1)} \end{vmatrix}=0 \tag{3.14}$$

が成り立つ必要があり，これを解くことによって一次の補正エネルギー $W_m{}^{(1)}$ が求められる．またこのエネルギーを代入して式（3.13）を解くことにより係数 c_j が求められる．このようにして新たな固有値と固有関数を求め，さらに必要ならば摂動論を使って上のようにして $|m\rangle$ 以外の状態の影響を考慮する．なお以上では，定常的な場合の摂動論について述べたが，時間に関係する場合の摂動論については次の節で扱う．

3.2 誘電率の半古典論

時間に依存しない系を考え，そのハミルトニアン $\hat{H}_0$ の固有関数と固有エネルギーを $|m\rangle\equiv\phi_m(\boldsymbol{R})$ および W_m とすると，その定常状態 m を表す波動関数は

$$\Psi_m(\boldsymbol{R}, t) = \exp(-iW_m t/\hbar)\,|m\rangle \tag{3.15}$$

と書くことができる．この系に角振動数 ω の光が作用して，相互作用のエネルギー $\hat{H}'$ が加わり，ハミルトニアンが

$$\hat{H} = \hat{H}_0 + \hat{H}' \tag{3.16}$$

になったとすると，$\Psi_m(\boldsymbol{R}, t)$ はもはや $\hat{H}$ の固有関数ではない．この場合，系の状態がどうなるかは式 (3.3) を解いて求める必要があるが，相互作用のエネルギーはふつう非常に小さいので摂動論を使うことにする．そこで，$\hat{H}$ の固有関数 $\Psi(\boldsymbol{R}, t)$ を次のように $\hat{H}_0$ の固有関数の線形結合の形に表そう．

$$\Psi(\boldsymbol{R}, t) = \sum_n b_n(t)\Psi_n(\boldsymbol{R}, t) \tag{3.17}$$

ここで，規格化条件 $\int \Psi^*\Psi\,\mathrm{d}\boldsymbol{R} = 1$ より $\sum_n |b_n|^2 = 1$ なる関係があり，$|b_n|^2$ は系が状態 n に見出される確率を表している．式 (3.16) と (3.17) を式 (3.3) に代入し，左側から $\Psi_m^*(\boldsymbol{R}, t)$ を掛けて $\boldsymbol{R}$ で積分すると

$$i\hbar\partial b_m(t)/\partial t = \sum_n b_n(t)H_{mn}'\exp(i\omega_{mn}t) \tag{3.18}$$

が得られる．ただし，$H_{mn}' = \langle m|\hat{H}'|n\rangle$，$\omega_{mn} = (W_m - W_n)/\hbar$ である．

いま，原子に一定の電場 $\boldsymbol{E}$ が作用したときの相互作用のエネルギーは，核に対する j 番目の電子の座標を $\boldsymbol{r}_j$ として $\sum_j e\boldsymbol{r}_j\cdot\boldsymbol{E}$ となる．そこで，光の波長は原子の大きさに比べて十分に大きいので，原子の内部での場所による光電場の違いを無視することにして（これを**電気双極子近似**という），角振動数 ω の光が入射した場合の相互作用のエネルギーを

$$\hat{H}' = -\hat{\boldsymbol{M}}\cdot\boldsymbol{E}_0\cos\omega t = -\hat{\mu}E_0\cos\omega t \tag{3.19}$$

としよう (3.4 節参照)．ここで，$\hat{\boldsymbol{M}} = -\sum_j e\boldsymbol{r}_j$ は原子の電気双極子モーメント，$\hat{\mu}$ はその電場方向の成分の大きさである．これらは量子論的な演算子として扱い，一方，光の電場の大きさ E_0 は単なる変数として扱うことにする．すなわち，物質の方は量子論で扱い，光は古典的な電磁波として扱うわけで，このようなやり方を**半古典論**による扱いという．

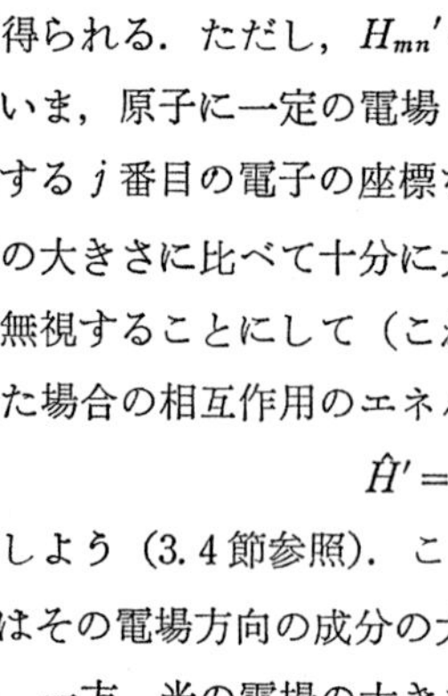

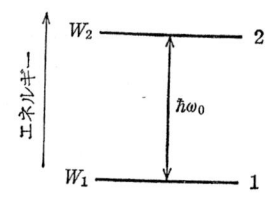

図 3.1　二準位系

原子のように反転対称性のある系では，波動関数は $\boldsymbol{r}$ を $-\boldsymbol{r}$ にしたときにまったく変わらないパリティー偶のものと，符号のみが変わるパリティー奇のものに限られ (5.1 節参照)，$\hat{\mu}$ はパリティーが奇だから $\langle j|\hat{\mu}|j\rangle = \mu_{jj}$ は零になる．そこで簡単のため図 3.1 のような二準位系を考え，$\mu_{jj} = 0$ としよう．すると，式 (3.18) より

$$\partial b_2(t)/\partial t=(i\mu_{21}E_0/\hbar)\cos\omega t\, e^{i\omega_0 t}b_1(t)-\Gamma_0 b_2(t)/2 \tag{3.20}$$

となる．ただし，励起状態は一般に有限の寿命をもち，$E_0=0$ の場合にも分布は減衰するから，その速度定数を Γ_0 として $E_0=0$ の場合に

$$|b_2(t)|^2\propto\exp(-\Gamma_0 t) \tag{3.21}$$

となるように $-\Gamma_0 b_2(t)/2$ なる項を加えた．$\tau_2=\Gamma_0^{-1}$ は準位 2 の**寿命**とよばれる．光の振動数領域では通常 $\hbar\omega_0\gg k_B T$ であり（k_B はボルツマン定数，T は絶対温度），また光の電場はふつう非常に弱いので $b_1(t)$ は時間によらず実質的に 1 として，一定の光が十分以前から作用して一定の状態になった場合を考えよう．すると

$$b_2(t)=\frac{\mu_{21}E_0}{2\hbar}\left[\frac{e^{i(\omega_0+\omega)t}}{\omega_0+\omega-i\Gamma_0/2}+\frac{e^{i(\omega_0-\omega)t}}{\omega_0-\omega-i\Gamma_0/2}\right] \tag{3.22}$$

が得られ，したがって，このような系が体積 V 中に N_0 個あるとして，分極 $\boldsymbol{P}$ の入射光の電場方向の成分の大きさは

$$P(t)=\frac{N_0}{V}\langle\Psi|\hat{\mu}|\Psi\rangle=\frac{N_0|\mu_{21}|^2E_0}{2\hbar V}\times\left[\left\{\frac{e^{i\omega t}}{\omega_0+\omega-i\Gamma_0/2}+\frac{e^{-i\omega t}}{\omega_0-\omega-i\Gamma_0/2}\right\}+\mathrm{C.C.}\right] \tag{3.23}$$

と求められる．さらに式 (2.40) (2.44) より，いまの場合

$$\left.\begin{aligned}E(t)&=(E_0/2)(e^{-i\omega t}+e^{i\omega t})\\ P(t)&=(\varepsilon_0E_0/2)[\chi(\omega)e^{-i\omega t}+\chi(-\omega)e^{i\omega t}]\end{aligned}\right\} \tag{3.24}$$

となるから，

$$\chi(\pm\omega)=\frac{N_0|\mu_{21}|^2}{\varepsilon_0\hbar V}\,\frac{2\omega_0}{\omega_0^2-\omega^2+(\Gamma_0/2)^2\mp i\omega\Gamma_0} \tag{3.25}$$

を得る．これは確かに式 (2.46) の関係 $\chi^*(\omega)=\chi(-\omega)$ を満足している．

$\varepsilon(\pm\omega)/\varepsilon_0$ はこれに 1 を加えたものであり，これを式 (2.70) と比較すると，ω_0^2 が $\omega_0^2+(\Gamma_0/2)^2$ に変わっただけで同じ形になっている．通常 Γ_0 は ω_0 より十分小さく，この違いは無視することもできるし，あるいは $\omega_0^2+\Gamma_0^2/4$ を式 (2.70) の ω_0^2 と考えるというやり方で $(\Gamma_0/2)^2$ を ω_0^2 の中に含めることもできる．したがって，n,κ,α などについて 2 章で行った議論はそのまま成り立つことがわかる．なお，これまでの話を多準位系に拡張して，系は基底状態 g にあるものとすると，

$$\chi(\omega)=\frac{N}{3\varepsilon_0\hbar V}\sum_j\frac{2\omega_{jg}|\boldsymbol{M}_{jg}|^2}{\omega_{jg}{}^2-\omega^2+(\Gamma_j/2)^2-\mathrm{i}\omega\Gamma_j} \tag{3.26}$$

となることは容易に理解されよう．ただし，物質は等方的であるとして，$|\mu_{21}|^2$ を $|\boldsymbol{M}_{21}|^2/3$ でおき換えた．ここで1/3は $\boldsymbol{M}$ と $\boldsymbol{E}$ のなす角を θ として $\cos^2\theta$ をあらゆる方向について平均した値である（等方的であれば $M_x{}^2=(M_x{}^2+M_y{}^2+M_z{}^2)/3$ となることに注意）．式（3.26）はまた振動子強度を使って次のように表すこともできる．

$$\left.\begin{aligned}\chi(\omega)&=\frac{Ne^2}{\varepsilon_0 mV}\sum_j\frac{f_{jg}}{\omega_{jg}{}^2-\omega^2+(\Gamma_j/2)^2-\mathrm{i}\omega\Gamma_j}\\ f_{jg}&=\frac{2m\omega_{jg}|\boldsymbol{M}_{jg}|^2}{3\hbar e^2}\end{aligned}\right\} \tag{3.27}$$

これは式（2.71）に対応する．ただし q は電子の電荷 $-e$ でおき換えた．

次に，1電子系では $\sum_j f_{jg}=1$ となることを証明する．いま，質量 m の粒子に対するハミルトニアンを

$$\hat{H}=\frac{\hat{\boldsymbol{p}}^2}{2m}+V(\hat{\boldsymbol{r}}) \tag{3.28}$$

とすると，

$$\hat{p}_x\hat{x}-\hat{x}\hat{p}_x=\hbar/i \tag{3.29}$$

の関係から

$$\hat{x}\hat{H}-\hat{H}\hat{x}=i\hbar\hat{p}_x/m \tag{3.30}$$

が成立し，したがって

$$\langle j|\hat{x}\hat{H}-\hat{H}\hat{x}|g\rangle=-\hbar\hat{x}_{jg}\omega_{jg}=i\hbar\langle j|\hat{p}_x|g\rangle/m \tag{3.31}$$

となる．また単位演算子 $\sum_j|j\rangle\langle j|$ を使うと式（3.29）より

$$\sum_j[\langle g|\hat{p}_x|j\rangle\langle j|\hat{x}|g\rangle-\langle g|\hat{x}|j\rangle\langle j|\hat{p}_x|g\rangle]=\hbar/i \tag{3.32}$$

となるから，これに式（3.31）を代入すると

$$\sum_j 2m\omega_{jg}|x_{jg}|^2/\hbar=1 \tag{3.33}$$

が得られ，さらに物質は等方的であるとして $|x_{jg}|^2$ を $|\boldsymbol{r}_{jg}|^2/3$ でおき換えると $\sum_j f_{jg}=1$ が証明される．なお，Z 個の電子を含む系では上と同じ議論により $\sum_j f_{jg}=Z$ を証明することができる．

いま，$\hbar\omega$ がどの状態と基底状態とのエネルギー差よりもずっと大きい場合を考えると，式（3.27 a）より

$$\chi(\omega)=-\frac{NZe^2}{\varepsilon_0 mV\omega^2}=-\omega_p{}^2/\omega^2 \tag{3.34}$$

が得られる．ただし，

$$\omega_p=(NZe^2/\varepsilon_0 mV)^{1/2} \tag{3.35}$$

はプラズマ振動数である．この結果は2.9節のそれと一致する．

3.3 遷移とその確率

式 (3.17) のように展開した場合，$|b_n(t)|^2$ は系が，Ψ_n で表される状態 n に見出される確率を表しているが，これは時間 t に依存する．このことは系が状態間で飛び移ること，すなわち**遷移**が起こることを意味している．いま，時刻0に系が状態 n にあったとして，強度が一定の光が入射した場合に時刻 t に系が他の状態mに見出される確率を求めよう．まず，前節と同様に $b_n(t)$ は実質的に1とし，さらに減衰を無視すると，式 (3.18) (3.19) より

$$b_m(t)=(\boldsymbol{M}_{mn}\cdot\boldsymbol{E}_0/2\hbar)\left[\frac{\mathrm{e}^{i(\omega_{mn}+\omega)t}-1}{\omega_{mn}+\omega}+\frac{\mathrm{e}^{i(\omega_{mn}-\omega)t}-1}{\omega_{mn}-\omega}\right] \tag{3.36}$$

となるから，$|b_m(t)|^2$ は $\omega_m=\omega_n\pm\omega$ のときにのみ大きくなることがわかる．これは**ボーアの振動数条件**に一致しており，右辺第一項は光放出に，また第二項は光吸収に対応する．いま光吸収について考えると，$\omega_{mn}\approx\omega$ として第一項を無視することにより

$$|b_m(t)|^2=\frac{|\boldsymbol{M}_{mn}\cdot\boldsymbol{E}_0|^2}{\hbar^2}\frac{\sin^2\{(\omega_{mn}-\omega)t/2\}}{(\omega_{mn}-\omega)^2} \tag{3.37}$$

となるが，

$$\frac{1}{\pi}\lim_{t\to\infty}\frac{\sin^2\{(\omega_0-\omega)t/2\}}{(\omega_0-\omega)^2 t/2}=\delta(\omega_0-\omega) \tag{3.38}$$

の関係を使うと（問題3.3），遷移が起こったといえるくらいの時刻 t では

$$|b_m(t)|^2=(\pi/2\hbar^2)|\boldsymbol{M}_{mn}\cdot\boldsymbol{E}_0|^2\, t\,\delta(\omega_{mn}-\omega) \tag{3.39}$$

となり，系が状態 m に見出される確率 $|b_m(t)|^2$ は t に比例することがわかる．したがって単位時間あたりの**遷移確率**は

$$w_{mn}=\frac{\mathrm{d}|b_m(t)|^2}{\mathrm{d}t}=\frac{\pi}{2\hbar^2}|\boldsymbol{M}_{mn}\cdot\boldsymbol{E}_0|^2\delta(\omega_{mn}-\omega) \tag{3.40}$$

と求められ，これは期待されるように入射光の強度に比例する．なお，$\delta(\omega_0-\omega)$ はδ（**デルタ**）**関数**とよばれ，$\omega\neq\omega_0$ のとき $\delta(\omega_0-\omega)=0$ であり，ω_0 を含む領域で積分すると

$$\left.\begin{aligned}&\int\delta(\omega_0-\omega)\mathrm{d}\omega=1\\&\int F(\omega)\delta(\omega_0-\omega)\mathrm{d}\omega=F(\omega_0)\end{aligned}\right\}\tag{3.41}$$

となる．

上ではスペクトル線の幅を考えに入れなかったが，スペクトル線には一般に広がりがあるから(4.11節参照)，スペクトル線の形を $f(\omega)$ とし，これは $\int f(\omega)\mathrm{d}\omega=1$ を満足するものとする．さらに，ω が決まった値をもつ光が入射するとして，その単位体積あたりのサイクル平均エネルギーを ρ_ω としよう．簡単のため，物質は希薄であり誘電率は ε_0 とすると，$\rho_\omega=\varepsilon_0|\boldsymbol{E}_0|^2/2$ となるから，この場合，遷移確率は

$$\begin{aligned}w_{mn}&=\int\frac{\pi|\boldsymbol{M}_{mn}|^2}{6\hbar^2}\,\frac{2\rho_\omega}{\varepsilon_0}f(\omega_{mn})\delta(\omega_{mn}-\omega)\mathrm{d}\omega_{mn}\\&=\frac{\pi|\boldsymbol{M}_{mn}|^2}{3\varepsilon_0\hbar^2}f(\omega)\rho_\omega=B_{mn}f(\omega)\rho_\omega\end{aligned}\tag{3.42}$$

と求められる．ここで，例によって $|\boldsymbol{M}_{mn}\cdot\boldsymbol{E}_0|^2$ を $|\boldsymbol{M}_{mn}|^2|\boldsymbol{E}_0|^2/3$ でおき換えた．

次に光放出について考えると，上とまったく同様にして式 (3.39) で δ 関数の中の ω_{mn} を ω_{nm} でおき換えた式が得られる．したがって，$m\to n$ 遷移と $n\to m$ 遷移の確率は等しく，$w_{nm}=B_{nm}f(\omega)\rho_\omega$ として

$$B_{nm}=\frac{\pi|\boldsymbol{M}_{nm}|^2}{3\varepsilon_0\hbar^2}=B_{mn}\tag{3.43}$$

が成り立つことがわかる．ただし，ここで n, m 状態は縮退がないものとしている．n, m 状態がそれぞれ g_n, g_m 重に縮退している場合には，その中の一つずつの状態 $|nk\rangle$ と $|mj\rangle$ を取り出してその間の遷移を考えると，$|mj\rangle\to|nk\rangle$ と $|nk\rangle\to|mj\rangle$ の遷移の確率は等しい．したがって，$|\langle mj|\boldsymbol{M}|nk\rangle|^2$ が j, k によらないとすると，これを $|\boldsymbol{M}_{mn}|^2$ として，始状態については平均を取り，終状態については和を取ることにより，

$$\left.\begin{aligned}B_{mn}&=g_m\pi|\boldsymbol{M}_{mn}|^2/3\varepsilon_0\hbar^2\\B_{nm}&=g_n\pi|\boldsymbol{M}_{nm}|^2/3\varepsilon_0\hbar^2\end{aligned}\right\}\tag{3.44}$$

となる．B_{mn}, B_{nm} は**アインシュタインのB係数**とよばれる．

単位時間に単位面積をよぎる光子の数（これを光子の**フラックス密度**とよぶ）を F とすると，一般に遷移確率は $w=F\sigma$ の形に書くことができ，σ は**遷移断面積**とよばれる．上の場合，光のサイクル平均強度を I として，F は

$$F=I/\hbar\omega=c\rho_\omega/\hbar\omega \tag{3.45}$$

となるから，遷移断面積は

$$\sigma_{mn}(\omega)=\frac{\hbar\omega B_{mn}}{c}f(\omega) \tag{3.46}$$

と求められる．また光は z 方向に進むものとし，吸収に関与する中心が体積 V 中に N_n 個あるものとすると

$$\mathrm{d}\rho_\omega/\mathrm{d}z=\frac{\mathrm{d}\rho_\omega}{\mathrm{d}t}\frac{\mathrm{d}t}{\mathrm{d}z}=-\hbar\omega w_{mn}\frac{N_n}{V}\frac{1}{c}=-\alpha\rho_\omega \tag{3.47}$$

の関係から，基底状態を g として，吸収係数は

$$\alpha(\omega)=\frac{\hbar\omega}{c}B_{mg}f(\omega)\frac{N_g}{V}=\sigma_{mg}(\omega)N_g/V \tag{3.48}$$

となることがわかる．ここで σ_{mg} は**吸収断面積**とよばれる．ただし，式 (3.48) では上の状態 m の分布 N_m は無視できるものとしており，これが無視できない場合には吸収係数は

$$\alpha(\omega)=\frac{\hbar\omega}{c}f(\omega)\left(\frac{B_{mg}N_g}{V}-\frac{B_{gm}N_m}{V}\right) \tag{3.49}$$

となる．なお上の計算では，物質は希薄であるとして誘電率を ε_0，物質中の光速を c としたが，凝縮系におけるこの点の補正については 3.8 節で述べる，

3.4 光と物質との相互作用のハミルトニアン

前節の結果をもう少し一般化すると，系がはじめに状態 g にあったとして式 (3.18) の右辺で $b_n=\delta_{ng}$ とし，$H'_{mn}{}^0$ を定数として $H'_{mn}=H'_{mn}{}^0\exp(\pm i\omega t)$ とすることにより，$m\neq g$ のとき

$$b_m(t)=-\frac{H'_{mg}{}^0[\mathrm{e}^{i(\omega_{mg}\pm\omega)t}-1]}{\hbar(\omega_{mg}\pm\omega)} \tag{3.50}$$

が得られ，式 (3.38) を使うと

$$w_{mg}=\frac{2\pi}{\hbar}|H'_{mg}|^2\delta(\hbar\omega_{mg}\pm\hbar\omega) \tag{3.51}$$

となる．ただし，ここで $\delta(\hbar\omega)=\delta(\omega)/\hbar$ の関係を使った．したがって，光の放出や吸収の確率は，一般に光と物質との相互作用のハミルトニアンのマトリクス要素の絶対値の二乗に比例する．また遷移はエネルギーを保存する形で起こり，δ 関数はこのことを表している．

そこで次に，光と物質との相互作用のハミルトニアンを正確に求めるために，

ラグランジュ方程式から出発することにしよう．それは，力学系でないために座標とか運動量といった概念のはっきりしない電磁場なども，一般化された座標とそれに共役な運動量という形で扱うことができるからである．いま，自由度が N の系を考え，一般化された座標を q_j $(j=1,2,\cdots,N)$ とすると，**ラグランジュ関数**（**ラグランジアン**）を $L(q,\dot{q})$ として，ラグランジュ方程式は

$$\frac{\mathrm{d}}{\mathrm{d}t}\left(\frac{\partial L}{\partial \dot{q}_j}\right)-\frac{\partial L}{\partial q_j}=0 \tag{3.52}$$

と表される．ただし，変数の上の点は時間に関する微分を意味する．この方程式を満たし，かつ運動方程式を正しく与えるラグランジュ関数が得られれば，一般化された運動量 $p_j=\partial L/\partial \dot{q}_j$ を使ってハミルトニアンは

$$H=\sum_{j=1}^{N} p_j\dot{q}_j-L \tag{3.53}$$

と表すことができる．ここで $\dot{q}_j=\partial H/\partial p_j$，$\dot{p}_j=-\partial H/\partial q_j$，$\partial H/\partial t=-\partial L/\partial t$ などの関係が成り立つ．

光と相互作用するのはほとんどの場合電子であるから，電磁場中の電子の運動を考えると，その質量を m，電荷を $-e$，位置を $\boldsymbol{r}$，速度を $\boldsymbol{v}$，重力などによる非静電的なポテンシャル $V(\boldsymbol{r})$ として，非相対論の近似の下での古典的な運動方程式は，

$$m\frac{d\boldsymbol{v}}{dt}=-e(\boldsymbol{E}+\boldsymbol{v}\times\boldsymbol{B})-\nabla V \tag{3.54}$$

となる．これを正しく与えるラグランジュ関数は，電子の位置でのベクトルポテンシャルを $\boldsymbol{A}(\boldsymbol{r},t)$，スカラーポテンシャルを $\phi(\boldsymbol{r},t)$ として

$$L=\frac{1}{2}m\boldsymbol{v}^2-e\boldsymbol{A}\cdot\boldsymbol{v}+e\phi-V \tag{3.55}$$

であるから（問題 3.5），一般化された電子の運動量 $\boldsymbol{p}$ は

$$\boldsymbol{p}=m\boldsymbol{v}-e\boldsymbol{A} \tag{3.56}$$

となり，電磁場中の電子に対するハミルトニアンは

$$H=\boldsymbol{p}\cdot\boldsymbol{v}-L=\frac{1}{2m}(\boldsymbol{p}+e\boldsymbol{A})^2-e\phi+V \tag{3.57}$$

と求められる．もし対象とする電子がいくつかあるならば，ハミルトニアンはそれらについて和を取ったもので与えられる．式 (3.57) の中で $\boldsymbol{p}^2/2m$ と $V-e\phi$ は電子の運動エネルギーとポテンシャルエネルギーである．したがって，残りの項が電磁場と電子との相互作用を表す．そこで，式 (3.57) を電子のエネルギー

と相互作用のエネルギーの和として

$$H=H_0+H' \tag{3.58}$$

のように書くことにしよう．さらに H' を

$$\left.\begin{aligned} H_1&=\frac{e}{2m}(\boldsymbol{p}\cdot\boldsymbol{A}+\boldsymbol{A}\cdot\boldsymbol{p}) \\ H_2&=\frac{e^2}{2m}\boldsymbol{A}^2 \end{aligned}\right\} \tag{3.59}$$

の二つに分けると，H_1 は物質による電磁波の吸収や放出に関係するのに対し，H_2 は電磁波の散乱に関係しているが，これは H_1 よりずっと小さいので通常無視される．

以上は古典論であるが，量子論に移るには $\boldsymbol{p}$ や $\boldsymbol{A}$ を演算子と考える．すると

$$\hat{\boldsymbol{p}}\cdot\hat{\boldsymbol{A}}=\hat{\boldsymbol{A}}\cdot\hat{\boldsymbol{p}}+\frac{\hbar}{i}\nabla\cdot\hat{\boldsymbol{A}} \tag{3.60}$$

であるから（問題 3.6），クーロンゲージ $\nabla\cdot\boldsymbol{A}=0$ を使うと

$$\hat{H}_1=\frac{e}{m}\hat{\boldsymbol{p}}\cdot\hat{\boldsymbol{A}} \tag{3.61}$$

となることがわかる．さらに（1.62 a）を使うと，これは

$$\hat{H}_1=\frac{e}{m}\sum_{\lambda}(\hbar/2\omega_\lambda\varepsilon_0 V)^{1/2}\hat{\boldsymbol{p}}\cdot\boldsymbol{e}_\lambda[\hat{a}_\lambda\exp\{i(\boldsymbol{k}_\lambda\cdot\boldsymbol{r}-\omega_\lambda t)\} +\hat{a}_\lambda^{+}\exp\{-i(\boldsymbol{k}_\lambda\cdot\boldsymbol{r}-\omega_\lambda t)\}] \tag{3.62}$$

と書くことができる．

ところで，原子核の位置を原点にとって考えると，$\boldsymbol{k}\cdot\boldsymbol{r}$ の大きさは原子の半径を a として ka 程度であるから，これは 1 に比べて十分に小さい．そこで，

$$\hat{\boldsymbol{p}}\exp(\pm i\boldsymbol{k}\cdot\boldsymbol{r})=\hat{\boldsymbol{p}}\pm i\hat{\boldsymbol{p}}(\boldsymbol{k}\cdot\boldsymbol{r})+\cdots \tag{3.63}$$

と展開して第一項のみを残すと（これを電気双極子近似とよぶ），ハミルトニアンは

$$\hat{H}_{\mathrm{E1}}=\frac{e}{m}\sum_{\lambda}(\hbar/2\omega_\lambda\varepsilon_0 V)^{1/2}\hat{\boldsymbol{p}}\cdot\boldsymbol{e}_\lambda(\hat{a}_\lambda \mathrm{e}^{-i\omega_\lambda t}+\hat{a}_\lambda^{+}\mathrm{e}^{i\omega_\lambda t}) \tag{3.64}$$

と書くことができる．この相互作用による状態 g から f への光学遷移の確率を求めるには，$\langle f|\hat{\boldsymbol{p}}|g\rangle=\boldsymbol{p}_{fg}$ を計算することが必要であるが，式（3.31）よりこれは $im\,\omega_{fg}\,\boldsymbol{r}_{fg}$ となるから，この場合には遷移確率は電気双極子モーメント $\hat{\boldsymbol{M}}=-e\hat{\boldsymbol{r}}$ の行列要素に関係することになる．そこで，$\hat{H}_{\mathrm{E1}}$ による遷移は**電気双極子遷移**とよばれる．

特定の状態 g と f の間で行列要素 $\langle f|\hat{\boldsymbol{r}}|g\rangle$ が零になる場合もあり，そのよ

うなときには式 (3.63) の第二項以下が利いてくる. $\langle f|\hat{\boldsymbol{r}}|g\rangle$ が零でない場合の遷移を**許容遷移**というのに対して，これが零になる場合を**禁制遷移**とよぶ. 式 (3.63) の右辺第二項からは磁気双極子相互作用と電気四極子相互作用のハミルトニアンが得られ，これらによる光学遷移は**磁気双極子遷移**および**電気四極子遷移**とよばれる. 2.11節で述べたように，これらは許容の電気双極子遷移に比べて $(ka)^2$ 程度の強度しかなく，許容の電気双極子遷移が圧倒的に強い. 実際に観測される可視部付近の強いスペクトル線は許容の電気双極子遷移によるものであり，弱い線は禁制の電気双極子遷移がわずかに許されたものか，あるいは磁気双極子遷移などによるものである.

次に，光と物質との相互作用の別の表現を求めるために，光の波長が原子の大きさに比べて十分に大きいことを考えて，ベクトルポテンシャルを核の位置のまわりで

$$\boldsymbol{A}(\boldsymbol{r},t)=\boldsymbol{A}(0,t)+(\boldsymbol{r}\cdot\nabla)\boldsymbol{A}(0,t)+\cdots \tag{3.65}$$

と展開しよう. ただし ∇ は $\boldsymbol{A}(\boldsymbol{r},t)$ に作用し，微分した後に $\boldsymbol{r}=0$ とするものとする. 式 (3.55) の $\boldsymbol{A}(\boldsymbol{r},t)$ を式(3.65)の右辺の第一項で近似し（これは上で述べた電気双極子近似に対応する），さらにハミルトンの原理により任意の関数の時間に関する全微分をラグランジュ関数に加えてもラグランジュ方程式は変わらないから，式 (3.55) に $\mathrm{d}[e\boldsymbol{r}\cdot\boldsymbol{A}(0,t)]/\mathrm{d}t$ を加える. すると，ラグランジュ関数は

$$L=\frac{1}{2}m\boldsymbol{v}^2+e\boldsymbol{r}\cdot\dot{\boldsymbol{A}}(0,t)+e\phi-V \tag{3.66}$$

となり，一般化された電子の運動量は $\boldsymbol{p}=m\boldsymbol{v}$, ハミルトニアンは

$$H=\frac{\boldsymbol{p}^2}{2m}-e\boldsymbol{r}\cdot\dot{\boldsymbol{A}}(0,t)-e\phi+V \tag{3.67}$$

となる. さらに1.5節で示したように横波である光の電場は $\boldsymbol{E}=-\partial\boldsymbol{A}/\partial t$ で与えられるので，これから光と電子の相互作用は $e\boldsymbol{r}\cdot\boldsymbol{E}(0,t)$ と書けることがわかる. 電子が N 個ある原子では電気双極子モーメントは $\boldsymbol{M}=-e\sum_{j=1}^{N}\boldsymbol{r}_j$ となり，光との相互作用は

$$H_{\mathrm{E1}}=-\boldsymbol{M}\cdot\boldsymbol{E}(0,t) \tag{3.68}$$

の形に書き表される. 同様に，式 (3.65) の第二項については，式 (3.55) に $(e/2)\mathrm{d}[\boldsymbol{r}\cdot(\boldsymbol{r}\cdot\nabla)\boldsymbol{A}(0,t)]/\mathrm{d}t$ を加えることにより，磁気双極子相互作用や電気四極子相互作用の項は，原子の磁気双極子モーメント $\boldsymbol{m}$ や電気四極子テンソル $\boldsymbol{Q}$ を使って表すことができ，結局，光と物質との相互作用のハミルトニアンは

$$H' = -\boldsymbol{M}\cdot\boldsymbol{E}(0,t) - \boldsymbol{m}\cdot\boldsymbol{B}(0,t) - \frac{1}{2}(\boldsymbol{Q}\nabla)\cdot\boldsymbol{E}(0,t) + \cdots \tag{3.69}$$

という形に表される．さらに量子論に移るには，$\boldsymbol{M}, \boldsymbol{E}, \boldsymbol{m}, \boldsymbol{B}, \boldsymbol{Q}$ などを演算子とみなせばよい．なお，$\boldsymbol{r}$ を $-\boldsymbol{r}$ にしたとき，$\boldsymbol{M}$ は符号が変わり，奇のパリティーをもつのに対し，$\boldsymbol{m}$ や $\boldsymbol{Q}$ は偶のパリティをもつ（式 (2.92)，(2.98)，(2.99) 参照）．したがって，電気双極子遷移はパリティの異なる状態間で許されるのに対し，磁気双極子遷移および電気四極子遷移はパリティの同じ状態間で許される．

3.5 フェルミの黄金律

これまで，ハミルトニアンを放射場のない場合の系のハミルトニアン $\hat{H}_0$ と，系と放射場との相互作用 $\hat{H}'$ の和として扱った．$\hat{H}'$ は時間に依存し，その場合，時間を含むシュレーディンガー方程式は

$$[\hat{H}_0 + \hat{H}'(t)]\Psi(t) = i\hbar\partial\Psi(t)/\partial t \tag{3.70}$$

となる．そこで放射場を量子化して，そのハミルトニアン

$$\hat{H}_{\mathrm{R}} = \sum_{\lambda} \hbar\omega_\lambda \left(\hat{a}_\lambda{}^{+}\hat{a}_\lambda + \frac{1}{2}\right) \tag{3.71}$$

を用い，新しい波動関数

$$\Phi(t) = \exp(-i\hat{H}_{\mathrm{R}}t/\hbar)\Psi(t) \tag{3.72}$$

を導入しよう．すると式 (3.70) より

$$[\hat{H}_0 + \hat{H}_{\mathrm{R}} + \exp(-i\hat{H}_{\mathrm{R}}t/\hbar)\hat{H}'(t)\exp(i\hat{H}_{\mathrm{R}}t/\hbar)]\Phi(t)$$
$$= i\hbar\partial\Phi(t)/\partial t \tag{3.73}$$

が得られる（問題 3.7）．ところが，$\hat{H}'(t)$ として式 (3.69) を用い，式 (1.62) の関係を使うと

$$\exp(-i\hat{H}_{\mathrm{R}}t/\hbar)\hat{H}'(t)\exp(i\hat{H}_{\mathrm{R}}t/\hbar) = \hat{H}'(0) \tag{3.74}$$

が証明できるから（問題 3.8），全系のハミルトニアンは

$$\hat{H} = \hat{H}_0 + \hat{H}_{\mathrm{R}} + \hat{H}'(0) \tag{3.75}$$

のように時間に依存しない形に書き表される．以下では $H'(0)$ を簡単に H' と表すことにする．

次に，$\hat{H}'$ は小さいから摂動論を使うことにして，物質系が状態 m にあり，放射場としては λ 番目の自由度に n_λ 個の光子がある状態を $|m, n_\lambda\rangle \equiv |M\rangle$ と表し，

$$(\hat{H}_0+\hat{H}_R)|M\rangle=W_M|M\rangle \tag{3.76}$$

とする．また，$\hat{H}$ の固有関数 Φ を

$$\Phi(t)=\sum_N b_N(t)|N\rangle \tag{3.77}$$

と展開する．さらに，高次の摂動まで含めて遷移確率を一般的に扱うために，(3.75) の $\hat{H}'$ を $\eta\hat{H}'$ でおき換え，また

$$b_N=b_N{}^{(0)}+\eta b_N{}^{(1)}+\eta^2 b_N{}^{(2)}+\cdots \tag{3.78}$$

として，これを式 (3.73) に代入して η の同じべきの係数を等しいとおき，左から $\langle M|$ をかける．すると，$s=0,1,2\cdots$ として式 (3.18) と同様に

$$i\hbar\partial b_M{}^{(s+1)}/\partial t=\sum_N b_N{}^{(s)}H'_{MN}\exp(i\omega_{MN}t) \tag{3.79}$$

が成立する．ただし，$W_M-W_N=\hbar\omega_{MN}$ である．そこで，系がはじめに状態 I にあったとすると，$b_N{}^{(0)}=\delta_{NI}$ から出発して逐次積分により任意の次数の摂動での b_M の近似解を求めることができる．すなわち，$M\neq I$ のとき

$$b_M{}^{(1)}(t)=-\frac{H'_{MI}(e^{i\omega_{MI}t}-1)}{\hbar\omega_{MI}} \tag{3.80}$$

となり，式 (3.38) の関係を使うと

$$w_{MI}=\frac{2\pi}{\hbar}|H'_{MI}|^2\delta(W_M-W_I) \tag{3.81}$$

を得る．これは**フェルミの黄金律**とよばれる大変に有用な公式である．ここで δ 関数はエネルギーの保存を表していることはすでに述べた．

次に，上の $b_M{}^{(1)}(t)$ を使って式 (3.79) から $b_K{}^{(2)}(t)$ を求めると，$K\neq M$ として

$$b_K{}^{(2)}(t)=\sum_M\frac{H'_{KM}H'_{MI}}{\hbar\omega_{MI}}\left[\frac{e^{i\omega_{KI}t}-1}{\hbar\omega_{KI}}-\frac{e^{i\omega_{KM}t}-1}{\hbar\omega_{KM}}\right] \tag{3.82}$$

となる．しかし，右辺の第二項は一般にエネルギーを保存せず，摂動が時刻 0 に突然加えられたことによるものなので，これを無視することにする．すると，二次の遷移確率は

$$w_{KI}{}^{(2)}=\frac{2\pi}{\hbar}\left|\sum_M\frac{H'_{KM}H'_{MI}}{\hbar\omega_{IM}}\right|^2\delta(W_K-W_I) \tag{3.83}$$

で与えられることがわかる．これは，(3.81) で H'_{MI} の代わりに $\sum_M H'_{KM}H'_{MI}/(W_I-W_M)$ としたものになっている．H'_{KM}，H'_{MI} がともに零ではないような状態 M があれば，$H'_{KI}=0$ の場合でも $I\to K$ の遷移の確率は零にはならず，この場合には，遷移はいわば状態 M を介して行われる．ここで，状態 M に関してはエネ

ルギーは保存される必要はなく，このような状態 M ないしは m **中間状態**とよばれる．なお，式 (3.83) は次のように理解することもできる．すなわち，式 (3.10) に示したように，H'_{MI} が零でないような状態 M がある場合には，相互作用 H'_{MI} により I には M が混じり，その混じりの係数は $H'_{MI}/(W_I-W_M)$ となる．したがって，相互作用 $\hat{H}'$ による $I\rightarrow K$ の遷移は $H'_{KI}=0$ でも混じった M 成分を通して行われ，その確率は式 (3.81) から考えて式 (3.83) のようになる．なお，フェルミの黄金律をさらに一般化すると，状態 I から F への遷移の確率は

$$w_{FI}=\frac{2\pi}{\hbar}|T_{FI}|^2\,\delta(W_F-W_I)$$

$$\begin{aligned}T_{FI}=&<F|\hat{H}'|I>+\sum_M\frac{<F|\hat{H}'|M><M|\hat{H}'|I>}{W_I-W_M}\\&+\sum_{M_1M_2}\frac{<F|\hat{H}'|M_2><M_2|\hat{H}'|M_1><M_1|\hat{H}'|I>}{(W_I-W_{M_2})(W_I-W_{M_1})}+\cdots\\&+\sum_{M_1M_2\cdots M_n}\frac{<F|\hat{H}'|M_n>\cdots\cdots<M_2|\hat{H}'|M_1><M_1|\hat{H}'|I>}{(W_I-W_{M_n})\cdots\cdots(W_I-W_{M_2})(W_I-W_{M_1})}+\cdots\end{aligned}\qquad(3.84)$$

と表すことができる．

3.6 光の放出と散乱の確率

次に，物質系のエネルギーの高い状態 m から低い状態 g への遷移によって光が放出される確率を，フェルミの黄金律を使って計算してみよう．電気双極子近似を用い，

$$\hat{H}'=\sum_\lambda\hat{H}'_\lambda=\sum_\lambda i(\hbar\omega_\lambda/2\varepsilon_0V)^{1/2}\hat{\boldsymbol{M}}\cdot\boldsymbol{e}_\lambda(\hat{a}_\lambda^+-\hat{a}_\lambda)\qquad(3.85)$$

を式 (3.81) に入れると

$$\begin{aligned}w_{GM}&=\sum_\lambda\frac{2\pi}{\hbar}|<g,n_\lambda+1|\hat{H}'_\lambda|m,n_\lambda>|^2\,\delta(\hbar\omega_{mg}-\hbar\omega_\lambda)\\&=\sum_\lambda\frac{\pi\omega_\lambda}{\hbar\varepsilon_0V}|\boldsymbol{M}_{gm}\cdot\boldsymbol{e}_\lambda|^2(n_\lambda+1)\delta(\omega_{mg}-\omega_\lambda)\end{aligned}\qquad(3.86)$$

となる．ここで式 (1.69 b) の関係を使った．また光について見ると，$\hat{H}'$ で結ばれる二つの状態はあるモードの光子数が一つだけ異なる状態に限られるので，確率は λ に関する和の二乗ではなく二乗の和の形になる．式 (3.86) に見られるように光が放出される確率は，そこにある光子の数に比例する部分とそれとは無関係な部分とからなっている．前者の過程を**誘導放出**，入射光とは無関係に起こる

後者の過程を**自然放出**とよぶ．同様の計算をすればすぐわかるように，光吸収については前者に対応する誘導吸収だけしかなく，縮退がなければ $\boldsymbol{m}\to\boldsymbol{g}$ 遷移による誘導放出の確率と $g\to m$ 遷移による光吸収の確率は等しい．

誘導放出は放出された光子が入射光子に付け加わり，光の放出は入射光と同じモードに対して起こるのであるが，自然放出はあらゆるモードに対して起こる．そこで，式 (1.73) を用い和を積分でおき換えることにより，$m\to g$ 遷移による自然放出の全確率は

$$A_{gm}=\int\frac{\pi\omega}{\hbar\varepsilon_0 V}\frac{|\boldsymbol{M}_{gm}|^2}{3}\frac{V}{\pi^2c^3}\omega^2\,\delta(\omega_{mg}-\omega)\mathrm{d}\omega$$
$$=|\boldsymbol{M}_{gm}|^2\omega_{mg}{}^3/3\pi\varepsilon_0\hbar c^3 \tag{3.87}$$

と求められる．A_{gm} は**アインシュタインの A 係数**とよばれ，B 係数との比は

$$A_{gm}/B_{gm}=\hbar\omega_{mg}{}^3/\pi^2c^3 \tag{3.88}$$

となる．もし m, g 状態がそれぞれ g_m, g_g 重に縮重していればその中の一つずつの状態 $|mj\rangle$，$|gk\rangle$ を取り出してその間の遷移を考え，終状態については和をとり，始状態については平均をとることにより

$$A_{gm}=\frac{1}{g_m}\sum_{jk}|\langle gk|\boldsymbol{M}|mj\rangle|^2\omega_{mg}{}^3/3\pi\varepsilon_0\hbar c^3 \tag{3.89}$$

と書けるが，$|\langle gk|\boldsymbol{M}|mj\rangle|^2$ が j, k によらなければ，これを $|\boldsymbol{M}_{gm}|^2$ として

$$A_{gm}=g_g|\boldsymbol{M}_{gm}|^2\omega_{mg}{}^3/3\pi\varepsilon_0\hbar c^3 \tag{3.90}$$

となり，やはり式 (3.88) が成り立つ．半古典論では自然放出は現れず，3.2 節では励起状態の寿命は有限であるとして減衰定数 Γ_0 を導入したが，放射場も量子化して扱うことにより，自然放出の現象がうまく記述でき，それによる励起状態の分布の減衰が自然に現れる．なお，準位 m の寿命 τ_m が電磁波の自然放出のみによって決まっている場合には，$\tau_m=1/\sum_n A_{nm}$ となる．この場合，τ_m は**自然寿命**とよばれる．

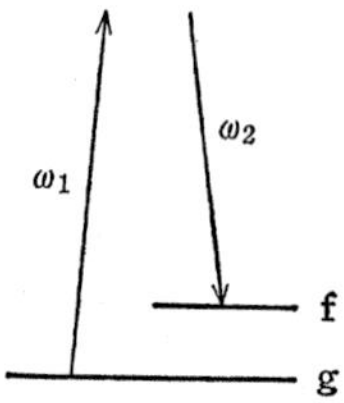

図 3.2　光散乱．矢印の長さは光子エネルギーを表し，上向きは光吸収，下向きは光放出を意味する

次に，角振動数 ω_1 の光を吸収し同時に ω_2 の光を放出して g 準位から f 準位へ遷移する光散乱の確率を計算する (図 3.2)．これは式 (3.83) より

$$w_{fg}=\frac{n_1\omega_1\omega_2{}^3}{2\pi\hbar^2\varepsilon_0{}^2Vc^3}\left|\sum_m\left[\frac{(\boldsymbol{M}_{fm}\cdot\boldsymbol{e}_2)(\boldsymbol{M}_{mg}\cdot\boldsymbol{e}_1)}{\omega_{mg}-\omega_1}+\frac{(\boldsymbol{M}_{fm}\cdot\boldsymbol{e}_1)(\boldsymbol{M}_{mg}\cdot\boldsymbol{e}_2)}{\omega_{mg}+\omega_2}\right]\right|^2 \tag{3.91}$$

となる．ただし n_1 は入射光の光子数，$\omega_2=\omega_1-\omega_{fg}$ であり，散乱光の放出としては自然放出のみを考えた．絶対値記号の中の二つの項は，それぞれ ω_1 の光の吸収と ω_2 の光の放出のどちらが先に起こるかに対応している．なお，$\omega_{mg}\approx\omega_1$ のときには第一項の分母は零に近くなり，光散乱の確率は非常に大きくなる．このような効果を**共鳴（増大）効果**といい，このような場合の光散乱を**共鳴光散乱**とよぶ．$\omega_{mg}=\omega_1$ の場合には散乱確率は無限大になるように見えるが，実際には励起状態の寿命は有限なのですでに見たように減衰を表す $\Gamma_m/2i$ を分母に加える必要があり，これを考慮すると確率は有限になる（式 (2.113) 参照)．減衰の問題は次節で再び取り上げる．

3.7　放射場との相互作用によるエネルギーのずれとぼけ

これまで遷移を考えるとき式 (3.21) で与えられるような減衰項を無視してきた．たとえば，3.5 節では放射場も含めた全系を量子論で扱い，式 (3.75) のハミルトニアンで $\hat{H}'$ は小さいから摂動論を使って，$\hat{H}_0+\hat{H}_R$ の固有状態間の遷移を考えたが，固有状態に対する放射場と物質との相互作用の効果は考慮しなかった．しかし，これを考えに入れないと，前節で見たように，入射光の光子エネルギーが物質系の固有エネルギーの差にちょうど共鳴する場合には，遷移確率が発散するようなことが起こる．そこでこの節では放射場と物質との相互作用による $\hat{H}_0+\hat{H}_R$ の固有状態からのずれを一般的に扱うことにしよう．そこで簡単のため 2 準位系を考え，物質が励起状態 m にあり光子が存在しない状態を $|m,0\rangle\equiv|M\rangle$ と表す．これと結合するのはほぼエネルギーの等しい状態だから，物質が状態 n にあり，放射場としては一つの自由度だけに 1 個の光子がある状態を考慮することにし，これを $|n,1_\lambda\rangle\equiv|N\rangle$ とする．ただし λ は λ 番目の自由度を表す．すると，式 (3.77) の展開係数の時間変化は (3.79) より

$$\left.\begin{aligned} i\hbar\partial b_M/\partial t&=\sum_N b_N H'_{MN}e^{i\omega_{MN}t} \\ i\hbar\partial b_N/\partial t&=b_M H'_{NM}e^{i\omega_{NM}t} \end{aligned}\right\} \tag{3.92}$$

となる．そこで，$t=0$ で系は状態 M にあるものとして，式 (3.20) と同様に $b_M(t)=\exp(-\gamma t/2)$ とすると，

$$\left.\begin{aligned} b_N(t)&=\frac{H'_{NM}}{i\hbar}\frac{e^{i\omega_{NM}t-\gamma t/2}-1}{i\omega_{NM}-\gamma/2} \\ i\hbar(-\gamma/2)e^{-\gamma t/2}&=\sum_N\frac{|H'_{NM}|^2}{i\hbar}\frac{e^{-\gamma t/2}-e^{i\omega_{MN}t}}{i\omega_{NM}-\gamma/2} \end{aligned}\right\} \tag{3.93}$$

が得られる．さらに，光子の状態は密にあるから λ に関する和を積分におき換えると，$\omega_m-\omega_n=\omega_0$ として

$$\gamma=\int_0^\infty \frac{2i}{\hbar^2}|H'_{NM}|^2\frac{1-\mathrm{e}^{i(\omega_0-\omega)t+\gamma t/2}}{\omega_0-\omega-i\gamma/2}D(\omega)\mathrm{d}\omega \tag{3.94}$$

となるが，$|\gamma|\ll\omega_0$ として右辺で γ を省略し　$\omega_0 t\gg 1$ なる時間を考えると，公式

$$\lim_{t\to\infty}\frac{1-\mathrm{e}^{i\omega t}}{\omega}=\mathscr{P}\frac{1}{\omega}-i\pi\delta(\omega) \tag{3.95}$$

を使うことにより，γ は

$$\gamma=\frac{2\pi}{\hbar^2}|H'_{NM}|^2D(\omega_0)+i\frac{2}{\hbar}\mathscr{P}\int_0^\infty\frac{|H'_{NM}|^2D(\omega)}{\hbar(\omega_0-\omega)}\mathrm{d}\omega$$
$$=w_M+i\varDelta_M \tag{3.96}$$

と求められる．

ここで w_M はフェルミの黄金律と同じ形をしており，自然放出による状態 m から他の状態への遷移の全確率を表している．一方，$\varDelta_M$ は放射場との相互作用による反作用で生じるエネルギーのずれを表しており，これは**ラムシフト**とよばれる．式 (3.96) の積分は発散するが，この発散はいわゆる繰り込み理論により電子の質量に繰り込むことによって取り除くことができる．実験的には，水素の 2s 状態のエネルギーが 2p 状態のそれに比べて 1057.8 MHz 高く，また 1s 状態のエネルギーは放射場との相互作用を考えない場合よりも 8.2 GHz 高くなっていることが知られている．これは相対論の効果まで含めたラムシフトの計算結果とよく一致する．なお，式 (3.93a) で (3.96) を使うと

$$|b_N(\infty)|^2=\frac{|H'_{NM}|^2}{\hbar^2}\frac{1}{(\omega_0-\omega+\varDelta_M/2)^2+(w_M/2)^2} \tag{3.97}$$

となるから．放射場との相互作用により遷移エネルギーには $\hbar\varDelta_M/2$ だけのずれと $\hbar w_M$ 程度のぼけが現れることがわかる．しかしラムシフトは非常に小さいし，ω_m の中に繰り込むことができるから，以下ではこれを無視することにする．

3.8 凝縮系での補正

これまで本章の計算では，物質は希薄であるとして，物質に外部から加えた電場と局所電場との区別は考えず，また $\rho_\omega=\varepsilon_0|\boldsymbol{E}_0|^2/2$ としてきた．しかし，2.10 節で見たように，局所電場には物質の分極の効果が加わるし，誘電率が ε_0 と異なる効果も考えなければならない．特に，密な物質ではこのような効果は無視でき

ない．そこで，誘電率が ε の透明な物質中の不純物原子などの局在中心を考え，この補正の効果を調べてみよう．まず，相互作用に現れる電場としては局所電場を使わなければならないから，これはローレンツの局所電場で近似することにする．すると，$\boldsymbol{E}$ を物質中の平均電場として $\boldsymbol{E}_{\rm loc}=(n^2+2)\boldsymbol{E}/3$ となるから式（3.39）の右辺は $(n^2+2)^2/9$ 倍となり，さらに $\rho_\omega=\varepsilon|\boldsymbol{E}_0|^2/2$ とすることにより式（3.42）から B_{nm} は $(n^2+2)^2/9n^2$ 倍になることがわかる．また，式（3.46）で c を c/n でおき換えると，σ は $(n^2+2)^2/9n$ 倍になる．さらに，式（3.86）も $(n^2+2)^2/9n^2$ 倍になり，光子の状態密度は n^3 倍になるから，(3.87)−(3.90) の A_{gm} は $n(n^2+2)^2/9$ 倍になる．磁気双極子遷移について考えると，電気双極子遷移の場合に $|\boldsymbol{M}\cdot\boldsymbol{E}|^2$ とあるところを $|\boldsymbol{m}\cdot\boldsymbol{B}|^2$ でおき換えればよいが，光の振動数領域では μ は μ_0 で近似できることから光の磁束密度については凝縮系でも補正は不要であり，B_{nm} は変わらず，σ_{mn} と A_{gm} は光速の変化のためにそれぞれ n 倍および n^3 倍になる．

なお，振動子強度 f については式（3.27 b）がそのまま使える．ただし，一般には m としては有効質量 m^* を使うべきである．m^* は半導体中の浅い不純物準位などでは電子の質量よりもかなり小さいが，原子やイオンなど十分局在した系では電子の質量とほとんど変わらない．$g\to m$ 遷移による吸収線の幅が狭いとすると，上の補正も考慮して，式（3.27b）（3.42）（3.48）より

$$f_{mg}N_g/V=\frac{2c\varepsilon_0 m}{\pi e^2}\frac{9n}{(n^2+2)^2}\int\alpha_{mg}(\omega)\mathrm{d}\omega \tag{3.98}$$

という関係式が得られる．これは，N_g/V を cm^{-3}，吸収係数を cm^{-1} の単位で表し，エネルギー $W=\hbar\omega$ を eV で表すと

$$f_{mg}N_g/V=8.2\times10^{16}\frac{n}{(n^2+2)^2}\int\alpha_{mg}(W)dW \tag{3.99}$$

となり，吸収スペクトルがローレンツ型あるいはガウス型だとすると，ピークでの吸収係数 $\alpha_{mg}{}^0$ と半値幅 $\varDelta W_{mg}$ を使って，これらはそれぞれ

$$\left.\begin{aligned}f_{mg}N_g/V&=1.3\times10^{17}\frac{n}{(n^2+2)^2}\alpha_{mg}{}^0\varDelta W_{mg}\\ f_{mg}N_g/V&=0.87\times10^{17}\frac{n}{(n^2+2)^2}\alpha_{mg}{}^0\varDelta W_{mg}\end{aligned}\right\} \tag{3.100}$$

と書き表される．したがって，N_g/V と f_{mg} の片方が知られていれば，上の関係を使うことにより他方を決めることができる．

問　　題

3.1 式 (3.10) を確かめよ.

3.2 力学変数の任意の関数をFとすると，一般に次のハイゼンベルクの運動方程式が成り立つ.

$$\frac{\mathrm{d}F_{jg}}{\mathrm{d}t}=\langle j|\frac{\partial\hat{F}}{\partial t}|g\rangle+\frac{1}{i\hbar}\langle j|\hat{F}\hat{H}-\hat{H}\hat{F}|g\rangle$$

いま，$|g\rangle$，$|j\rangle$ が$\hat{H}$の固有関数であるとして，これから粒子の運動量の行列要素 $\boldsymbol{p}_{jg}$ を求め，それが式 (3.31) から得られる結果と一致することを示せ.

3.3 式 (3.38) が式 (3.41) の性質をもつことを示せ.

3.4 $\chi'\ll1$，$\Gamma_0\ll\omega_0$ のとき，式 (3.25) より吸収係数を求め，式 (3.48) と一致することを示せ.

3.5 式 (3.55) を使うと，ラグランジュ方程式から式 (3.54) の運動方程式が導かれることを示せ.

3.6 交換関係 (3.29) を満足するように $\hat{x}$ を使って $\hat{p}_x$ を表すとどのようになるか. それを用いて式 (3.60) が成り立つことを示せ.

3.7 式 (3.73) の関係を確かめよ.

3.8 mを正の整数として

$$\hat{a}\hat{n}^m=(\hat{n}+1)^m\hat{a},\quad \hat{a}^\dagger\hat{n}^m=(\hat{n}-1)^m\hat{a}^\dagger$$

が成り立つことを示し，これを使って

$$\hat{a}\exp(i\omega\hat{n}t)=\exp\{i\omega(\hat{n}+1)t\}\hat{a}$$
$$\hat{a}^\dagger\exp(i\omega\hat{n}t)=\exp\{i\omega(\hat{n}-1)t\}\hat{a}^\dagger$$

を証明せよ. さらにこれから式 (3.74) の関係が成り立つことを示せ.

3.9 式 (3.86) からアインシュタインのB係数を求め，式 (3.43) に一致することを確かめよ.

3.10 温度 T のボルツマン分布をしている二準位系と，温度 T のプランク分布に従う熱放射との相互作用を考えると，単位時間あたりの電磁波の吸収と放出の確率は等しいことを示せ.

4. 核の運動と電子との相互作用

この章では，物質を非常に一般的に扱うことを試みる．それにはまず，原子核と電子の質量の違いに目をつけ，二つの運動を分離する．さらに分子の回転や原子の振動のエネルギーが量子化されることを示し，結晶におけるフォノンの概念を導入する．次に，電子の運動を扱うときに核はある位置に停止しているとする近似を使って，分子や局在中心の光スペクトルがどのようになるかを調べる．さらにゼロフォノン線の幅やエネルギー位置の温度依存性について述べ，スペクトル線を広げる原因やスペクトル形状についても議論する．

4.1 核の運動と電子の運動の分離

物質を一般的に扱う出発点として，一個の分子について考える．分子はいくつかの原子核と電子からなるが，原子核は電子に比べてずっと重いから，電子の運動と核の運動は速さが非常に異なり，これらを近似的に独立なものとして別々に扱うことが許されるであろう．さらに核（これには注目していない電子を含めてもよい）の運動は，重心の並進運動と重心のまわりの回転運動，それに内部振動に分類することができるが，エネルギー準位構造に注目しているので重心の並進運動には関心がないから，電子のエネルギーを W_e，原子核の振動エネルギーを W_v，分子の回転エネルギーを W_r としてこれらの大きさを大ざっぱに見積もってみよう．そこで，分子の一次元的な広がりの大きさを $2a$ とし，光学遷移に関係するような分子全体に広がった電子について考えると，図4.1のように無限に高い壁の間の幅 $2a$ の領域に束縛された質量 m の粒子のエネルギーは n を正の整数として

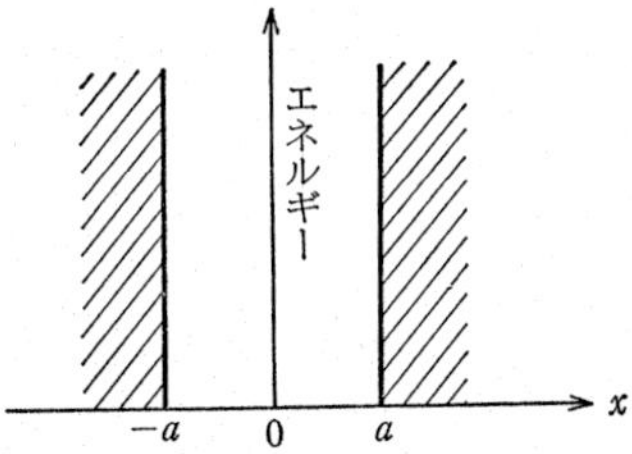

図 4.1 幅 $2a$ の井戸型ポテンシャル

$$W_n=\pi^2\hbar^2n^2/8ma^2 \tag{4.1}$$

で与えられるから（問題4.1），n の小さい状態間のエネルギー差を求めることにより W_e は $\hbar^2/ma^2$ 程度と見積もられる．一方，標準的な核の質量と核間の力の定数を M および f とすると W_v は $\hbar\sqrt{f/M}$ 程度となるが，核の変位が a 程度になると電子波動関数の形は実質的に変わってしまうと考えられることから，$W_e\sim$

fa^2 として，振動エネルギーは $\sqrt{m/M}\,W_e$ 程度と見積もられる．また分子の慣性能率は Ma^2 程度であり，回転運動の角運動量は $\hbar$ 程度であるから，W_r は $\hbar^2/Ma^2 \sim (m/M)W_e$ 程度と見積もられる．結局おおざっぱには

$$W_e : W_v : W_r = 1 : 10^{-2} : 10^{-4} \tag{4.2}$$

となり，これらの大きさは相当に違うから，それぞれを近似的には独立なものとして扱うことが許される．なお，a を 1 Å(=0.1 nm) 程度とすると，これらのエネルギーは可視部〜紫外部，赤外部，ならびにマイクロ波〜遠赤外領域の遷移の振動数に相当することがわかる．

次に，最も簡単な二原子分子を考え，これを二粒子系としてその回転運動や原子間の振動をシュレーディンガー方程式に基づいて扱ってみよう．いま，原子の質量を M_a, M_b とすると，非相対論の近似の下ではこの二体系の運動エネルギーは，重心の座標を $\boldsymbol{R}_G$，相対座標を $\boldsymbol{R}=\boldsymbol{R}_b-\boldsymbol{R}_a$ として，

$$T=\frac{1}{2}(M_a+M_b)\dot{\boldsymbol{R}}_G{}^2+\frac{1}{2}\frac{M_aM_b}{M_a+M_b}\dot{\boldsymbol{R}}^2 \tag{4.3}$$

と表されるが，分子全体の並進運動には関心がないので $\dot{\boldsymbol{R}}_G=0$ とすると，原子間距離が R の場合のポテンシャルエネルギーを $V(R)$ として，シュレーディンガー方程式は

$$\left[-\frac{\hbar^2}{2\mu}\nabla^2+V(R)\right]\Psi(\boldsymbol{R})=W\Psi(\boldsymbol{R}) \tag{4.4}$$

となる．ここで $\mu=M_aM_b/(M_a+M_b)$ は**換算質量**であり，∇^2 は $\boldsymbol{R}$ に関するラプラシアンである．いま，ポテンシャルエネルギーが R のみの関数であるから，

$$\Psi(R,\theta,\varphi)=\frac{\phi(R)}{R}Y(\theta,\varphi) \tag{4.5}$$

とすると，式 (4.4) は

$$\left.\begin{aligned}&\left[-\frac{\hbar^2}{2\mu}\frac{d^2}{dR^2}+V(R)+W_r(R)\right]\phi(R)=W\phi(R)\\&-\frac{\hbar^2}{2\mu R^2}\left[\frac{1}{\sin\theta}\frac{\partial}{\partial\theta}\left(\sin\theta\frac{\partial}{\partial\theta}\right)+\frac{1}{\sin^2\theta}\frac{\partial^2}{\partial\varphi^2}\right]Y(\theta,\varphi)\\&=W_r(R)Y(\theta,\varphi)\end{aligned}\right\} \tag{4.6}$$

の二つに分離される (問題 4.2)．式 (4.6 b) は K を零または正の整数として

$$W_r(R)=\frac{\hbar^2K(K+1)}{2\mu R^2} \tag{4.7}$$

のときにのみ発散しないような解をもつことが知られており，この場合，$2K+1$

個の互いに独立な解がある．$M=K, K-1, \cdots, -K$ として $Y_{KM}(\theta, \varphi)$ は球関数とよばれる(5.1節参照)．いまの場合，式(4.7)は分子の回転のエネルギーを表しており，K と M は回転の角運動量とその z 成分の大きさを表す量子数である．このように分子の回転エネルギーは離散的であり，その状態は回転量子数 K で特徴づけられる．これを**回転準位**という．そのエネルギー間隔は確かに前に行った見積もりの程度になっている．

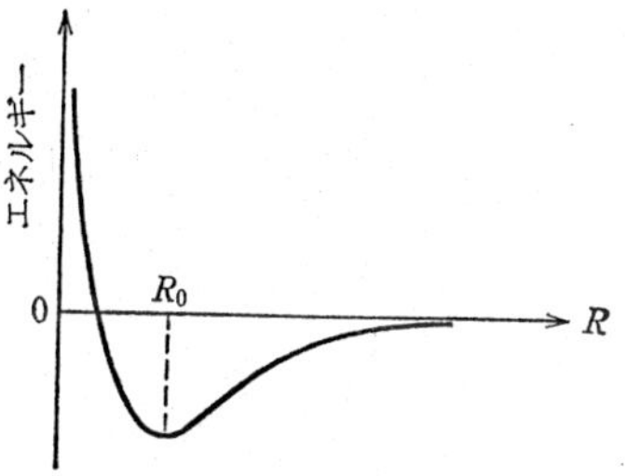

図 4.2　二原子分子のポテンシャルエネルギー

次に $V(R)$ について考えると，これは R が十分大きい領域では R にほとんど依存せず，また R が十分小さい所では急激に大きくなると考えられるから，図4.2に示すようなものであろう．核間の平衡距離を R_0 として，高次の項を無視すれば，この極小点付近では $V(R)$ は

$$V(R)=V(R_0)+\frac{1}{2}f(R-R_0)^2 \tag{4.8}$$

と近似でき，その場合には(4.6a)は付加エネルギー $V(R_0)$ をもった線形調和振動子の運動方程式と同じになる．ただし $W_r(R)$は $V(R)$ に比べてはるかに小さいからこれを無視した．

よく知られているように，固定した中心に向かってその中心からの変位 X に比例した力 fX を受けている質点（質量を μ とする）の一次元の運動に対しては，ハミルトニアンは

$$H=-\frac{\hbar^2}{2\mu}\frac{\partial^2}{\partial X^2}+\frac{1}{2}fX^2 \tag{4.9}$$

となり，これを使ってシュレーディンガー方程式を解くことにより，$\omega_v=\sqrt{f/\mu}$ として n 番目の状態のエネルギーは

$$W_n=\hbar\omega_v\left(n+\frac{1}{2}\right) \tag{4.10}$$

となる(付録C参照)．したがって，二原子分子の核の振動は量子化されてエネルギーは離散的なものとなり，その状態は振動量子数 n で特徴づけられることがわかる．これを**振動準位**とよぶ．そのエネルギー間隔は上で行った見積もりの程度になっている．振動準位のエネルギーは等間隔であるから，熱平衡状態ではボルツマン分布を仮定することにより，平均の振動エネルギーは，零点エネルギーを

別にすると

$$\langle W_{\mathrm{v}} \rangle = \frac{\sum_{n=0}^{\infty} n\hbar\omega_{\mathrm{v}} \exp(-n\hbar\omega_{\mathrm{v}}/k_{\mathrm{B}}T)}{\sum_{n=0}^{\infty} \exp(-n\hbar\omega_{\mathrm{v}}/k_{\mathrm{B}}T)}$$

$$= \frac{\hbar\omega_{\mathrm{v}}}{\exp(\hbar\omega_{\mathrm{v}}/k_{\mathrm{B}}T)-1} \tag{4.11}$$

となる（問題 4.3）．これは熱平衡状態で振動の量子に対してプランク分布が成り立つことを示している．なお，調和振動子の n 番目の振動準位の固有関数は

$$\phi_n(X) = N_n \exp(-\alpha^2 X^2/2) H_n(\alpha X) \tag{4.12}$$

と表すことができる．ここで $\alpha = (\mu f/\hbar^2)^{1/4}$ であり，また H_n は n 次のエルミートの多項式である．さらに，固有関数は

$$\int_{-\infty}^{\infty} \phi_m^*(X)\phi_n(X)\mathrm{d}X = \delta_{mn} \tag{4.13}$$

のように直交規格化されているものとすると，この条件から規格化定数は

$$N_n = (\alpha/\sqrt{\pi}\, n!\, 2^n)^{1/2} \tag{4.14}$$

と求められる（付録C参照）．

4.2 分子の規準振動

前節で考えた二原子分子の場合には，振動は1種類だけしかないが，多原子分子では，分子内の各原子がそれぞれの平衡点のまわりでいろいろの振動を行う．これらは，各原子が同じ振動数で位相をそろえて単振動を行うようないくつかの互いに独立な**規準振動**に分けて考えることができ，その一つ一つについて前節で二原子分子について行ったのと同様の議論を行うことができる．いま N 個の原子よりなる分子を考えると，$3N$ 個の自由度があるから，$3N$ 個の座標 x_i $(i=1, 2, 3, \cdots, 3N)$ を導入し，さらにそれぞれの平衡位置を R_i として変位を $u_i = x_i - R_i$ としよう．すると，核の運動はこれらの $3N$ 個のパラメターによって記述されるが，その中から分子の重心の並進運動を表す三つと分子の回転を表す三つ（直線状の分子では二つ）を除いたものが，核の振動の自由度に対応する．このように分子内の核の振動は $3N-6$ ないしは $3N-5$ 個の座標で記述されることになり，これらの座標を**内部座標**とよぶ．

分子内振動による平衡点からの原子の変位が十分に小さいとすると，原子間相互作用のポテンシャルエネルギーを変位のべき級数に展開したとき，3次以上の

項を無視する近似が許されるであろう．このような近似を**調和近似**とよぶ．さらに，変位が零のときポテンシャルエネルギーが極小となることから，変位の1次の項は存在しない．したがって，平衡位置での値から測ることにして，ポテンシャルエネルギーVは

$$V=\sum_{ij}\frac{1}{2}A_{ij}u_iu_j \tag{4.15}$$

と近似できる．ここで，$A_{ij}=(\partial^2V/\partial u_i\partial u_j)_{u=0}=A_{ji}$ である．これからもわかるように，各原子に働く力は他の原子の変位に比例する部分を含み，一つの原子の運動は他の原子の運動を引き起こす．そこで，座標 x_i に対応する原子の質量を m_i とすると，系のラグランジュ関数は

$$L=T-V=\sum_i\frac{1}{2}m_i\dot{u}_i^2-\sum_{ij}\frac{1}{2}A_{ij}u_iu_j \tag{4.16}$$

となり，運動方程式は式（3.52）より

$$m_i\ddot{u}_i+\sum_j A_{ij}u_j=0 \tag{4.17}$$

と求められる．

いま，すべての原子が

$$u_i=(U_i/\sqrt{m_i})\exp(-i\omega t) \tag{4.18}$$

のように同じ振動数で位相をそろえて振動する場合を考えると，

$$\omega^2U_i=\sum_j A_{ij}U_j/\sqrt{m_im_j}=\sum_j B_{ij}U_j \tag{4.19}$$

が成り立つ．この式は，ω^2 が $B_{ij}=A_{ij}/\sqrt{m_im_j}=B_{ji}$ を要素とする行列Bの固有方程式の固有値であり，$3N$ 次元のベクトル $\boldsymbol{U}$ がその固有ベクトルであることを表している．これらの固有値を $\omega_\lambda^2(\lambda=1,2,\cdots,3N)$ としよう．行列Bは実なので固有ベクトルも実にとることができるが，ω_λ に対応し長さを1に規格化した固有ベクトルの j 成分を $\xi_{\lambda j}$ と書くと，異なる固有値に属する固有ベクトルは直交するので

$$\sum_j \xi_{\lambda j}\xi_{\lambda' j}=\delta_{\lambda\lambda'} \tag{4.20}$$

が成立し，またどんな振動もこれらの規準振動の一次結合の形に表されるため

$$\sum_\lambda \xi_{\lambda i}\xi_{\lambda j}=\delta_{ij} \tag{4.21}$$

が成り立つ．そこで，規準モード λ の振幅 $q_\lambda=q_\lambda^0\exp(-i\omega_\lambda t)$ を用い，一般の変位 u_i の振動を規準振動の重ね合わせとして

$$u_i=(1/\sqrt{m_i})\sum_\lambda q_\lambda \xi_{\lambda i} \tag{4.22}$$

と表すことにしよう．すると

$$\left.\begin{aligned} T&=\sum_i \frac{1}{2}m_i\dot{u}_i{}^2=\sum_\lambda\sum_\mu \frac{1}{2}\dot{q}_\lambda\dot{q}_\mu \sum_i \xi_{\lambda i}\xi_{\mu i}=\sum_\lambda \frac{1}{2}\dot{q}_\lambda{}^2 \\ V&=\sum_{ij}\frac{1}{2}A_{ij}u_iu_j=\sum_{ij}\frac{1}{2}B_{ij}\sum_\lambda\sum_\mu q_\lambda q_\mu \xi_{\lambda i}\xi_{\mu j} \\ &=\sum_\lambda\sum_\mu\sum_i \frac{1}{2}(\sum_j B_{ij}\xi_{\mu j})q_\lambda q_\mu \xi_{\lambda i} \\ &=\sum_\lambda\sum_\mu \frac{1}{2}\omega_\mu{}^2(\sum_i \xi_{\mu i}\xi_{\lambda i})q_\lambda q_\mu=\sum_\lambda \frac{1}{2}\omega_\lambda{}^2 q_\lambda{}^2 \end{aligned}\right\} \tag{4.23}$$

となるので，ラグランジュ関数は

$$L=\sum_\lambda \frac{1}{2}(\dot{q}_\lambda{}^2-\omega_\lambda{}^2 q_\lambda{}^2) \tag{4.24}$$

のように表される．ここで，モード λ の運動方程式は式 (3.52) より

$$\ddot{q}_\lambda+\omega_\lambda{}^2 q_\lambda=0 \tag{4.25}$$

となるから，q_λ は確かに角振動数 ω_λ の単振動を行うことがわかる．q_λ は**規準座標**とよばれるが，式 (4.22) を逆に解くことによりこれは

$$q_\lambda=\sum_i \sqrt{m_i}\,u_i\xi_{\lambda i} \tag{4.26}$$

のように表すことができる．さらに q_λ に共役な運動量を p_λ とすると，$p_\lambda=\partial L/\partial\dot{q}_\lambda=\dot{q}_\lambda$ であるから，系のハミルトニアンは式 (3.53) より

$$H=T+V=\sum_\lambda \frac{1}{2}(p_\lambda{}^2+\omega_\lambda{}^2 q_\lambda{}^2) \tag{4.27}$$

と求められる．これは，分子振動が互いに独立にそれぞれの固有振動数 ω_λ で単振動する規準振動（規準モード）の和として記述でき，それらの各モードが単位質量の調和振動子とみなせることを意味している（付録C参照）．したがって，これを量子化すると，各モードのエネルギーは間隔が $\hbar\omega_\lambda$ の離散的なものとなる．なお，式 (4.19) の固有値の中で6個（または5個）は $\omega_\lambda=0$ となり，内部座標の数と同じ残りの $3N-6$（または $3N-5$）個のモードのみが分子内の核の振動に寄与する．

4.3 結晶の格子振動

次に，結晶を構成する多くの原子（やイオン）の平衡位置のまわりでの振動について考えよう．結晶は構造に周期性をもつ所に特徴がある．すなわち，結晶格

子はある基本単位の構造（これを**単位胞**とよぶ）を周期的に繰り返すことにより構成されている．そこで，このような周期性をもつ系の振動を調べるための簡単なモデルとして，質量が M_1 と M_2 の粒子がたくさん交互に直線状に並んでおり（ただし $M_1 > M_2$ とする），それらの間が同一のばねでつながれている場合を考えよう．すると，質量 M_1 の粒子が n 番目の位置にあるものとして，これらの粒子の運動方程式は

$$\left.\begin{aligned} M_1\ddot{u}_n &= f(u_{n+1}-u_n)-f(u_n-u_{n-1}) \\ M_2\ddot{u}_{n+1} &= f(u_{n+2}-u_{n+1})-f(u_{n+1}-u_n) \end{aligned}\right\} \tag{4.28}$$

となる．ここで f はばね定数であり，u_n は n 番目の粒子の平衡位置からの変位を表す．全粒子が同じ振動数で振動するような系の固有振動を調べるために，$u_n = u_n{}^0\exp(-i\omega t)$ とすると，式（4.28）は n を $n+2$ に変えても成り立つことから，u_{n+2} と u_n は定数因子だけ異なるはずである．そこで，各粒子の平衡位置の間隔を a として，この因子を $\exp(2iaK)$ とおくと

$$\left.\begin{aligned} u_n &= A_1\exp[i\{nKa-\omega t\}] \\ u_{n+1} &= A_2\exp[i\{(n+1)Ka-\omega t\}] \end{aligned}\right\} \tag{4.29}$$

と書くことができる．この場合，変位 u は波の形で伝播し，$2\pi/|K|$ はその波の波長を表している．すると，ω が次の条件を満たせば，式（4.29）は式（4.28）を満足することがわかる．

$$\omega^2 = f\left(\frac{1}{M_1}+\frac{1}{M_2}\right) \pm f\left\{\left(\frac{1}{M_1}+\frac{1}{M_2}\right)^2 - \frac{4\sin^2 Ka}{M_1M_2}\right\}^{1/2} \tag{4.30}$$

したがって，系の固有振動の角振動数はこの式で与えられる．

式（4.30）を図示したものが図 4.3 である．波数 K の範囲として $-\pi/2a < K \leq \pi/2a$（これを**第一ブリルアン域**という）のみを示してあるが，この外側では同じ形を繰り返す．ただし，変位は原子自身の位置でしか意味がないからいまの場合，実際には $4a$ よりも短い波長は考えられず，第一ブリルアン域のみが意味をもつ．図のように格子振動には二つの分枝が存在し，これ

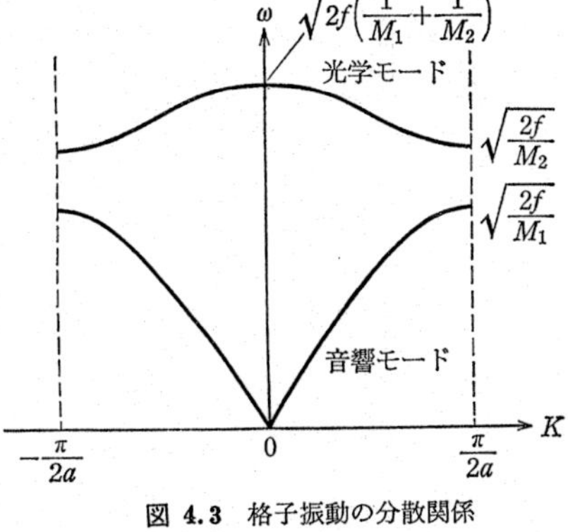

図 4.3 格子振動の分散関係

らを**音響モード**と**光学モード**とよぶ．$Ka \ll 1$ の場合，これらのモードに対して，固有振動数はそれぞれ $\omega = \sqrt{2f/(M_1+M_2)}\,Ka$ および $\sqrt{2f(M_1+M_2)/M_1M_2}$ となり，前者では固有振動数は K に比例し，後者では K によらない．またこの場合，A_2/A_1 の値はそれぞれ 1 および $-M_1/M_2$ となるから，音響モードでは異種の粒子は同じ位相で運動するのに対し，光学モードでは逆位相で振動することがわかる．音響モードは，$Ka \ll 1$ の所では連続体中の弾性波に対応するものであり，$\omega/K = \sqrt{2f/(M_1+M_2)}\,a$ は音速を与える．一方，二種類の粒子が異なる電荷をもつ場合には光学モードは電気双極子の振動を伴うので，このモードは光と直接結合し，光によって励起することができる．これが光学モードの名前の由来である．なお，ω と K の関係を一般に**分散関係**とよぶ．

K が実際に取りうる値は境界条件によって決まる．そこで周期的境界条件を用い，注目する粒子とそれから数えて $2N$ 番目の粒子とはまったく同じ運動をするものとすると，m を整数として，K としては

$$K = m\pi/aN \tag{4.31}$$

を満たすもののみが許される．したがって第一ブリルアン域で K が取りうる値はちょうど N 個となるが，実際の結晶は非常に多くの原子を含むので K の値は連続とみなすことができる．なお，図 4.3 にみられるように角振動数の値にはギャップがある．すなわち，$\sqrt{2f/M_1}$ と $\sqrt{2f/M_2}$ の間の角振動数に対しては ω を実数とする解を捜すと K は複素数になり，波は空間的に減衰して安定な波動にはならない．このように，振動数が連続的に取りうる範囲があり，その間にギャップがあることが結晶内の波動の大きな特徴である（5.6節参照）．

結晶の場合にも原子間の相互作用のために原子の振動は波として結晶全体に広がり，これを**格子振動**とよぶ．上の一次元鎖のモデルでは，変位の方向としてはばねの方向のみが許され，したがって波は縦波のみとなるが，実際の三次元結晶では，これ以外に波の伝播方向と原子の振動方向とが垂直な二つの横波も存在しうる．ただし，純粋な縦波と横波に分けることができるのは，結晶の対称性の高い方向へ伝播する波の場合だけであって，一般には両者の性質の入り交じった波となる．音響（acoustic）モードと光学（optical）モードの縦波と横波は，ふつう LA, TA, LO, TO モードとよんで区別する（L は longitudinal, T は transverse の略）．$K=0$ 付近では，音響モードは単位胞内のすべての原子が同じ位相で一様に振動するモードであるのに対して，光学モードは異なる単位胞に属する

同じ原子は同じ振動をするが，単位胞内の異なる原子は相対的に振動するようなモードである．

4.4 格子振動の量子化とフォノン

結晶の格子振動の場合にも 4.2 節で行った議論はそのままあてはまり，格子振動は互いに独立な規準モードの和として記述することができ，それらのモードは単位質量の調和振動子とみなすことができる．いま，N 個の単位胞よりなる結晶を考え，各単位胞には s 個の原子が含まれるものとする．さらに位置 $\boldsymbol{R}_i$ にある単位胞の ν 番目の原子の変位に注目し，これを $\boldsymbol{u}_{i\nu}$ としよう．さらに x, y, z を α, β で表すと，この結晶の原子の振動の運動エネルギーとポテンシャルエネルギーは

$$\left.\begin{aligned} T&=\sum_{i=1}^{N}\sum_{\nu=1}^{s}\sum_{\alpha=1}^{3}\frac{1}{2}m_\nu \dot{u}_{i\nu\alpha}{}^2 \\ V&=\sum_{i\alpha}\sum_{j\beta}\sum_{\nu}\sum_{\nu'}\frac{1}{2}A_{i\alpha j\beta}(\nu,\nu')u_{i\nu\alpha}u_{j\nu'\beta} \end{aligned}\right\} \qquad (4.32)$$

となる．ここで $A_{i\alpha j\beta}(\nu,\nu')=(\partial^2 V/\partial u_{i\nu\alpha}u_{j\nu'\beta})_{u=0}$ であり，調和近似を使った．また運動方程式は

$$m_\nu \ddot{u}_{i\nu\alpha}+\sum_{j\nu'\beta}A_{i\alpha j\beta}(\nu,\nu')u_{j\nu'\beta}=0 \qquad (4.33)$$

と表される．そこで，周期的境界条件を使って求めた許される $\boldsymbol{K}$ の値を用いることにより

$$u_{i\nu\alpha}=(U_{K\nu\alpha}/\sqrt{m_\nu})\exp[i(\boldsymbol{K}\cdot\boldsymbol{R}_i-\omega t)] \qquad (4.34)$$

とすると，式 (4.19) と同様に

$$\omega^2 U_{K\nu\alpha}=\sum_{\nu'\beta}B_{\alpha\beta}{}^{\nu\nu'}(\boldsymbol{K})U_{K\nu'\beta} \qquad (4.35)$$

が成り立つ．ここで

$$B_{\alpha\beta}{}^{\nu\nu'}(\boldsymbol{K})=\sum_j[A_{i\alpha j\beta}(\nu,\nu')/\sqrt{m_\nu m_{\nu'}}]\exp[i\{\boldsymbol{K}\cdot(\boldsymbol{R}_j-\boldsymbol{R}_i)\}] \qquad (4.36)$$

であり，$A_{i\alpha j\beta}(\nu,\nu')$ は $i-j$ が同じであれば i によらないことを使った．なお $A_{i\alpha j\beta}(\nu,\nu')$ は実であるから $B^*(\boldsymbol{K})=B(-\boldsymbol{K})$ が成り立つ．$B_{\alpha\beta}{}^{\nu\nu'}(\boldsymbol{K})$ を要素とする行列 B は $3s\times 3s$ の行列であり，ω^2 はその固有値，$\boldsymbol{U}$ はその固有ベクトルになっている．

各 $\boldsymbol{K}$ に対するこの固有値を $\omega_{K\lambda}{}^2(\lambda=1,2,\cdots 3s)$，対応する長さ 1 の固有ベクトルの $\nu\alpha$ 成分を $\xi_{K\lambda\nu\alpha}$ とすると，

$$\left.\begin{aligned}\sum_{\nu}\sum_{\alpha}\xi_{K\lambda\nu\alpha}{}^*\xi_{K\lambda'\nu\alpha}=\delta_{\lambda\lambda'}\\ \sum_{\lambda}\xi_{K\lambda\nu\alpha}{}^*\xi_{K\lambda\nu'\beta}=\delta_{\nu\nu'}\delta_{\alpha\beta}\end{aligned}\right\}\tag{4.37}$$

となる．そこで複素規準座標 $Q_{K\lambda}$ を導入して

$$u_{i\nu\alpha}=\frac{1}{\sqrt{Nm_\nu}}\sum_{K}\sum_{\lambda}Q_{K\lambda}\xi_{K\lambda\nu\alpha}\mathrm{e}^{i\boldsymbol{K}\cdot\boldsymbol{R}_i}\tag{4.38}$$

としよう．すると，$\boldsymbol{u}_{i\nu}$ は実のベクトルであるから $Q_{-K\lambda}\xi_{-K\lambda\nu\alpha}=Q_{K\lambda}{}^*\xi_{K\lambda\nu\alpha}{}^*$ が成り立つ必要があるが，$Q_{-K\lambda}=Q_{K\lambda}{}^*$，$\xi_{-K\lambda\nu\alpha}=\xi_{K\lambda\nu\alpha}{}^*$ のように決めることにする．そこでこのような Q について考える代わりに $\boldsymbol{K}$ の半空間のみを考え，

$$\left.\begin{aligned}Q_{K\lambda}=\frac{1}{\sqrt{2}}(q_{1K\lambda}+iq_{2K\lambda})\\ Q_{-K\lambda}=\frac{1}{\sqrt{2}}(q_{1K\lambda}-iq_{2K\lambda})\end{aligned}\right\}\tag{4.39}$$

によって実の規準座標 q_1, q_2 を導入すると，式（4.37）を使うことにより

$$\left.\begin{aligned}T=\sum_{K}\sum_{\lambda}\frac{1}{2}\dot{Q}_{K\lambda}\dot{Q}_{-K\lambda}=\sum_{K}{}'\sum_{\lambda}\sum_{j=1}\frac{1}{2}\dot{q}_{jK\lambda}{}^2\\ V=\sum_{K}\sum_{\lambda}\frac{1}{2}\omega_{K\lambda}{}^2Q_{K\lambda}Q_{-K\lambda}=\sum_{K}{}'\sum_{\lambda}\sum_{j=1}^{2}\frac{1}{2}\omega_{K\lambda}{}^2q_{jK\lambda}{}^2\end{aligned}\right\}$$

となる．ただし $\sum_j \exp\{i(\boldsymbol{K}-\boldsymbol{K}')\cdot\boldsymbol{R}_j\}=N\delta_{KK'}$ なる関係を使った．ここで $\sum_K{}'$ は $\boldsymbol{K}$ の半空間での和を意味する．このようにすると，規準座標 $q_{jK\lambda}$ に共役な運動量は $p_{jK\lambda}=\partial L/\partial q_{jK\lambda}=q_{jK\lambda}$ であるから，系のハミルトニアンは

$$H=T+V=\sum_{K}{}'\sum_{\lambda}\sum_{j}\frac{1}{2}(p_{jK\lambda}{}^2+\omega_{K\lambda}{}^2q_{jK\lambda}{}^2)\tag{4.41}$$

と書くことができる．

量子論では p と q が交換関係（1.58）を満足する演算子と考える．さらに

$$\left.\begin{aligned}\hat{b}_{K\lambda}=i(4\hbar\omega_{K\lambda})^{-1/2}[(\hat{p}_{1K\lambda}-i\omega_{K\lambda}\hat{q}_{1K\lambda})+i(\hat{p}_{2K\lambda}-i\omega_{K\lambda}\hat{q}_{2K\lambda})]\\ \hat{b}_{-K\lambda}=i(4\hbar\omega_{K\lambda})^{-1/2}[(\hat{p}_{1K\lambda}-i\omega_{K\lambda}\hat{q}_{1K\lambda})-i(\hat{p}_{2K\lambda}-i\omega_{K\lambda}\hat{q}_{2K\lambda})]\end{aligned}\right\}\tag{4.42}$$

を導入し，$\hat{b}_{K\lambda}{}^+$ と $\hat{b}_{-K\lambda}{}^+$ は右辺で i を $-i$ に代えたものとすると，全空間の $\boldsymbol{K}$, $\boldsymbol{K}'$ に対して

$$[\hat{b}_{K\lambda}, \hat{b}_{K'\lambda'}{}^+]=\delta_{KK'}\delta_{\lambda\lambda'}\tag{4.43}$$

が成立する．そして，これを使うと系のハミルトニアンは

$$\hat{H}=\sum_{K}\sum_{\lambda}\hbar\omega_{K\lambda}\left[\hat{b}_{K\lambda}{}^+\hat{b}_{K\lambda}+\frac{1}{2}\right]\tag{4.44}$$

となり，系のエネルギーは，$n_{K\lambda}$ を 0 または正の整数として

$$W=\sum_{K}\sum_{\lambda}\hbar\omega_{K\lambda}\left(n_{K\lambda}+\frac{1}{2}\right) \tag{4.45}$$

と表される．すなわち，格子振動は互いに独立な規準モードの和として記述され，各モードのエネルギーは等間隔になる．したがって，光子の場合と同様に，零点エネルギー $\hbar\omega_{K\lambda}/2$ を除いたエネルギーが $n_{K\lambda}\hbar\omega_{K\lambda}$ の状態をエネルギー $\hbar\omega_{K\lambda}$ の粒子が $n_{K\lambda}$ 個ある状態とみなすことができる．この粒子を**フォノン**とよぶ．$\hat{b}_{K\lambda}$ と $\hat{b}_{K\lambda}{}^{+}$ はモード λ, 波数ベクトル $\boldsymbol{K}$ のフォノンの消滅演算子と生成演算子である．また $\hbar\boldsymbol{K}$ はフォノンの運動量のように振舞い，これを**結晶運動量**とよぶこともある．フォノンは光子と同じくボース統計に従う粒子（ボース粒子）であり，熱平衡状態における一つの自由度あたりのフォノンの平均数（平均占有数）は

$$\langle n_{K\lambda}\rangle=\frac{1}{\exp(\hbar\omega_{K\lambda}/k_{\mathrm{B}}T)-1} \tag{4.46}$$

と表される（式(1.76)，(4.11) 参照）．

なお，単位胞に s 個の原子がある結晶では，一般に 3 個の音響モードと $(3s-3)$ 個の光学モードが存在する．また，式 (4.39) (4.42) を使うと (4.38) は

$$u_{i\nu\alpha}=\sum_{K}\sum_{\lambda}(\hbar/2Nm_{\nu}\omega_{K\lambda})^{1/2}\times[\hat{b}_{K\lambda}\xi_{K\lambda\nu\alpha}\mathrm{e}^{i\boldsymbol{K}\cdot\boldsymbol{R}_i}+\hat{b}^{+}{}_{K\lambda}\xi_{K\lambda\nu\alpha}{}^{*}\mathrm{e}^{-i\boldsymbol{K}\cdot\boldsymbol{R}_i}] \tag{4.47}$$

と書くことができる．さらに，$|\boldsymbol{K}|$ の小さい領域を考えると音響モードでは一つの単位胞内の各原子はほぼ一様に変位するから，単位胞の質量を M として

$$\left.\begin{aligned}u_{\alpha}(\boldsymbol{R})&=(NM)^{-1/2}\sum_{K}\sum_{\lambda}Q_{K\lambda}\xi_{K\lambda\alpha}\mathrm{e}^{i\boldsymbol{K}\cdot\boldsymbol{R}}\\u_{\alpha}(\boldsymbol{R})&=\sum_{K}\sum_{\lambda}(\hbar/2NM\omega_{K\lambda})^{1/2}\\&\quad\times[\hat{b}_{K\lambda}\xi_{K\lambda\alpha}\mathrm{e}^{i\boldsymbol{K}\cdot\boldsymbol{R}}+\hat{b}_{K\lambda}{}^{+}\xi_{K\lambda\alpha}{}^{*}\mathrm{e}^{-i\boldsymbol{K}\cdot\boldsymbol{R}}]\end{aligned}\right\} \tag{4.48}$$

などと表すことができる．

4.5　デバイモデルとフォノンの状態密度

極めて単純化したモデルでありながら，実際の結晶のフォノンの分布をかなりうまく表したものに**デバイモデル**がある．これは，音速 v を一定としてすべてのフォノンに対し $\omega=vK$ なる関係が成り立つとし，K としては 0 から K_{D} までのモードしか存在しないとするものである．このモデルによると，体積 V の結晶中のフォノンの自由度の総数は

$$\frac{3V}{(2\pi)^3}\int_0^{K_{\mathrm{D}}}4\pi K^2\mathrm{d}K=\frac{3V}{2\pi^2}\int_0^{vK_{\mathrm{D}}}\frac{\omega^2}{v^3}\mathrm{d}\omega$$

$$=(V/2\pi^2)K_D{}^3 \tag{4.49}$$

と計算される．ここで3は偏りの自由度，つまり縦波と二つの横波を考慮した因子である．上の値は，結晶中の原子数をNとして$3N$になるはずであるから，Kの上限は

$$K_D=(6\pi^2N/V)^{1/3} \tag{4.50}$$

と求められる．したがって，フォノンの振動数も $\omega_D=vK_D$ が上限になる．これを**デバイの切断振動数**という．縦波の音速 v_L が一般に横波の音速 v_T よりも大きいことを考慮して，式 (4.49) を

$$\frac{3V}{2\pi^2}\int_0^{\omega_D}\frac{1}{3}\left(\frac{1}{v_L{}^3}+\frac{2}{v_T{}^3}\right)\omega^2 d\omega \tag{4.51}$$

とすることもあるが，その場合にはvを

$$v=\left[\frac{1}{3}\left(\frac{1}{v_L{}^3}+\frac{2}{v_T{}^3}\right)\right]^{-1/3} \tag{4.52}$$

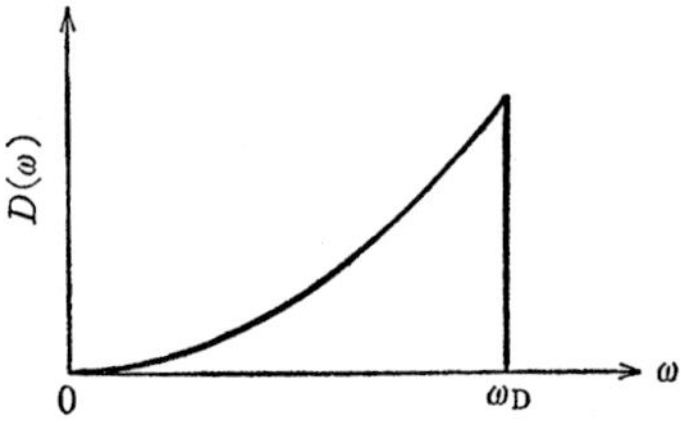

図 4.4　デバイモデルによるフォノンの状態密度

で与えられる平均的な音速と考えれば，$\omega_D/v=K_D$ として式 (4.50) が成り立つことになる．なお，角振動数が ω と $\omega+d\omega$ の間にある単位体積あたりの状態の数を $D(\omega)d\omega$ と書くと，このモデルでは

$$D(\omega)=\frac{3}{2\pi^2v^3}\omega^2 \qquad (\omega\leq\omega_D) \tag{4.53}$$

となる (図 4.4)．

ところで，$T_D=\hbar\omega_D/k_B$ で定義される温度を**デバイ温度**という．上のモデルで結晶の格子振動による比熱を計算すると，格子振動の全エネルギーをUとして

$$\left.\begin{aligned} U&=\int_0^{\omega_D}VD(\omega)\hbar\omega\left(\langle n\rangle+\frac{1}{2}\right)d\omega \\ &=\frac{3V\hbar\omega_D{}^4}{2\pi^2v^3}\left(\frac{T}{T_D}\right)^4\int_0^{T_D/T}\frac{x^3}{e^x-1}dx+\text{定数} \\ c_V&\propto\left(\frac{\partial U}{\partial T}\right)_V\propto\left(\frac{T}{T_D}\right)^3\int_0^{T_D/T}\frac{x^4e^x}{(e^x-1)^2}dx \end{aligned}\right\} \tag{4.54}$$

となるので，デバイ温度は比熱の測定から求めることができる．図 4.3 からわかるようにデバイモデルはエネルギーの低い音響フォノンのみが寄与する低温領域でよい近似であると考えられる．実際に，低温での比熱の温度依存性は，式 (4.54 b) でよく記述され，それからデバイ温度が決められる (図 4.5)．表 4.1 は

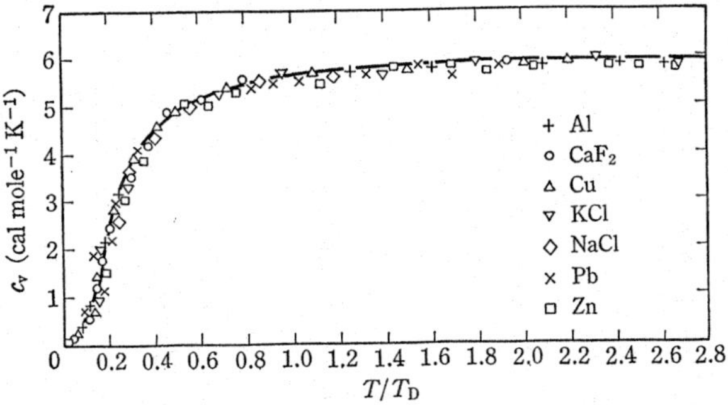

図 4.5 各種の物質の比熱の温度依存性．実線は式（4.54 b）を示す．[2)]

いくつかの結晶について，比熱測定から求めたデバイ温度を表にしたものである．一般に，硬く音速の大きな物質でデバイ温度が高いことがわかる．

表 4.1 いろいろの結晶のデバイ温度（K）

LiF	670	SiO_2	255
NaF	445	RbCl	194
NaCl	297	CsCl	175
NaBr	238	AgCl	180
NaI	197	InSb	200
KCl	240	MgO	800
CaF_2	470	ZnS	260

4.6 ボルン-オッペンハイマー近似

いま，結晶中の特定の不純物イオンや空格子点などに束縛された電子，あるいは分子内に束縛された電子に注目し，その座標を $\boldsymbol{r}$ とする．結晶ないしは分子からこの電子を除いたものは多くの原子またはイオンであるが，これを単に核とよぶことにし，その座標をまとめて $\boldsymbol{R}$ と表す．すると，この系のハミルトニアンは

$$\hat{H}(\boldsymbol{r},\boldsymbol{R})=\hat{H}_e(\boldsymbol{r})+\hat{H}_L(R)+\hat{H}_{eL}(\boldsymbol{r},\boldsymbol{R}) \tag{4.55}$$

と書くことができる．ここで $\hat{H}_e(\boldsymbol{r})$ は電子系のエネルギーで，これには注目する電子の運動エネルギーのほかに，注目する電子が複数の場合にはその間のクーロン相互作用のエネルギーも含まれる．また，$\hat{H}_L(\boldsymbol{R})$ は核の運動エネルギーと核間の相互作用のエネルギーの和であり，$\hat{H}_{eL}(\boldsymbol{r},\boldsymbol{R})$ は注目する電子と核との間の相互作用を表す．したがって，この系を扱うには次のシュレーディンガー方程式を解く必要がある．

$$\hat{H}\Psi_{jn}(\boldsymbol{r},\boldsymbol{R})=W_{jn}\Psi_{jn}(\boldsymbol{r},\boldsymbol{R}) \tag{4.56}$$

ただし，jは電子の状態を，またnは核の状態を指定するものとし，W_{jn}は全系のエネルギーである．しかし，これを正確に解くことは困難なので，電子の質量に比べて核の質量が1000倍以上も重いことから，核の運動が電子の運動よりもずっと遅いことに注目して，電子の運動を扱うとき，核は瞬間的にある位置に停止していると考えて，$\boldsymbol{R}$を単なるパラメターとして取り扱うことにしよう．すると，電子の運動は

$$[\hat{H}_{\mathrm{e}}(\boldsymbol{r})+\hat{H}_{\mathrm{eL}}(\boldsymbol{r},\boldsymbol{R})]\phi_j(\boldsymbol{r},\boldsymbol{R})=w_j(\boldsymbol{R})\phi_j(\boldsymbol{r},\boldsymbol{R}) \tag{4.57}$$

を解くことにより求められるから，核の運動状態を表す波動関数を$\phi_{jn}(\boldsymbol{R})$として全系の波動関数を

$$\Psi_{jn}(\boldsymbol{r},\boldsymbol{R})=\phi_j(\boldsymbol{r},\boldsymbol{R})\phi_{jn}(\boldsymbol{R}) \tag{4.58}$$

のように取る．このような近似は，**ボルン－オッペンハイマー近似**，ないしは**断熱近似**とよばれる．後者のよび方は，核の運動がjの異なる電子状態間の遷移を起こさせるようなものではないという意味で断熱的である所からきている．

そこで式(4.58)を(4.56)に入れて，式(4.57)を用いると，$\hat{H}_{\mathrm{eL}}$は$\boldsymbol{R}$に関する微分演算子を含まないから

$$[\hat{H}_{\mathrm{L}}(\boldsymbol{R})+w_j(\boldsymbol{R})]\phi_j(\boldsymbol{r},\boldsymbol{R})\phi_{jn}(\boldsymbol{R})=W_{jn}\phi_j(\boldsymbol{r},\boldsymbol{R})\phi_{jn}(\boldsymbol{R}) \tag{4.59}$$

が満足される．さらに，電子の存在する位置の広がりと核の振動の振幅の比は，4.1節の見積もりから$1:(m/M)^{1/4}\approx1:0.1$の程度なので，$|\partial\phi/\partial R/\phi|$を$|\partial\phi/\partial R/\phi|$に対して無視することにすると，式(4.59)の左辺は$\phi_j(\boldsymbol{r},\boldsymbol{R})[\hat{H}_L(\boldsymbol{R})+w_j(\boldsymbol{R})]\phi_{jn}(\boldsymbol{R})$としてもよく，結局，$\boldsymbol{R}$のみを含む次の関係が成り立つ．

$$[\hat{H}_{\mathrm{L}}(\boldsymbol{R})+w_j(\boldsymbol{R})]\phi_{jn}(\boldsymbol{R})=W_{jn}\phi_{jn}(\boldsymbol{R}) \tag{4.60}$$

したがって，これを解くことにより核の運動が求められることになる．いま，$\hat{H}_{\mathrm{L}}(\boldsymbol{R})$の中の核間の相互作用のエネルギーと$w_j(\boldsymbol{R})$の和を$U_j(\boldsymbol{R})$と書くと，式(4.60)はポテンシャルエネルギーが$U_j(\boldsymbol{R})$で与えられる場の中を運動するエネルギーW_{jn}の粒子の運動方程式になっている．$U_j(\boldsymbol{R})$は**断熱ポテンシャル**とよばれる．

このようにして，断熱近似を用いることにより核の運動と電子の運動が分離できることがわかった．そこで，次に核の運動について，$\boldsymbol{R}$ではなく4.2節で導入した規準座標q_λを使って考える．まず，電子と核の相互作用を$q_\lambda=0$のまわりで展開してq_λについて1次の項まで取り，

$$\hat{H}_{\mathrm{eL}}(\boldsymbol{r},q)=\hat{H}_{\mathrm{eL}}(\boldsymbol{r},0)-\sum_{\lambda}c_{\lambda}(\boldsymbol{r})q_{\lambda} \tag{4.61}$$

としよう．これを式（4.57）に入れて，式（4.61）の右辺第二項は小さいとして $\hat{H}_{\mathrm{e}}(\boldsymbol{r})+\hat{H}_{\mathrm{eL}}(\boldsymbol{r},0)$ の固有関数 $|j\rangle$ を使って摂動計算で $\hat{H}_{\mathrm{e}}(\boldsymbol{r})+\hat{H}_{\mathrm{eL}}(\boldsymbol{r},q)$ のエネルギーを求め，核の振動の位置エネルギー $\sum_{\lambda}\omega_{\lambda}{}^{2}q_{\lambda}{}^{2}/2$ を加えると，断熱ポテンシャルは

$$U_{j}(q)=W_{j}+\sum_{\lambda}\frac{1}{2}\omega_{\lambda}{}^{2}(q_{\lambda}-\varDelta_{\lambda j})^{2} \tag{4.62}$$

となる．ただし，

$$\left.\begin{aligned}W_{j}&=\langle j|\hat{H}_{\mathrm{e}}(\boldsymbol{r})+\hat{H}_{\mathrm{eL}}(\boldsymbol{r},0)|j\rangle-\sum_{\lambda}\frac{1}{2}\omega_{\lambda}{}^{2}\varDelta_{\lambda j}{}^{2}\\ \varDelta_{\lambda j}&=\langle j|c_{\lambda}|j\rangle/\omega_{\lambda}{}^{2}\end{aligned}\right\} \tag{4.63}$$

である．そこで，曲線間の関係は座標原点の選び方には関係しないから，基底状態の断熱ポテンシャル曲線の最小値の所を座標原点に取ることにしよう．すると，基底状態および励起状態の断熱ポテンシャルは式（4.62）より

$$\left.\begin{aligned}U_{\mathrm{g}}(q)&=\sum_{\lambda}\frac{1}{2}\omega_{\lambda}{}^{2}q_{\lambda}{}^{2}\\ U_{\mathrm{e}}(q)&=W_{\mathrm{e}}+\sum_{\lambda}\frac{1}{2}\omega_{\lambda}{}^{2}(q_{\lambda}-\varDelta_{\lambda})^{2}\end{aligned}\right\} \tag{4.64}$$

と書くことができる．さらに，式（4.20）（4.21）を満足する ξ を使って

$$\left.\begin{aligned}Q_{i}&=\sum_{\lambda}\omega_{\lambda}q_{\lambda}\xi_{\lambda i}\\ \omega_{\lambda}q_{\lambda}&=\sum_{i}\xi_{\lambda i}Q_{i}\end{aligned}\right\} \tag{4.65}$$

とし，その中の Q_1 については $q_{\lambda}=\varDelta_{\lambda}$ のとき $Q_1=c$ となるように

$$\left.\begin{aligned}cQ_{1}&=\sum_{\lambda}\omega_{\lambda}{}^{2}q_{\lambda}\varDelta_{\lambda}\\ c^{2}&=\sum_{\lambda}\omega_{\lambda}{}^{2}\varDelta_{\lambda}{}^{2}\end{aligned}\right\} \tag{4.66}$$

を満足するように選ぶと，

$$\left.\begin{aligned}U_{\mathrm{g}}(Q)&=\sum_{i}\frac{1}{2}Q_{i}{}^{2}\\ U_{\mathrm{e}}(Q)&=W_{0}-cQ_{1}+\sum_{i}\frac{1}{2}Q_{i}{}^{2}\end{aligned}\right\} \tag{4.67}$$

となる．ただし，$W_0=W_{\mathrm{e}}+c^2/2$ である．このようにすると，二つの断熱ポテンシャルの差は Q_1 だけを含むことになる．Q_1 は**相互作用モード**とよばれる．なお，$Q_1=c$ の所では $U_{\mathrm{e}}(Q)$ は最小値 W_{e} をとる．U_{g} が最小になる $Q_i=0$ の所

での U_e の値 W_0 と U_e の最小値の差 $W_{LR}=c^2/2$ は**格子緩和エネルギー**とよばれる．$Q_2, Q_3, \cdots$ については零の値の面で切ったとして，Q_1 方向のみについて断熱ポテンシャル曲線を示したのが図 4.6 である．

4.7 フランク-コンドンの原理と吸収スペクトル

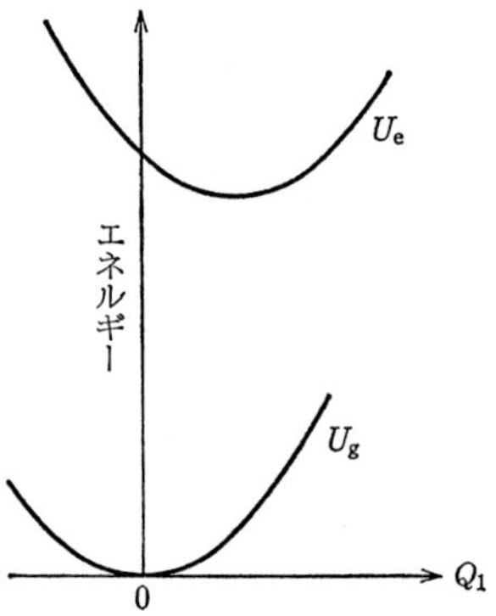

図 4.6 相互作用モードに対する断熱ポテンシャル

いま，電子基底状態 g と励起状態 e の間の遷移について考え，光学遷移は核の運動の速さに比べて，ずっと速く起こるため，遷移の前後で Q_i の値は変化しないものとすると，光学遷移は図 4.6 で垂直に起こることになる．光の吸収や放出がこのような垂直遷移によって起こるということを**フランク-コンドンの原理**とよぶ．十分高温を考えると，系の状態はほぼ断熱曲線上にあると見なすことができ，この原理を使うと，基底状態での Q_1 の分布関数を $P_g(Q_1)$ として，吸収スペクトルの形を与える形状関数は*

$$A(\hbar\omega)\propto\int P_g(Q_1)\delta(U_e-U_g-\hbar\omega)\mathrm{d}Q_1 \tag{4.68}$$

で与えられる．ただし，励起状態の寿命が有限であるために生じるスペクトルの広がりは十分小さいとして無視している．さらに，熱平衡状態では

$$P_g(Q_1)=(2\pi k_B T)^{-1/2}\exp(-Q_1{}^2/2k_B T) \tag{4.69}$$

となるから，式 (4.67) を使うことにより

$$A(\hbar\omega)\propto\exp\left[-\frac{(W_0-\hbar\omega)^2}{4k_B T W_{LR}}\right] \tag{4.70}$$

を得る．したがって，この場合，吸収スペクトルはエネルギー W_0 にピークをもつガウス型の曲線となり，幅は $\sqrt{T}$ に比例することがわかる．ここでピークエネルギーは U_e-U_g の平均値に一致し，幅は U_e-U_g のゆらぎからくるものである．実際には，核の振動が量子化されるので，十分高温でなければ，一般には吸収スペクトルには振動構造が現れる．そこで，簡単のため一つの振動モードだけが寄与する場合を考えよう．たとえば，結晶中の局在中心で，最近接のいくつか

* 吸収スペクトルは吸収係数 α を ω や W の関数としてプロットしたものであり，式 (3.48) からわかるように，これは $\hbar\omega A(\hbar\omega)$ に比例する．

の原子が，位相をそろえて局在中心から離れたり近付いたりするような運動をするモード（これを**ブリージングモード**とよぶ）のみが重要である場合などがこれにあたる．さらに，図 4.7 に示すように，このモードの規準座標に関して断熱ポテンシャル曲線が放物線で与えられるとして，吸収スペクトルの形状を求めることにする．この場合には，核の振動は等間隔のエネルギー状態に量子化されることはすでに述べた．

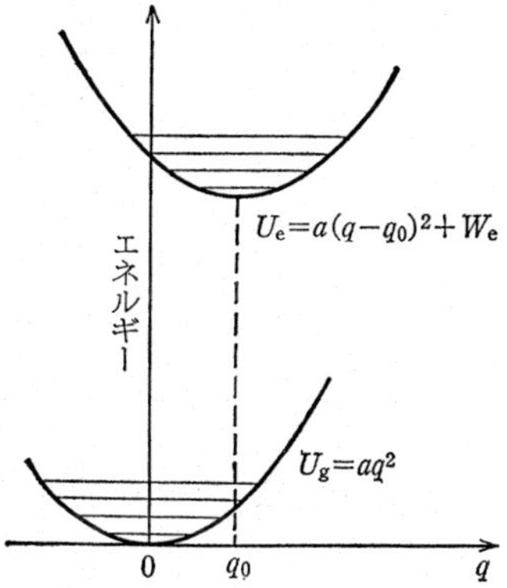

図 4.7 基底状態と励起状態に対する断熱ポテンシャル曲線

いま，電気双極子遷移を仮定し，電気双極子モーメントの光の電場ベクトル方向の成分の大きさを μ とすると，g→e 遷移による吸収スペクトルの形状関数 $A(\hbar\omega)$ は，遷移の始状態については平均をとり，終状態については和をとることにより

$$A(\hbar\omega)=\sum_n\sum_m \rho_{gn}|\langle\Psi_{em}|\hat{\mu}|\Psi_{gn}\rangle|^2\delta(W_{em}-W_{gn}-\hbar\omega) \qquad (4.71)$$

と表される．ここで，ρ_{gn} は遷移の始状態で系が gn 状態にある確率であり，これは熱平衡状態では

$$\rho_{gn}=\exp(-W_{gn}/k_BT)/\sum_n\exp(-W_{gn}/k_BT) \qquad (4.72)$$

で与えられる．また g 電子状態の n 番目の振動準位から e 電子状態の m 番目の振動準位への遷移のマトリクス要素は，式 (4.58) を使うことにより

$$\langle\Psi_{em}|\hat{\mu}|\Psi_{gn}\rangle=\int\phi_{em}{}^*(q)\mu_{eg}(q)\phi_{gn}(q)\mathrm{d}q \qquad (4.73)$$

と書くことができる．ただし，

$$\mu_{eg}(q)=\int\psi_e{}^*(\boldsymbol{r},q)\hat{\mu}\psi_g(\boldsymbol{r},q)\mathrm{d}\boldsymbol{r} \qquad (4.74)$$

であり，Ψ の中の $\boldsymbol{R}$ は q でおき換えた．

ここで，もし $\mu_{eg}(q)$ が q に依存しないとすると（このような近似を**コンドン近似**とよぶ），遷移行列要素の大きさは $\phi_{em}(q)$ と $\phi_{gn}(q)$ の重なり積分の大きさで決まることになる．その場合，この絶対値の二乗がスペクトルの形を決める上で重要である．

$$F_{mn}=\left|\int\phi_{em}{}^*(q)\phi_{gn}(q)\mathrm{d}q\right|^2 \qquad (4.75)$$

は，**フランク-コンドン因子**とよばれる．特に，$T=0$ の場合には，$\rho_{gn}=\delta_{n0}$ と

なるから

$$A(\hbar\omega)\propto\sum_m F_{m0}\delta(\hbar\omega-W_{00}-m\hbar\omega_v) \tag{4.76}$$

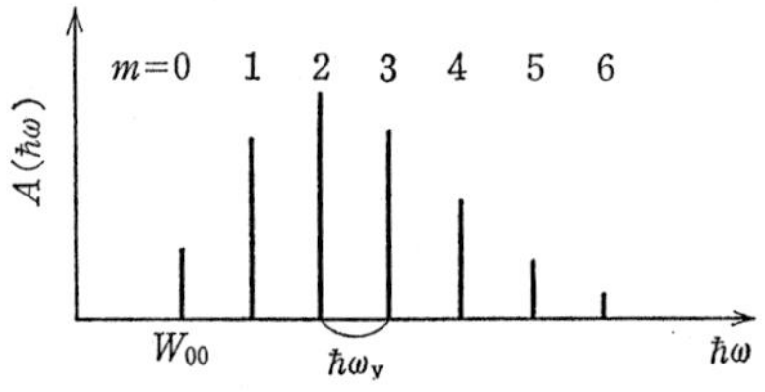

図 4.8　0 K における吸収スペクトルの形状（$S=2.5$）

となり（ただし $W_{00}=W_{e0}-W_{g0}$），吸収スペクトルは $\hbar\omega=W_{00}$ から始まって間隔 $\hbar\omega_v$ の線の集まりからなることがわかる（図 4.8）．$m=0,1,2,\cdots$ のものをそれぞれ**ゼロフォノン線**，1フォノン線，2フォノン線，…とよぶ．なお，ここで

$$S=W_{LR}/\hbar\omega_v \tag{4.77}$$

として，F_{m0} は

$$F_{m0}=e^{-S}(S^m/m!) \tag{4.78}$$

となる（問題 4.4）．S は**ホアン－リー因子**とよばれ，電子基底状態のエネルギーが最低の状態から垂直遷移により励起状態に上げられた後，電子励起状態の断熱ポテンシャル曲線の底の状態に移るのに何個のフォノンを放出する必要があるかを表している．なお $S\geq1$ のとき吸収バンドのピークエネルギーは $W_{00}+(S-1/2)\hbar\omega_v$ となる．全吸収強度の中でゼロフォノン線の強度が占める割合は，**デバイ－ワラー因子**といわれ，これは絶対温度を T，フォノンの平均占有数を $\langle n\rangle$ として $\exp[-S(1+2\langle n\rangle)]$ で与えられる．ゼロフォノン線以外はフォノンの同時遷移を伴うものであるが，実際にはいろいろの振動数のフォノンがあり，それらの関係する線は重なってバンドとなるため，これを**フォノンサイドバンド**とよぶ．注目する電子と格子との相互作用が弱い場合や，相互作用が強くても二つの電子状態の波動関数がほぼ同じで，格子の変形によるエネルギーの変化の仕方が二つの状態で変わらない場合には S は小さくなり，そのときには $m=n$ 以外では $F_{mn}\approx0$ となるからゼロフォノン線が重要になる．図 4.9 はルビーのUバンド（5.4 節参照）の低温での吸収スペクトルである．575 nm にゼロフォノン線が見られるが，S は1より大きくフォノンサイドバンドが吸収の大部分を占めている．

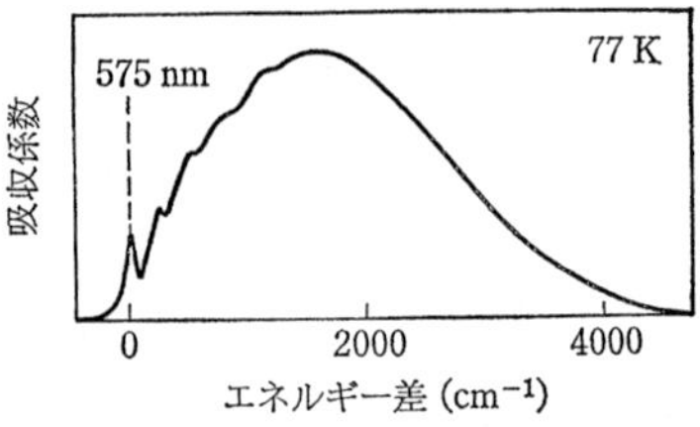

図 4.9　ルビーの $^4A_2\rightarrow{}^4T_2$ 遷移による吸収スペクトル[4)]

4.8 幅広い吸収スペクトルの形状

この節ではホアン－リー因子 S が1よりもずっと大きい場合について考える．この場合には図4.7で二つの曲線のずれ q_0 が大きく，$\rho_{gn}|\phi_{gn}(q)|$ が大きな値をもつ q の所では $U_e(q)$ に対応する m の値が1より十分大きくなる．したがって，対応原理により励起状態では核の振動は古典的に扱うことが許され，$|\phi_{em}(q)|$ が大きな値をもつのは断熱ポテンシャル曲線上だけと考えてよい．そこで，この場合には W_{em} を $U_e(q)$ でおき換えることができ，式 (4.71) は

$$A(\hbar\omega)=\sum_n\sum_m\rho_{gn}\int\phi_{em}{}^*(q)\mu_{eg}(q)\phi_{gn}(q)\mathrm{d}q \times\int\phi_{gn}{}^*(q')\mu_{eg}{}^*(q')\phi_{em}(q')\mathrm{d}q'\delta(U_e-W_{gn}-\hbar\omega) \quad (4.79)$$

となるが，波動関数の完全性から

$$\sum_m\phi_{em}{}^*(q)\phi_{em}(q')=\delta(q-q') \quad (4.80)$$

となるから

$$A(\hbar\omega)=\sum_n\rho_{gn}\int|\phi_{gn}(q)|^2|\mu_{eg}(q)|^2\delta(U_e-W_{gn}-\hbar\omega)\mathrm{d}q \quad (4.81)$$

を得る．ここでコンドン近似を使うと，$P_g(q)=\sum\limits_n\rho_{gn}|\phi_{gn}(q)|^2$ の大きな所だけが利くから，式 (4.81) は基底状態で存在確率の高い q の所で，その q に対応する励起状態の断熱ポテンシャル曲線上へと遷移が垂直に起こることを意味している．これはフランク－コンドンの原理に対応する．

十分低温の場合には，$\rho_{gn}=\delta_{n0}$ として式 (4.12) を使うことにより，

$$P_g(q)=\frac{\alpha}{\sqrt{\pi}}\mathrm{e}^{-\alpha^2q^2} \quad (4.82)$$

となり，$q\approx0$ の所のみが利くから

$$A(\hbar\omega)=\frac{\alpha}{\sqrt{\pi}}\frac{|\mu_{eg}|^2}{2aq_0}\exp\left[-\frac{\alpha^2(W_e+aq_0{}^2-W_{g0}-\hbar\omega)^2}{(2aq_0)^2}\right] \quad (4.83)$$

を得る．一方，十分高温では，基底状態でも断熱ポテンシャル曲線上でのみ $|\phi_{gn}(q)|$ は大きいとみなしてよく，W_{gn} は U_g でおき換えることができ，また $P_g(q)$ も

$$\overline{P}_g(q)=\frac{\exp(-U_g/k_BT)}{\int\exp(-U_g/k_BT)\mathrm{d}q} \quad (4.84)$$

で近似できる．したがって，コンドン近似を使うことにより

$$A(\hbar\omega)=\frac{|\mu_{\mathrm{eg}}|^2}{\sqrt{4\pi k_{\mathrm{B}}Taq_0{}^2}}\exp\left[-\frac{(W_{\mathrm{e}}+aq_0{}^2-\hbar\omega)^2}{4k_{\mathrm{B}}Taq_0{}^2}\right] \tag{4.85}$$

となり，$W_{\mathrm{LR}}=aq_0{}^2$ を考えるとこれは式 (4.70) に一致する (問題 4.5). なお，$P_{\mathrm{g}}(q)$ は十分低温でも十分高温でもガウス型になるから，一般に

$$P_{\mathrm{g}}(q)=(2\pi\sigma^2)^{-1/2}\exp(-q^2/2\sigma^2) \tag{4.86}$$

とすると

$$\langle q^2\rangle=\int q^2P_{\mathrm{g}}(q)\mathrm{d}q=\sigma^2 \tag{4.87}$$

となるが (⟨　⟩は平均を表す)，$2\langle aq^2\rangle$ は振動子の平均エネルギーだから (問題 4.6)，これは

$$\left(\langle n\rangle+\frac{1}{2}\right)\hbar\omega_{\mathrm{v}}=\left[\frac{1}{\exp(\hbar\omega_{\mathrm{v}}/k_{\mathrm{B}}T)-1}+\frac{1}{2}\right]\hbar\omega_{\mathrm{v}} \tag{4.88}$$

に等しい. したがって

$$\sigma^2=\frac{\hbar\omega_{\mathrm{v}}}{4a}\coth(\hbar\omega_{\mathrm{v}}/2k_{\mathrm{B}}T) \tag{4.89}$$

となり，W_{gn} を U_{g} で近似すると，式 (4.70) の $k_{\mathrm{B}}T$ を

$$k_{\mathrm{B}}T'=(\hbar\omega_{\mathrm{v}}/2)\coth(\hbar\omega_{\mathrm{v}}/2k_{\mathrm{B}}T) \tag{4.90}$$

でおき換えた式が得られる. この場合には，スペクトルはガウス型になり，幅は $\sqrt{\coth(\hbar\omega_{\mathrm{v}}/2k_{\mathrm{B}}T)}$ に比例するが，これはフォノンサイドバンドが主体となっている場合に，極低温から高温までの広い温度範囲で吸収スペクトルの形状をよく再現することが知られている (問題 4.7). またこの場合，積分強度

$$\int A(\hbar\omega)\mathrm{d}\hbar\omega=|\mu_{\mathrm{eg}}|^2 \tag{4.91}$$

は温度 T によらないことになるが，実際，全吸収強度は温度によらない場合が多く，ふつう許容遷移ではコンドン近似はよく成り立つ.

なお，上では図 4.7 の横軸を結晶中の核の平衡位置からのずれに対応する規準座標としたが，分子内での原子間の距離や結合角など核の一般的な変位に対して断熱ポテンシャル曲線 (ないしは曲面) を考え，系の状態間の遷移などをこれに基づいて論ずるモデルがしばしば使われる. このようなモデルを**配位座標モデル**という. 上で見たように，これは S が大きい場合に大変便利なモデルである.

ところでこれまでの議論では，電子と核との相互作用として q_λ について 1 次の項だけを考え，エネルギーも 1 次摂動までを考慮したが，q_λ の 2 次以上の項や 2 次以上の摂動を考慮すると，断熱ポテンシャル曲線の曲率は基底状態と励起状態

とで必ずしも同じにはならない（問題 4.8）．そこでこの効果を調べるために，次のような断熱ポテンシャルを仮定して吸収スペクトルを求めてみよう．

$$\left.\begin{array}{ll} U_g(q)=aq^2 & (a>0) \\ U_e(q)=W_0+(a-b)q^2 & (b>0) \end{array}\right\} \tag{4.92}$$

そこで，十分高温の場合を考えると式（4.84）が成り立つから，吸収スペクトルの形状関数は $\sigma \equiv a/b$ として

$$A(\hbar\omega) \propto (W_0-\hbar\omega)^{-1/2} \exp[-\sigma(W_0-\hbar\omega)/k_B T] \tag{4.93}$$

となる．吸収スペクトルの低エネルギー側のすその部分では，$(W_0-\hbar\omega)^{-1/2}$ の ω 依存性は指数関数部分のそれに比べて無視できるから，これは

$$A(\hbar\omega)=A(\hbar\omega_0)\exp[-\sigma(\hbar\omega_0-\hbar\omega)/k_B T] \tag{4.94}$$

のように近似的に指数関数で表されることになる．実際に，吸収スペクトルの低エネルギー側のすそがこのような式で表され，σ や ω_0，$A(\hbar\omega_0)$ が温度にほとんど依存しないことは固体や液体中の局在中心をはじめ，多くのイオン結晶，有機結晶，半導体などで見られており，これを**アーバック則**という．図 4.10 はローダミン 6G の水溶液の蛍光の励起スペクトルを広い波長範囲にわたって測定したものである（励起スペクトルについては 6.1 節参照）．このスペクトルは吸収スペクトルに一致すると考えられるが，そのすそは式（4.94）で表され，σ や ω_0，$A(\hbar\omega_0)$ は温度にほとんど依存しない．これはアーバック則の一つの例である．局在中心の場合，これは上のような断熱ポテンシャルを考えて説明できるが，吸収バンドのピーク付近ではスペクトルはふつうガウス型に近い形をしているので，全体を再現するには結局，U_e と U_g が同じ放物線で表されるが底が大きくずれているような振動と，底のずれは小さいが 2 次の係数が異なる放物線で表されるような振動の 2 種類の振動との結合を考える必要がある．一方，結晶の基礎吸収（5.6 節参照）の場合には，指数関数型のすそには 5.6 節で述べる励起子とフォノンとの相互作

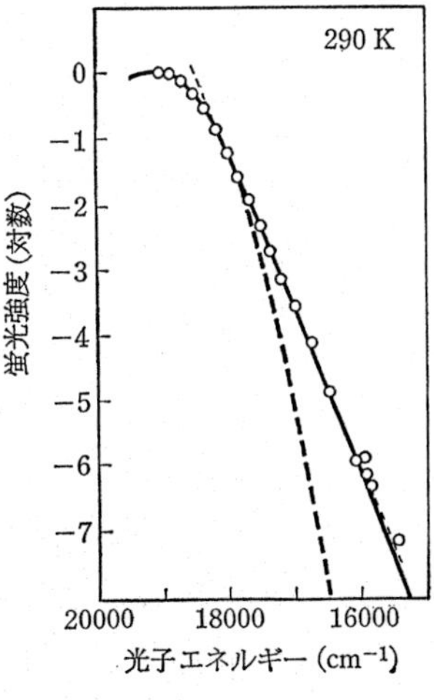

図 4.10 ローダミン 6G 水溶液の蛍光の励起スペクトル[5]（破線はガウシアン曲線，点線は指数関数を示す．実線については 6.1 節参照）

用が関係しているものと考えられている．

4.9 局在電子とフォノンとの相互作用

ホアン－リー因子 S が小さい場合には吸収スペクトルにゼロフォノン線が強く現れる．ゼロフォノン線では，フォノンの同時遷移は伴わないが，電子とフォノンとの相互作用のためにスペクトル線に広がりが生じたり，エネルギーのずれが生じたりする．そこで，これらの大きさを見積もるための準備として，局在電子とフォノンとの相互作用について考える．まず，結晶中の局在中心を考え，光との相互作用は無視して，系のハミルトニアンを

$$\hat{H}=\hat{H}_0+\hat{H}_{\mathrm{v}}+\hat{H}_{\mathrm{int}} \tag{4.95}$$

と表そう．ここで $\hat{H}_0$ は局在電子のハミルトニアンで，スピン－軌道相互作用や注目する電子と局在中心内における核や他の電子との間のクーロン相互作用のほかに，まわりの核との間の静的な相互作用も含んでいるものとする．一方，

$$\hat{H}_{\mathrm{v}}=\sum_{\lambda}\hbar\omega_{\lambda}\left(\hat{b}_{\lambda}^{+}\hat{b}_{\lambda}+\frac{1}{2}\right) \tag{4.96}$$

はフォノンのハミルトニアンであり，また $\hat{H}_{\mathrm{int}}$ はフォノンと局在中心内の注目する電子との相互作用を表す．

局在中心中の電子は局在中心内の核およびまわりの核のつくるポテンシャルの場の中を運動し，核の位置が変わればこの場も変わる．したがって，局在電子と核との間の相互作用のエネルギーは，結晶の局所的な歪の関数になる．そこでまず結晶の歪について考える．いま，固体を連続体とみなし，それがわずかに歪むことによりその中の点 $\boldsymbol{r}$ が $\boldsymbol{r}'$ に移るものとしよう．その際，変位 $\boldsymbol{u}=\boldsymbol{r}'-\boldsymbol{r}$ が座標 $\boldsymbol{r}$ に依存すれば，それは固体内部が歪んだことを意味している．そこで $\boldsymbol{u}$ を点 $\boldsymbol{r}$ のまわりでテーラー展開して，高次の微小量を省略することにより

$$u_x(\boldsymbol{r}+\mathrm{d}\boldsymbol{r})=u_x(\boldsymbol{r})+\frac{\partial u_x(\boldsymbol{r})}{\partial x}\mathrm{d}x+\frac{\partial u_y(\boldsymbol{r})}{\partial y}\mathrm{d}y+\frac{\partial u_z(\boldsymbol{r})}{\partial z}\mathrm{d}z \tag{4.97}$$

などとすると，点 $\boldsymbol{r}$ 付近における固体内部の歪は $\partial u_x/\partial x$，$\partial u_y/\partial y$，$\partial u_z/\partial z$ など 9 個の量で表されることになる．ところが，$\partial u_i/\partial x_j$ を対称部分と反対称部分に分け（i および x_j は x, y, z のいずれかを意味する），

$$u_i(\boldsymbol{r}+\mathrm{d}x_j)-u_i(\boldsymbol{r})=(\partial u_i/\partial x_j)\mathrm{d}x_j$$
$$=\frac{1}{2}\left(\frac{\partial u_i}{\partial x_j}+\frac{\partial u_j}{\partial x_i}\right)\mathrm{d}x_j+\frac{1}{2}\left(\frac{\partial u_i}{\partial x_j}-\frac{\partial u_j}{\partial x_i}\right)\mathrm{d}x_j \tag{4.98}$$

としてみると，最右辺第二項は $(1/2)\mathrm{rot}\,\boldsymbol{u}\times\mathrm{d}\boldsymbol{x}$ の形をしており，これは剛体の微小な回転を表し，歪には寄与しないことがわかる．そこで，固体内部の歪を表す**歪テンソル**を次のように定義する．

$$\varepsilon_{ij}=\frac{1}{2}\left(\frac{\partial u_i}{\partial x_j}+\frac{\partial u_j}{\partial x_i}\right)=\varepsilon_{ji} \tag{4.99}$$

いま，注目する点付近で x, y, z 方向の単位ベクトル $\boldsymbol{e}_x, \boldsymbol{e}_y, \boldsymbol{e}_z$ を考え，固体を歪ませたときにこれらのベクトルが $\boldsymbol{e}_x', \boldsymbol{e}_y', \boldsymbol{e}_z'$ になったとする．すると，ε_{xx} 以外がすべて零とすれば，$\boldsymbol{e}_x'=(1+\varepsilon_{xx})\boldsymbol{e}_x$，$\boldsymbol{e}_y'=\boldsymbol{e}_y$，$\boldsymbol{e}_z'=\boldsymbol{e}_z$ となるから，ε_{xx} は x 方向の伸縮歪を表すことがわかる．また $\boldsymbol{e}_x'\cdot\boldsymbol{e}_y'\approx 2\varepsilon_{xy}$ となるから，$2\varepsilon_{xy}$ は近似的に $\boldsymbol{e}_x$ と $\boldsymbol{e}_y$ の交わる角の変化を表すことが知られる．なお，角の変化を起こす歪はせんだん歪とよばれる．

局在電子と核との相互作用の歪による変化は歪テンソルを使って書き表されることになるが，簡単のため ε_{ij} を方向的に平均した量 ε を使ってこの相互作用のエネルギーを次のように展開することにしよう．

$$H'=V_0+V_1\varepsilon+V_2\,\varepsilon^2+\cdots \tag{4.100}$$

ここで V_0 は局在電子と平衡位置にある核との静的な相互作用で，これは $\hat{H}_0$ に含めることにしたから，残りの項が $\hat{H}_{\mathrm{int}}$ に相当する．さらに簡単のために音響フォノンのみを考え $\boldsymbol{K}$ を λ に含めると，変位 $\boldsymbol{u}$ は結晶の全質量を M，偏りベクトルを $\boldsymbol{e}$ として (4.48 b) より

$$\boldsymbol{u}(\boldsymbol{r})=\sum_\lambda \boldsymbol{e}_\lambda\left(\frac{\hbar}{2M\omega_\lambda}\right)^{1/2}[\hat{b}_\lambda\exp(i\boldsymbol{K}_\lambda\cdot\boldsymbol{r})+\hat{b}_\lambda^+\exp(-i\boldsymbol{K}_\lambda\cdot\boldsymbol{r})] \tag{4.101}$$

と表すことができるから，方向的に平均して $\varepsilon=(\partial u/\partial r)_{r=0}$ とすることにより

$$\hat{\varepsilon}=i\sum_\lambda(\hbar\omega_\lambda/2Mv^2)^{1/2}[\hat{b}_\lambda-\hat{b}_\lambda^+] \tag{4.102}$$

を得る．ただし，v は音速である．したがって，$\hat{H}_{\mathrm{int}}$ はこれを使って

$$\hat{H}_{\mathrm{int}}=\hat{V}^{(1)}\hat{\varepsilon}+\hat{V}^{(2)}\hat{\varepsilon}^2+\cdots \tag{4.103}$$

となる．ここで，$\hat{V}^{(n)}$ は局在電子に作用する演算子であり，$\hat{\varepsilon}$ はフォノンに作用する演算子である．

4.10 ゼロフォノン線スペクトルの温度特性

次に式 (4.103) を使って，1個のフォノンを放出したり吸収したりすることにより二つの準位間で遷移が起こる過程（これを**直接過程**という）の確率を求めよう．まず，電子準位 i から f への遷移により1個のフォノンが吸収される場合を考え，その遷移の始状態を

$$|I\rangle = |i\,;\,n_1, n_2, \cdots, n_\lambda, \cdots\rangle \tag{4.104}$$

終状態を

$$|F\rangle = |f\,;\,n_1, n_2, \cdots, n_\lambda - 1, \cdots\rangle \tag{4.105}$$

と書くと，エネルギー $W = \hbar\omega$ のフォノンの状態密度を $D(W)$，結晶の体積を V として遷移確率はフェルミの黄金律より

$$\begin{aligned} w_{\mathrm{ab}}{}^{(1)} &= \int \frac{2\pi}{\hbar} |\langle F|\hat{H}_{\mathrm{int}}|I\rangle|^2 D(W)\, V\delta(W_I - W_F)\mathrm{d}W \\ &= \int \frac{2\pi}{\hbar} |\langle f|\hat{V}^{(1)}|i\rangle|^2 \cdot |\langle n_\lambda - 1|\hat{\varepsilon}|n_\lambda\rangle|^2 \\ &\quad \times D(W)\, V\delta(W_i - W_f + W)\mathrm{d}W \end{aligned} \tag{4.106}$$

となる．さらにデバイモデルを使うと，$\hbar\omega_{\mathrm{D}} \geq W_f - W_i = \hbar\omega_{fi}$ であれば

$$w_{\mathrm{ab}}{}^{(1)} = \frac{3\omega_{fi}{}^3}{2\pi\rho_M v^5 \hbar} |\langle f|\hat{V}^{(1)}|i\rangle|^2 n(\hbar\omega_{fi}) \tag{4.107}$$

となり，また $\omega_{\mathrm{D}} < \omega_{fi}$ であれば $W_{\mathrm{ab}}{}^{(1)}$ は零になる．ただし，$\rho_M = M/V$ は結晶の密度であり，$n(\hbar\omega)$ はエネルギー $\hbar\omega$ のフォノンの数である．

一方，1個のフォノンを放出する遷移の確率は，同様に $\omega_{\mathrm{D}} < \omega_{if}$ であれば零になり，$\omega_{\mathrm{D}} \geq \omega_{if}$ の場合には

$$w_{\mathrm{em}}{}^{(1)} = \frac{3\omega_{if}{}^3}{2\pi\rho_M v^5 \hbar} |\langle f|\hat{V}^{(1)}|i\rangle|^2 [n(\hbar\omega_{if}) + 1] \tag{4.108}$$

と計算される．1個のフォノンを吸収する確率がフォノンの数 n に比例するのに対し，1個のフォノンを放出する確率は $n+1$ に比例するが，すでに述べたように，式 (4.108) の中の n に比例する項はフォノンの誘導放出に対応し，1に比例する項はフォノンの自然放出に対応している．熱平衡状態ではフォノンの平均占有数 $\langle n \rangle$ は式 (4.46) で与えられ，直接過程の確率はこれを通して温度に依存することになる．n および $n+1$ の形からわかるように，低温になるに従って1フォノン吸収過程の確率はどんどん減少するのに対して，1フォノン放出過程の確率は一定値に近づく．また，式 (4.107) (4.108) より直接過程の確率は二つの

準位のエネルギー間隔 $|\hbar\omega_{if}|$ に大きく依存し，これが十分小さい場合には確率も小さく，また $\hbar\omega_D$ よりも大きい場合には直接過程は起こらないことがわかる．ただし，実際のフォノンの状態密度は ω_D 付近ではデバイモデルとはかなり異なるので，ある振動数の所で急に確率が零になるというわけではない．

次に，1個のフォノンを吸収すると同時に，1個のフォノンを放出して準位 i から f に遷移する過程について考えよう（i と f は同じ準位でもよい）．このような過程は**ラマン過程**とよばれる．その確率は，フェルミの黄金律を使って次のように計算される．

$$w_R{}^{(2)}=\iint\frac{2\pi}{\hbar}\Bigg|\Bigg[\langle f|\hat{V}^{(2)}|i\rangle\langle n_\lambda-1,n_\mu+1|\hat{\varepsilon}^2|n_\lambda,n_\mu\rangle$$
$$+\sum_m\langle f|\hat{V}^{(1)}|m\rangle\langle m|\hat{V}^{(1)}|i\rangle\langle n_\lambda-1|\hat{\varepsilon}|n_\lambda\rangle\langle n_\mu+1|\hat{\varepsilon}|n_\mu\rangle$$
$$\times\left\{\frac{1}{W_i-(W_m-W_\lambda)}+\frac{1}{W_i-(W_m+W_\mu)}\right\}\Bigg]\Bigg|^2$$
$$\times\delta(W_i-W_f+W_\lambda-W_\mu)D(W_\lambda)D(W_\mu)V^2\mathrm{d}W_\lambda\mathrm{d}W_\mu \qquad (4.109)$$

ただし，$\hat{H}_{\text{int}}$ として式 (4.103) の1次の項を使って式 (3.84 b) の右辺第二項により求めた確率と，式 (4.103) の2次の項を使って式 (3.84 b) の第一項より求めた確率は，どちらが大きいかは必ずしも一概にはいえないので，摂動の最低次の項としてこの両方を考慮してある．さらに，$|W_f-W_i|\ll k_BT\ll|W_m-W_i|$ の場合を考えると，デバイモデルを使ってこれは次のように近似される．

$$w_R{}^{(2)}=\frac{9}{2\pi^3\rho_M{}^2v^{10}}\left|\langle f|\hat{V}^{(2)}|i\rangle+\sum_{m\neq i}\frac{\langle f|\hat{V}^{(1)}|m\rangle\langle m|\hat{V}^{(1)}|i\rangle}{W_i-W_m}\right|^2$$
$$\times\int_0^{\omega_D}\omega^6 n(n+1)\,\mathrm{d}\omega \qquad (4.110)$$

熱平衡状態を考え，n を $\langle n\rangle$ として式 (4.46) を用い変数変換することにより，これは

$$\left.\begin{aligned}w_R{}^{(2)}&=\alpha_i(T/T_D)^7\int_0^{T_D/T}\frac{x^6\mathrm{e}^x}{(\mathrm{e}^x-1)^2}\mathrm{d}x\\ \alpha_i&=\frac{9w_D{}^7}{2\pi^3\rho_M{}^2v^{10}}\left|\langle f|\hat{V}^{(2)}|i\rangle+\sum_{m\neq i}\frac{\langle f|\hat{V}^{(1)}|m\rangle\langle m|\hat{V}^{(1)}|i\rangle}{W_i-W_m}\right|^2\end{aligned}\right\} \qquad (4.111)$$

と表すことができる．ここで，$m=i$ の場合は式 (4.109) の { } の中が打ち消し合って零になるからこれは除いてある．

次節で述べるように，結晶中のゼロフォノン線のスペクトル幅は，フォノンとの相互作用による直接過程やラマン過程の確率で決まっている場合が多い．直接

過程には二つの準位のエネルギー差に等しいエネルギーをもつフォノンのみが寄与するのに対し，ラマン過程ではいろいろのエネルギーの多くのフォノンが関与するから，高次の過程であるとして後者を前者に対して無視することはできない．多くの場合，光学遷移に関係する二つの電子準位について，近いエネルギーの所に他のエネルギー準位がない場合や，あってもごく近くだけといった場合には，ゼロフォノン線のスペクトル幅の温度依存性は式 (4.111 a) でよく近似される．それに対して，ほぼ $k_B T_D$ 以内である程度エネルギーの離れた所に他のエネルギー準位がある場合には，直接過程の寄与が無視できない．特に，このようなエネルギー準位がゼロフォノン線に関係する電子準位の下にある場合には，フォノンの自然放出のために，十分低温にしてもスペクトル幅はあまり狭くならないのがふつうである．一例としてルビーのR線とR′線 (5.4節参照) の幅の温度依存性を図4.11に示す．前者ではラマン過程が支配的で，スペクトル幅は温度を下げると急速に細くなる．50 K 以下で幅が温度に依存しなくなるのは，主として次節で述べる歪広がりのためである．実線および破線で示すように 100 K 以上の温度領域では R 線の幅の温度依存性は $T_D=760$ K として式 (4.111 a) でうまく説明することができる．一方，R′ 線の場合には1フォノン放出過程が支配的で，温度によるスペクトル線幅の変化は比較的少ない．

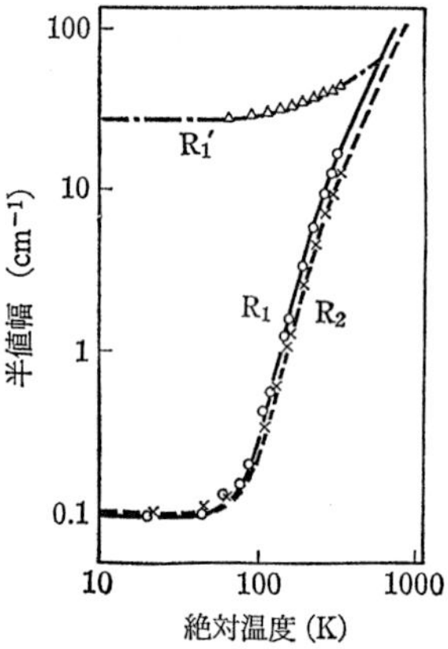

図 4.11　ルビーの R 線，R′ 線のスペクトル幅の温度依存性　実線と破線は式(4.111)を，また鎖線は式 (4.108) を示す[6,7]．

次に，式 (4.104) で表される状態のエネルギーが，フォノンとの相互作用によってずれる大きさを求めると，式 (3.10 b) より，最低次の項は

$$\Delta W_i=\int\Bigl[\langle i|\hat{V}^{(2)}|i\rangle\langle n|\hat{\varepsilon}^2|n\rangle$$
$$+\sum_m\Bigl\{\frac{|\langle m|\hat{V}^{(1)}|i\rangle\langle n+1|\hat{\varepsilon}|n\rangle|^2}{W_i-(W_m+W)}+\frac{|\langle m|\hat{V}^{(1)}|i\rangle\langle n-1|\hat{\varepsilon}|n\rangle|^2}{W_i-(W_m-W)}\Bigr\}\Bigr]$$
$$\times D(W)\,VdW \qquad (4.112)$$

となる．これは，放射場との相互作用による状態のエネルギーのずれであるラムシフトに対応するが，フォノンの場合には振動数に上限があるため式 (4.112) の

積分は発散しない．そこでいま，注目する電子準位 i の近くには他のエネルギー準位がなく，$|W_m-W_i|\gg\hbar\omega_D$ が成り立つとし，さらにデバイモデルを仮定すると，式 (4.112) の温度に依存する項は

$$\left.\begin{aligned}\varDelta W_i(T_{\rm dep})&=\frac{\alpha_i'}{\omega_{\rm D}{}^4}\int_0^{\omega_D}\omega^3 n\,{\rm d}\omega=\alpha_i'\left(\frac{T}{T_{\rm D}}\right)^4\int_0^{T_{\rm D}/T}\frac{x^3}{{\rm e}^x-1}{\rm d}x\\ \alpha_i'&=\frac{3\hbar\omega_{\rm D}{}^4}{2\pi^2\rho_M v^5}\left[<i|\hat{V}^{(2)}|i>+\sum_{m\neq i}\frac{|<i|\hat{V}^{(1)}|m>|^2}{W_i-W_m}\right]\end{aligned}\right\}\qquad(4.113)$$

と表すことができる．スペクトル線の位置の温度シフトは，光学遷移に関係する二つの電子準位のエネルギーシフトの差で与えられ，これらの準位の近くに他のエネルギー準位がない場合や，あってもごく近くだけといった場合には，ゼロフォノン線のエネルギー位置の温度依存性は式 (4.113 a) でよく記述される．この式は式 (4.54 a) に与えた結晶の格子振動の全エネルギーと同じ温度依存性をもつが，ラマン過程が支配的である場合のゼロフォノン線のピークシフトと結晶の熱容量が同じ温度依存性を示すことは実験により確かめられている．なお，式 (4.113 b) の［　］中の第一項が無視できる場合を考えると，フォノンとの相互作用により他の準位が混じることによって各エネルギー準位は押されることになるが，一般に光学遷移に関係する準位よりもエネルギーの高い所に多くの準位があり，押され方は基底状態よりもエネルギー分母が小さい励起状態の方が大きいから，温度上昇によりスペクトル線は低エネルギー側へシフトすると予想される．実際に，固体中の局在中心のゼロフォノン線の場合，温度を上げるとスペクトル線は長波長側へシフトするのがふつうである．図 4.12 はルビーの $\rm R_1$ 線のピーク位置の温度依存性である．実線で示すように，この結果は広い温度範囲で図 4.11 と同じデバイ温度を使って式 (4.113 a) によりうまく再現することができる．

また，式 (4.112) の温度に依存しない項は

$$\varDelta W_i(T_{\rm indep})=\alpha_i'/8\qquad(4.114)$$

となり，これはルビーの $\rm R_1$ 線の場合 50 cm^{-1} と計算される．さらにこれは単位体積あたりの質量に反比例するから，アイソトープの質量の違いがスペクトルに反映されることが期待されるが，実際に図 4.13 に示すようにルビーの場合，Cr^{3+} イオンの質量数によってゼロフォノン線のエネルギー位置に違いがある．Cr^{3+} イオンの質量が小さい場合ほど $\rm R_1$ 線は長波長側にあり，これは零点振動の格子振

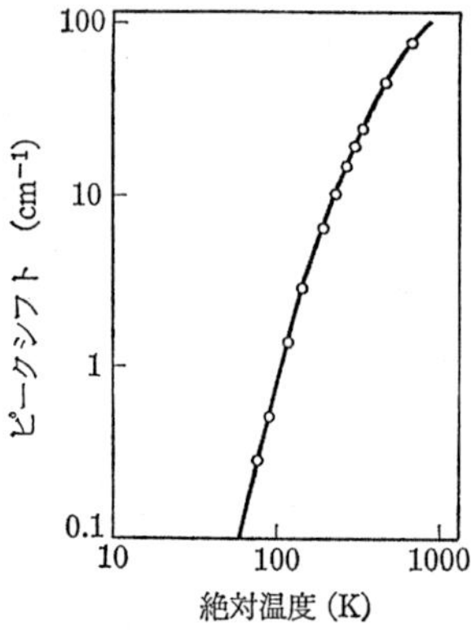

図 4.12 ルビーの R_1 線のピークエネルギーの 0K における値との差の温度依存性[6)]
実線は式 (4.113a) を示す.

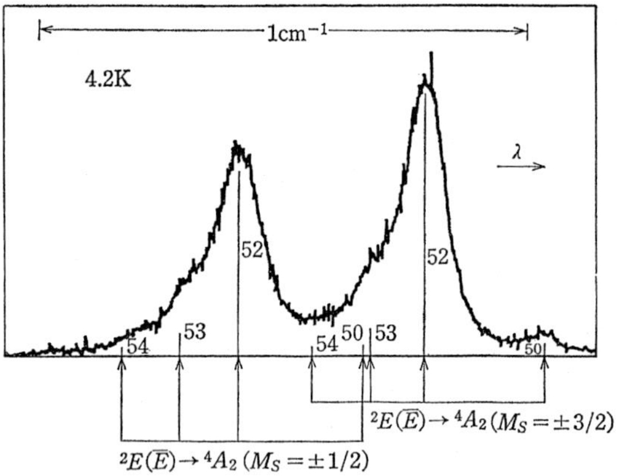

図 4.13 Cr^{3+} イオンのアイソトープによるルビーの R_1 線の微細構造[8)]
図中の数字は Cr^{3+} イオンの質量数

動によって高いエネルギー状態が混じり込み，それによって ^{2}E 準位が押し下げられるという考えと一致する結果である.

4.11 スペクトル幅の原因とスペクトル線の形

一般に，あるエネルギー状態から他のすべての状態への遷移の確率の和を γ とすると，この状態のエネルギーには $\hbar\gamma$ だけの広がりが生じる. これは，次のようにして理解することができる. すなわち，定常状態におけるあるエネルギー準位の波動関数を $\Psi_m(\boldsymbol{r},t)$ として，何らかの相互作用が加わって遷移が起こる場合には，この状態を $b_m(t)\Psi_m(\boldsymbol{r},t)$ と表すことにすると，$b_m(t)$ は系が状態 m に見出される確率振幅である (式 (3.17) 参照). したがって，$|b_m(t)|^2\propto\exp(-\gamma t)$ となることから，$\Psi_m(\boldsymbol{r},t)$ のエネルギー固有値 $\hbar\omega_m$ を使って

$$b_m(t)\Psi_m(\boldsymbol{r},t)\propto\exp(-i\omega_m t-\gamma t/2)\phi_m(\boldsymbol{r}) \tag{4.115}$$

を得る. これをフーリエ変換すると

$$C_m(\omega)\propto\frac{\phi_m(\boldsymbol{r})}{2\pi}\frac{1}{i(\omega_m-\omega)+\gamma/2} \tag{4.116}$$

となり，この状態がエネルギー $\hbar\omega$ に見出される確率は

$$F_m(\omega)\propto|C_m(\omega)|^2\propto\frac{1}{(\omega_m-\omega)^2+(\gamma/2)^2} \tag{4.117}$$

と求められる. このように，あるエネルギー状態の寿命を τ $(=1/\gamma)$ とすると，

そのエネルギーには $\hbar/\tau$ 程度の広がりが生じるが，これはエネルギーが ΔW の精度で決められるためには $\Delta t \sim \hbar/\Delta W$ 程度の時間が必要であるとするエネルギーと時間の間の不確定性関係に対応している．3.7節では，光の自然放出による状態 m から他の状態への遷移の確率を w_M として，状態 m のエネルギーには $\hbar w_M$ だけの広がりが生じることを述べたが，式 (4.117) が式 (3.97) に対応するものであることは容易にわかる．ただし，上では γ を一定としたが，3.7節の一般的な議論では w_M は遷移確率を表すもので，これはエネルギーに依存しても構わない．

次に，フォノンの散乱について考えよう．フォノンのラマン散乱によって状態 m から別の状態 n に移る遷移の場合には，前と同じく寿命を短くする効果と考えて，状態 m のエネルギーはこの遷移の確率の $\hbar$ 倍だけ広がるとしてよいが，フォノンの散乱によって状態 m から再び状態 m にもどる遷移の場合には，状態 m の分布は変わらないから別の考え方が必要になる．いま，式 (1.14) で表される角振動数が ω_0 の光を考え，ただし位相因子 ϕ はときどき瞬間的にランダムにジャンプするものとしよう．すると，一つながりの正弦波で表される波連の続く時間を τ とした場合，そのスペクトルはフーリエ変換により

$$I_\tau(\omega) \propto \frac{\sin^2[(\omega-\omega_0)\tau/2]}{(\omega-\omega_0)^2} \tag{4.118}$$

となるから，ランダムな過程を考え，τ の分布を

$$p(\tau) = \frac{1}{\tau_0}\exp(-\tau/\tau_0) \tag{4.119}$$

とすると，全体のスペクトルは

$$I_{\mathrm{total}}(\omega) \propto \frac{1}{(\omega-\omega_0)^2+(1/\tau_0)^2} \tag{4.120}$$

となる．すなわち，波連の長さが有限の時間しか続かないこともスペクトルの幅を広げる原因になり，位相因子 ϕ が一定の確率 γ $(=1/\tau_0)$ でランダムにジャンプする場合には，スペクトルは半値幅 2γ をもつローレンツ型の曲線になることがわかる．フォノンの散乱によってエネルギー状態 m から同じ状態 m へ遷移が行われる場合もまったく同じことで，m 状態の波動関数の位相はランダムにジャンプすると考えられ，遷移確率を γ とすると m 状態のエネルギーには $2\hbar\gamma$ だけの広がりが生じる．ただし散乱に要する時間が平均自由時間に対して無視できなくなると，この形はローレンツ型からずれてくる．

一般に，光学遷移によるスペクトル線の形は，遷移に関係する二つの状態のエネルギー的な広がり $F(\omega)$ に関する次の重なり積分で与えられる．

$$f_{nm}(\omega)=\int F_n(\omega')F_m(\omega'\pm\omega)\mathrm{d}\omega' \qquad (4.121)$$

ただし ＋は $m\rightarrow n$ 遷移による光放出に，また－は光吸収に対応する．たとえば，$F_m(\omega)$ と $F_n(\omega)$ が半値幅がそれぞれ γ_m，γ_n のローレンツ型の曲線とすると，これから

$$f_{nm}(\omega)=\int\frac{\gamma_n/2\pi}{(\omega_n-\omega')^2+(\gamma_n/2)^2}\,\frac{\gamma_m/2\pi}{(\omega_m-\omega'\mp\omega)^2+(\gamma_m/2)^2}\mathrm{d}\omega'$$

$$=\frac{(\gamma_n+\gamma_m)/2\pi}{(\omega_n-\omega_m\pm\omega)^2+\{(\gamma_n+\gamma_m)/2\}^2} \qquad (4.122)$$

のように，光学遷移のスペクトルは半値幅が $\gamma_n+\gamma_m$ のローレンツ型の曲線になることがわかる．すでに述べたように，寿命を有限にする効果は状態のエネルギーにぼけを与え，スペクトル線の幅を広げる．このような効果によるスペクトル線の広がりを**寿命広がり**とよぶ．その中には電磁波の自然放出による広がりも含まれ，これによる幅は**自然幅**とよばれる．自然放出の確率は光子のエネルギーに依存するが，この確率は一般に小さいので，スペクトルの広がりが自然幅で決まっている場合には，スペクトルの形はローレンツ型とみなして構わない．スペクトル線の幅への寄与でフォノンのラマン散乱が支配的である場合には，その確率がフォノンのエネルギーによらないことからスペクトル線の形はローレンツ型になり，その幅は式 (4.111 a) で与えられるような温度依存性を示す．一方，幅の広がりが直接過程によって決まっている場合には，1フォノン遷移の確率がフォノンエネルギーに依存するためスペクトル線はローレンツ型に近い非対称な曲線になる．光学遷移に関係する二つのエネルギー準位のうち，エネルギーの高い状態の下に他のエネルギー状態があり，それらのエネルギー間隔が小さくはないが，母体のデバイ切断エネルギーに比べれば小さいというような場合に，高エネルギー側に尾をひく非対称な吸収スペクトルがしばしば見られるが，これは上のような理由による（問題 4.9）．しかし，スペクトル線の幅が狭い場合には，これはローレンツ型とほとんど区別がつかない．すでに述べたように直接過程が支配的な場合，スペクトル線の幅の温度依存性は式 (4.107) ないしは式 (4.108) の n を $\langle n\rangle$ でおき換えたもので表される．

以上ではフォノン遷移によるスペクトル線の広がりを考えたが，このような広

がりはどの局在中心も等しくもっているので，これは**均一広がり**とよばれ，そのような過程によるスペクトル幅は**均一幅**とよばれる．それに対して，局在中心によって遷移エネルギーにばらつきがある場合には，全体のスペクトルには統計的な広がりが生じる．これは**不均一広がり**とよばれ，このような効果によるスペクトルの幅は**不均一幅**とよばれる．実際の結晶は，格子欠陥や不純物を含み，注目する局在中心のまわりは一様ではない．そのため局在中心の遷移エネルギーはばらつくことになり，良質の結晶でもある程度の不均一広がりは避けられない．このようなものは**歪広がり**ともよばれる．一方，ガラスなどの非晶質ではスペクトル線は大きな不均一広がりをもつのがふつうである．また，液体中の局在中心の場合にも不均一広がりは一般に大きい．気体のドップラー広がりも不均一広がりの典型的なものである．統計的な性質を反映して，不均一広がりによるスペクトル線の形はガウス型になる場合が多い．したがって，均一広がりがローレンツ型のスペクトルを与える場合，これらの効果が一緒になってスペクトル線の形は

$$f(\omega)=\int\frac{\exp[-(x-\omega_0)^2/2\sigma^2]}{(\omega-x)^2+(\gamma/2)^2}\mathrm{d}x \tag{4.123}$$

のように表されることになる．式(4.123)で表される曲線はフォークト曲線とよばれる．なお，気体の衝突の効果は上で述べたフォノンの散乱とまったく同じように考えることができる．すなわち，衝突により他の状態に遷移したり，分子が壊れたり解離したりする場合には寿命広がりに寄与し，一方，衝突によって状態が変わらない場合には，状態の位相を乱す効果によってスペクトル線は広がる．このような原因によりスペクトル線の幅は気体の圧力を増すと大きくなり，これを**衝突広がり**，**圧力広がり**などとよぶ．また，気体では観測している領域から注目する原子や分子が逃げて行く効果もスペクトル線の広がりに寄与するが，これも一種の寿命広がりとして理解することができる．なお，複数の遷移エネルギーが近くに分布している場合にはスペクトル線が重なって広がって見えるのはいうまでもない．すでに述べたようにフォノンサイドバンドや多くの振動・回転遷移が結合した電子スペクトルでは線が重なって広がるし，また結晶では，エネルギー準位が連続的に存在し，バンドを形成しているため，バンド間遷移によるスペクトルは一般に幅広いものとなる．

問　　題

4.1　式 (4.1) を確かめよ．

4.2　式 (4.6) を確かめよ．

4.3　式 (4.11) を確かめよ．

4.4　(C.9) の関係を使って式 (4.78) を確かめよ．

4.5　式 (4.85) を確かめよ．

4.6　ポテンシャルエネルギーが $U_g(q)=aq^2$ で与えられる振動子の平均エネルギーが $2\langle aq^2\rangle$ で与えられることを示せ．ただし〈　〉は平均を意味する．

4.7　式 (4.90) から，ホアン－リー因子が1よりもずっと大きい場合の吸収スペクトルの幅が高温では $\sqrt{T}$ に比例し，低温では一定値になることを示せ．

4.8　電子と核との相互作用として q について2次以上の項を考えると，断熱ポテンシャルの曲率は基底状態と励起状態とで必ずしも同じにはならないことを示せ．

4.9　下図で準位2のエネルギーの広がりが2から3への1フォノン遷移で決まっているものとすると，1から2への光学遷移による吸収スペクトルの形状は低温では

$$f(\omega)\propto\frac{1}{(\omega_2-\omega_1-\omega)^2+\gamma_0{}^2(\omega-\omega_3+\omega_1)^6}$$

のようになることを示し，そのおおよその形を図で表せ．ただしデバイモデルを仮定し，準位2と3のエネルギー間隔はデバイ切断エネルギーよりもかなり小さいとする．

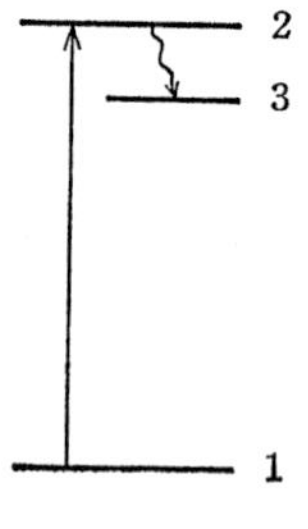

5. 各種の物質の光スペクトル

この章では，原子，分子，固体中の局在中心，結晶など様々な物質のエネルギー準位構造と，その光スペクトルの特徴について述べる．特に，各物質の対称性に注目して，どのようにエネルギー準位が分類されるか，またその間の光学遷移に対する選択則はどのようになるかを中心に述べることにする．

5.1 物質の対称性と状態の分類

力学変数の任意の関数を F とすると，それに対応する演算子を $\hat{F}$ として，一般に**ハイゼンベルクの運動方程式**

$$\frac{d\hat{F}}{dt}=\frac{\partial\hat{F}}{\partial t}+\frac{i}{\hbar}(\hat{H}\hat{F}-\hat{F}\hat{H}) \tag{5.1}$$

が成り立つ．したがって，$\hat{F}$ が時間 t をあらわに含まず，$\hat{H}$ と可換ならば，$\mathrm{d}\hat{F}/\mathrm{d}t=0$ となり，F は運動の恒数になることがわかる．ただし，定常的な状態を問題にしているので $\hat{H}$ はあらわには時間 t を含まないものとする．この場合，上の関係は時間によらず成り立つ．たとえば，ポテンシャルエネルギーが位置によらず一定な場の中の粒子の運動を考えると，ハミルトニアン $\hat{H}$ は座標 $\hat{q}$ を含まず，したがって $\hat{H}$ は運動量 $\hat{p}$ と可換である．この場合，運動量は運動の恒数となり，これは慣性の法則を表している．物質中の粒子の場合，ポテンシャルエネルギーは一般に $\hat{q}$ に依存し，$\hat{H}$ は $\hat{p}$ と $\hat{q}$ を含む．その場合には，交換関係 (1.58) のためにエネルギーは勝手な値をとることができず，定常状態のエネルギーは離散的なものとなる．

ふつう，物質はいろいろの対称性をもち，これはポテンシャルエネルギーの形に反映される．たとえば，原子は原子核のまわりに球対称であるし，ベンゼン分子は平面状で，その面に垂直な軸のまわりに60° の整数倍の角度だけ回転した場合に重ねることができる．結晶中の原子の位置を置換した不純物原子のまわりも，いろいろな回転や反転，鏡映などの操作をしたときに重なるであろうし，完全な結晶ではすべての原子を平行移動させたときに端を除けば重ねることができる．このような系を変えない対称操作を $\hat{R}$ と表すと，$\hat{R}$ は $\hat{H}$ と可換であるから $\hat{R}$ に対応して運動の恒数に相当するものが現れる．そこで，これを利用してエネルギー準位を分類することができる．たとえば，すべての粒子の座標を $\boldsymbol{r}$ から $-\boldsymbol{r}$ に変える操作（これを反転操作という）を $\hat{P}$ と表すと，$\hat{H}$ の任意の固有関数を ψ として，$\hat{P}\hat{P}\psi=\psi$ だから $\hat{P}$ の固有値は ± 1 となる．いま，反転操作に対して $\hat{H}$ が不変ならば，$\hat{P}$ は $\hat{H}$ と可換であり上の ± 1 は運動の恒数となる．つまり，反転対称性をもつ物質では定常状態を表す固有関数は反転に対して偶か奇のどちらかに分類され，その性質は時間にはよらない．したがって，これを目印にして状態を分類することができる．一般には，ハミルトニアンを変えない $\hat{R}$ の集まりは群を作るので，この群の既約表現の種類でエネルギー状態を分類する．この群は**ハミルトニアンの対称操作群**とよばれる．

いま，$\hat{H}$ の一つのエネルギー固有値 W をもつ状態が g 重に縮退しているとすると，ψ_j は直交規格化されているとして（ただし $j=1,2,3,\cdots,g$）

$$\hat{H}\psi_j=W\psi_j \tag{5.2}$$

であり，ハミルトニアンを変えない対称操作を $\hat{R}$ とすると

$$\hat{H}\hat{R}\psi_j=\hat{R}\hat{H}\psi_j=W\hat{R}\psi_j \tag{5.3}$$

が成り立つから，$\hat{R}\psi_j$ も同じエネルギー固有値 W をもつ固有関数である．したがって，$\hat{R}\psi_j$ は $\psi_1,\psi_2,\cdots,\psi_g$ の線形結合の形に表すことができ，

$$\hat{R}\psi_j=\sum_i D_{ij}(R)\psi_i \tag{5.4}$$

と書ける．そこで，$D_{ij}(R)$ を要素とする行列 $D(R)$ を $\hat{R}$ に対応させることにより対称操作の群を行列の群で表すことができる．この行列を $\hat{R}$ のつくる群の**表現**といい，関数 $\psi_1,\psi_2,\cdots,\psi_g$ をこの表現の**基底**（ベース）とよぶ．このように同じエネルギーの状態は系を変えない対称操作により一次結合の形で移り変わるが，お互いに移り変わらない状態は一般にエネルギーが同じになる理由はなく，もし同じになればそれは偶然ということになる（これを**偶然縮重**という）．つまり，系のすべての状態を考えると，基底を適当にとった場合，すべての $\hat{R}$ に対して行列は

$$D(R)=\begin{pmatrix} \times\times\times & & & \\ \times\times\times & & & 0 \\ \times\times\times & & & \\ & \times\times & & \\ 0 & \times\times & & \\ & & \times\times & \\ & & \times\times & \end{pmatrix} \tag{5.5}$$

という形にブロック化することができ，おのおののブロックの行列は適当な行列とその逆行列をそれぞれ右と左から掛けて新しい行列をつくっても，もはやそれ以上ブロック化されることはないようにすることができる．これを，偶然縮重を

除き，一つのエネルギー状態に属する固有関数は $\hat{H}$ の対称操作群の既約表現を張るという．一つ一つの状態は，おのおののブロックの行列である**既約表現**のどれかに属し，それは時間によって変わらない．したがって，$\hat{H}$ の固有状態はその属する既約表現の種類で分類することができる．ブロックの行列が n 行 n 列の場合，既約表現は n 次元であるといわれる．なお，式 (5.5) から明らかなように，既約表現を異にする状態の間では，ハミルトニアンの行列要素は零になる．

たとえば，1個の電子をもつ自由な原子やイオンの場合，極座標を (r, θ, φ) として電子のポテンシャルエネルギーは中心からの距離 r だけの関数となり，角度 θ, φ には関係しない．このとき，シュレーディンガー方程式の解である波動関数の角度部分は**球関数** $Y_{lm}(\theta, \varphi)$ に比例するようにとることができる（4.1節参照）．ただし $l=0, 1, 2, \cdots$，また $m=-l, -l+1, \cdots, l-1, l$ であり，l は**方位量子数**，m は**磁気量子数**とよばれる．球関数は l 次の随伴ルジャンドル関数 $P_l^m(\cos\theta)$ を使って

$$Y_{lm}(\theta, \varphi)=(-1)^{\frac{m+|m|}{2}}\left[\frac{2l+1}{4\pi}\frac{(l-|m|)!}{(l+|m|)!}\right]^{1/2}P_l^{|m|}(\cos\theta)e^{im\varphi} \tag{5.6}$$

と表され，

$$Y_{lm}^*(\theta, \varphi)=(-1)^m Y_{l-m}(\theta, \varphi) \tag{5.7}$$

が成り立つ（因子 $(-1)^{\frac{m+|m|}{2}}$ はこのようにとるのが慣例であるが，これをつけない人もいる）．表5.1に l が2以下の球関数を示す．なお，

$$\langle Y_{l'm'}|Y_{lm}\rangle=\int_0^{\pi}\int_0^{2\pi}Y_{l'm'}^*(\theta, \varphi)Y_{lm}(\theta, \varphi)\sin\theta\, d\theta d\varphi=\delta_{ll'}\delta_{mm'} \tag{5.8}$$

であるから球関数は直交規格化されている．l が同じであれば m が異なっても状態のエネルギーは変わらず，方位量子数が l の状態は $2l+1$ 重に縮重している．しかし l の異なる状態は同じエネルギーをもつ理由はなく，エネルギー状態は l で分類することができる．

表 5.1 球関数

$Y_{00}=\frac{1}{\sqrt{4\pi}}$	$Y_{10}=\sqrt{\frac{3}{4\pi}}\cos\theta$
$Y_{1\pm1}=\mp\sqrt{\frac{3}{8\pi}}\sin\theta\, e^{\pm i\varphi}$	
$Y_{20}=\sqrt{\frac{5}{16\pi}}(3\cos^2\theta-1)$	
$Y_{2\pm1}=\mp\sqrt{\frac{15}{8\pi}}\sin\theta\cos\theta\, e^{\pm i\varphi}$	
$Y_{2\pm2}=\sqrt{\frac{15}{32\pi}}\sin^2\theta\, e^{\pm 2i\varphi}$	

これを群論を使って述べると，次のようになる．このような球対称な系では，一般に $\hat{H}$ を変えない対称操作 $\hat{R}$ は**回転群**をつくるが

$$\hat{R}Y_{lm}(\theta, \varphi)=\sum_{m'=-l}^{l}D_{m'm}^{(l)}(R)Y_{lm'}(\theta, \varphi) \tag{5.9}$$

とすると，$D_{m'm}{}^{(l)}(R)$ を要素とする行列 $D^{(l)}(R)$ は，回転群の $(2l+1)$ 次元の既約表現となり，球関数 $Y_{lm}(\theta,\varphi)$ はその基底となる．系のすべての状態を考えると，球関数を基底にとり，すべての $\hat{R}$ について行列を式 (5.5) のようにブロック化することができ，エネルギー状態は既約表現の種類を表す l で分類することができる．

5.2 選　択　則

電気双極子モーメントは三つの方向の自由度をもち，独立な三つを $Y_{1q}(\theta,\varphi)$ に比例するようにとることができる．ただし，$q=0$ および ±1 である（問題 5.1）．いま，角度部分が球関数で表される二つの状態の間の遷移について考えると，各成分による電気双極子遷移の強度は，行列要素 $\langle Y_{l'm'}|Y_{1q}|Y_{lm}\rangle$ の二乗に比例する（式 (3.42) 参照）．ところが，ウィグナーの **3*j* 記号**を使って

$$\langle Y_{l'm'}|Y_{kq}|Y_{lm}\rangle=\int_0^{\pi}\int_0^{2\pi}Y_{l'm'}{}^*(\theta,\varphi)Y_{kq}(\theta,\varphi)Y_{lm}(\theta,\varphi)\sin\theta\,\mathrm{d}\theta\mathrm{d}\varphi$$

$$=(-1)^{m'}[(2l'+1)(2k+1)(2l+1)/4\pi]^{1/2}\begin{pmatrix}l' & k & l\\ -m' & q & m\end{pmatrix}\begin{pmatrix}l' & k & l\\ 0 & 0 & 0\end{pmatrix}\quad(5.10)$$

と書くことができ，さらに 3*j* 記号 $\begin{pmatrix}j_1 & j_2 & j_3\\ m_1 & m_2 & m_3\end{pmatrix}$ については j_1, j_2, j_3 の三つの数字で三角形ができ，しかも $m_1+m_2+m_3=0$ である場合以外は零になるという性質がある．また 3*j* 記号の下段がすべて零であれば，上段の数字の和は偶数でなければならない（式 (5.39) 参照）．したがって，電気双極子遷移は l と l' が 1 だけ異なる場合にのみ，$m'=m+q$ という条件が満足されるように起こることになり，関係する状態の l や m の値を見ることによって，二つの状態間で遷移が許されるかどうかが直ちにわかる．このように遷移が許されるかどうかを簡単に示す規則を**選択則**という．

上ではふつうの空間での回転を考えたが，スピン空間での回転に対しても $\hat{H}$ が変わらなければ，上と同じことがいえ，その場合，既約表現はスピン量子数 s で区別される．電気双極子相互作用はスピンを含まず，スピンを変えないような遷移のみが許される．さらにスピン軌道相互作用まで含めると，原子中の電子のハミルトニアンは実空間とスピン空間を一緒にした四次元空間での回転に対して不変であり，既約表現の種類は全角運動量の量子数 j で分類される．これに属する基底を区別して (jm_j) で表し，たとえば電子双極子モーメントなど対称操作により基底 (jm_j) と同じ変換をする演算子（これを**既約テンソル演算子**という）

を $T_{m_j}{}^{(j)}$ と表すと，行列要素は一般に

$$\langle\alpha' j' m_j' | T_q{}^{(k)} | \alpha j m_j\rangle = \frac{1}{\sqrt{2j'+1}} \langle\alpha' j' \| T^{(k)} \| \alpha j\rangle$$

$$\times \langle j m_j k q | j' m_j'\rangle = (-1)^{j'-m_j'} \begin{pmatrix} j', & k & j \\ -m_j' & q & m_j \end{pmatrix}$$

$$\times \langle\alpha' j' \| T^{(k)} \| \alpha j\rangle \tag{5.11}$$

のように m_j, m_j', q に依存する部分（幾何学的な部分）と，依存しない部分（物理的な部分）に分離した形で表すことができる．前者は波動関数と演算子の角度部分のみで決まり，一方，後者は動径部分のみで決まる．これを**ウィグナー-エッカートの定理**という．ここで α は j, m_j の同じ状態が二つ以上あるときにそれらを区別するための記号であり，$\langle\alpha' j' \| T^{(k)} \| \alpha j\rangle$ は**還元行列要素**とよばれる．また $\langle j m_j k q | j' m_j'\rangle$ は**クレプシュ-ゴルダン係数**ないしはウィグナー係数とよばれる．$3j$ 記号については表ができあがっており，式 (5.11) の左辺をどれか一組の (m_j', q, m_j) について計算し，右辺のクレプシュ-ゴルダン係数で割って還元行列要素を決めてしまえば，すべての (m_j', q, m_j) について行列要素はこの表の値から求められる．なお，$3j$ 記号の性質から上の行列要素は $|j'-j| \leq k \leq j'+j$ および $m_j' = m_j + q$ の場合以外は零になる．これから電気双極子遷移に対する選択則は $\Delta j \equiv j'-j = 0$ および ± 1 と求められる．上では電子が1個の場合を考えたが，多電子原子では，j と m_j の代わりに，すべての電子の軌道角運動量とスピン角運動量を合成した全角運動量ならびにその z 方向成分を表す量子数 J と M_J を使えばまったく同じことがいえる．

分子や固体中の局在中心の場合には，一般にある点のまわりでの種々の回転や反転などの操作をしても系の状態は変わらない．特に結晶の場合には並進対称性も加わり，点対称性と並進対称性の両方を満足する対称操作は限られる．ある点のまわりでのこのような操作の集まりがつくる群は，結晶点群ないしは単に**点群**とよばれ，どのような対称操作が含まれるかによって，これは32種類に分けられる．これにはいろいろの記号が付けられているが，Oh, Td, C_{3v} といった**シェーンフリス記号**が一般的である．点群の既約表現には，1次元のものから3次元のものまでがあり，1次元のものはAとB，2次元のものはE，3次元のものはT（または F）と表す**マリケン記号**がよく使われる．さらに反転対称性がある場合には，反転に対して偶か奇かによってこれらには g, u の添字がつけられる．

いま，既約表現を Γ で表し，それに属する基底を γ とすると，$(\bar{\Gamma}\bar{\gamma})$ と同じ変

換をする演算子 $T_{\bar{\gamma}}^{(\bar{\Gamma})}$ の行列要素は式 (5.11) と同じく

$$\langle \alpha'\Gamma'\gamma' | T_{\bar{\gamma}}^{(\bar{\Gamma})} | \alpha\Gamma\gamma \rangle = (\Gamma)^{-1/2} \langle \alpha'\Gamma' \| T^{(\bar{\Gamma})} \| \alpha\Gamma \rangle \times \langle \Gamma'\gamma' | \Gamma\gamma\bar{\Gamma}\bar{\gamma} \rangle \quad (5.12)$$

と書くことができる*. ただし，ここで (Γ) は，既約表現 Γ の次元数を表す. 行列 Γ と $\bar{\Gamma}$ の積行列をつくってこれを既約表現の和に展開したときに，それに Γ' が含まれないならばこの行列要素は零になる（積行列の展開については群論の教科書を参照のこと）. これから点群の既約表現に関する選択則が得られる. たとえば点群 Oh の場合，電気双極子モーメントは既約表現 T_{1u} に属し $A_{1g} \times T_{1u} = T_{1u}$ であるから，A_{1g} 状態からは T_{1u} 状態へのみ電気双極子遷移が許される. また $T_{1g} \times T_{1u} = A_{1u} + E_u + T_{1u} + T_{2u}$ であるから，T_{1g} 状態からは $A_{1u}, E_u, T_{1u}, T_{2u}$ 状態への遷移が許容となる.

次に完全結晶を考えると，これは回転や反転，鏡映などの対称性だけでなく並進対称性ももっている. この場合，対称操作は**空間群**をつくるが，これは点群と同じ対称操作以外にどのような並進対称操作が含まれるかで区別され，点群の記号に番号をつけて $Oh^1, Oh^2, \cdots, Oh^{10}$ などのように表される. このような並進対称性をもつ系では，結晶格子と同じ周期をもつ関数を $u_k(\boldsymbol{r})$ として，波動関数は

$$\psi_k(\boldsymbol{r}) = u_k(\boldsymbol{r}) e^{i\boldsymbol{k}\cdot\boldsymbol{r}} \quad (5.13)$$

の形に表すことができ，一般に状態はベクトル $\boldsymbol{k}$ で区別される (5.6 節参照). したがって，始状態 $\psi_{k_g}(\boldsymbol{r})$ から終状態 $\psi_{k_f}(\boldsymbol{r})$ への光学遷移を考えると，行列要素は

$$\int \psi_{k_f}{}^*(\boldsymbol{r}) e^{\pm i\boldsymbol{k}\cdot\boldsymbol{r}} \psi_{k_g}(\boldsymbol{r}) d\boldsymbol{r} \propto \int \exp(-i\boldsymbol{k}_f\cdot\boldsymbol{r} \pm i\boldsymbol{k}\cdot\boldsymbol{r} + i\boldsymbol{k}_g\cdot\boldsymbol{r}) d\boldsymbol{r} \quad (5.14)$$

という因子を含むが（$\boldsymbol{k}$ は光の波数ベクトル），これは格子の周期に比べて十分大きな体積にわたって積分した場合 $\boldsymbol{k}_f = \boldsymbol{k}_g \pm \boldsymbol{k}$ のときにのみ零でない. したがって，光学遷移はこれを満たす二つの状態間で起こる. これを **$\boldsymbol{k}$ 選択則**とよぶ.

5.3 原子のエネルギー準位構造と光スペクトル

(1) 水素原子

次に原子を扱うが，まず最も簡単な水素原子について考えよう. この場合，陽子と電子の質量をそれぞれ M および m とし，原子全体の並進運動には関心がないので，重心は静止しているとして陽子に対する電子の相対座標を $\boldsymbol{r}$ とすると，シュレーディンガー方程式は

---

* $\langle \Gamma'r' | \Gamma r\bar{\Gamma}\bar{r} \rangle = \langle \Gamma r\bar{\Gamma}\bar{r} | \Gamma'r' \rangle^*$ であり，式 (5.11) と形が異なるが慣例に従った.

5.3 原子のエネルギー準位構造と光スペクトル

$$\left(-\frac{\hbar^2\nabla^2}{2\mu_H} - \frac{e^2}{r}\right)\phi(\boldsymbol{r}) = W\phi(\boldsymbol{r}) \tag{5.15}$$

となる.ただし,$r=|\boldsymbol{r}|$ であり,また $-e$ は電子の電荷,W は系のエネルギー(束縛状態を考えているので $W<0$ とする),∇^2 は相対座標 $\boldsymbol{r}$ に関するラプラシアン,$\mu_H = mM/(m+M)$ は換算質量である.なお,電子と陽子の間のクーロン相互作用は MKS 有理化単位系では $-e^2/4\pi\varepsilon_0 r$ であるが,物性物理学ではガウス単位系がもっぱら使われるので,この章ではガウス単位系を用い,クーロンエネルギーを $-e^2/r$ と表すことにする(ガウス単位系では,同じ電気量の二つの電荷が 1 cm 離れているときに,その間に働く力が 1 ダイン $=10^{-5}$ ニュートンであれば,この電気量を 1 esu と定義する.電気素量 e は 4.8×10^{-10} esu である).この方程式の解は極座標 (r,θ,φ) を用いることにより

$$\phi_{nlm}(r,\theta,\varphi) = R_{nl}(r) Y_{lm}(\theta,\varphi) \tag{5.16}$$

の形に書けることが知られている(式 (4.6) 参照).ここで $R_{nl}(r)$ は具体的にはラゲールの陪多項式を使って表される.また整数 n,l,m の間には $0 \leq l \leq n-1$,$-l \leq m \leq l$ なる関係がある.波動関数 (5.16) で表される状態のエネルギーは $W = -\mu_H e^4/2\hbar^2 n^2$ で与えられ,これは**主量子数** n のみで決まり,l,m の値にはよらない.したがって,$\sum_{l=0}^{n-1}(2l+1) = n^2$ より,このエネルギー固有値は n^2 重に縮退していることがわかる.なお,$l=0,1,2,3,4,\cdots$ の状態を,記号 $s,p,d,f,g,\cdots$ で表すのがふつうである.また,Y_{lm} は l の偶奇性をもっているので,l が偶数であれば $\phi(-\boldsymbol{r}) = \phi(\boldsymbol{r})$ が成立し,l が奇数ならば $\phi(-\boldsymbol{r}) = -\phi(\boldsymbol{r})$ となる.また $R_H = \mu_H e^4/2\hbar^2$ は水素原子のイオン化エネルギーであり,これは**リュードベリ定数**とよばれ,$109{,}737$ cm^{-1}(13.6 eV)の値をもつ.また $n=1$ の状態に対応する軌道の半径(**ボーア半径**)は $a_H = \hbar^2/\mu_H e^2$ となる.

いま,電子の軌道角運動量に対応するベクトル演算子を $\hat{\boldsymbol{l}}$ とすると,Y_{lm} は $\hat{\boldsymbol{l}}^2$ ならびに $\hat{\boldsymbol{l}}$ の z 成分 $\hat{l}_z$ の固有関数であり

$$\left.\begin{array}{l}\hat{\boldsymbol{l}}^2 Y_{lm}(\theta,\varphi) = l(l+1)\hbar^2 Y_{lm}(\theta,\varphi) \\ \hat{l}_z Y_{lm}(\theta,\varphi) = m\hbar Y_{lm}(\theta,\varphi)\end{array}\right\} \tag{5.17}$$

が成り立つ.つまり $\sqrt{l(l+1)}\hbar$ および $m\hbar$ は軌道角運動量の大きさとその z 成分の大きさを表している.電子はもう一つスピン角運動量をもっており,これに対応する演算子を $\hat{\boldsymbol{s}}$ とすると,$\hat{\boldsymbol{s}}^2$,$\hat{s}_z$ の固有値は $3\hbar^2/4$,$\pm\hbar/2$ である.これを $s=1/2$,$m_s=\pm 1/2$ と表現する.さらに軌道角運動量とスピン角運動量の間には

スピン軌道相互作用とよばれる相互作用があり，そのハミルトニアンは

$$\hat{H}_{\mathrm{SO}}=\xi(r)\hat{\boldsymbol{l}}\cdot\hat{\mathbf{s}} \tag{5.18}$$

の形に書かれる．この相互作用を考慮するとmやm_sはよい量子数ではなくなり，全角運動量 $\hat{\boldsymbol{j}}=\hat{\boldsymbol{l}}+\hat{\mathbf{s}}$ の大きさならびにそのz成分の大きさを指定するjとm_jがよい量子数となる．したがって，電子の量子状態は n, l, j, m_j で指定される．なお，$l=0$ のときは $\hat{H}_{\mathrm{SO}}=0$ であるが，$l\neq 0$ のときは，$\hat{\boldsymbol{l}}\cdot\hat{\mathbf{s}}=(\hat{\boldsymbol{j}}^2-\hat{\boldsymbol{l}}^2-\hat{\mathbf{s}}^2)/2$ の固有値は $j=l+1/2$ に対しては $\hbar^2 l/2$, $j=l-1/2$ に対しては $-\hbar^2(l+1)/2$ となるから，jの二つの値にエネルギー準位は分裂する．そして，$\xi(r)$ は正の値なので $j=l-1/2$ の準位の方がエネルギーは低くなる．この場合，jが同じであれば m_j によってエネルギーは変わらないが，この縮退は磁場を加えることにより解け，いわゆる**ゼーマン分裂**が見られる．また電気双極子遷移に対する選択則は，すでに述べたように $\Delta l=\pm 1$, $\Delta s=0$, $\Delta j=0$ および ± 1 で与えられる．以上の結果は，水素原子の分光学的な実験データと非常によく一致する．

（2） 多電子原子

次にN個の電子をもつ原子を考え（$N\geq 2$ とする），原子核は電子に比べて十分に重いので，原子核は止まっているものとしてこれを原点にとると，$\hat{H}_{\mathrm{SO}}$を無視すれば，シュレーディンガー方程式は

$$\left(-\sum_{i=1}^{N}\frac{\hbar^2\nabla_i^{\,2}}{2m}-\sum_{i=1}^{N}\frac{Ne^2}{r_i}+\sum_{i>j}^{N}\frac{e^2}{r_{ij}}\right)\Psi(\boldsymbol{r}_1, \boldsymbol{r}_2, \cdots, \boldsymbol{r}_N)=W\Psi(\boldsymbol{r}_1, \boldsymbol{r}_2, \cdots, \boldsymbol{r}_N) \tag{5.19}$$

となる．ただし $r_i=|\boldsymbol{r}_i|$, $r_{ij}=|\boldsymbol{r}_i-\boldsymbol{r}_j|$ である．しかし，この方程式を正確に解くことはできないのでいろいろの近似を行う．まず，一つ一つの電子がそれぞれの軌道をもって運動しているものとし，N個の電子系の波動関数をそれぞれの電子の軌道関数の積として

$$\Psi(\boldsymbol{r}_1, \boldsymbol{r}_2, \cdots, \boldsymbol{r}_N)=\phi_1(\boldsymbol{r}_1)\phi_2(\boldsymbol{r}_2)\cdots\phi_N(\boldsymbol{r}_N) \tag{5.20}$$

のように表すことにする（これを**ハートリー近似**という）．さらに $\phi_i(\boldsymbol{r}_i)$ を求めるのに，電子iに対する他の電子のクーロン相互作用の効果を平均的なものでおき換え，方向についても平均して，球対称のポテンシャルエネルギー $V(r_i)$ で表わされるものとしよう（これを**中心力場の近似**という）．すると，注目する1個の電子に対するシュレーディンガー方程式は

$$\left[-\frac{\hbar^2\nabla^2}{2m}-\frac{Ne^2}{r}+V(r)\right]\phi(\boldsymbol{r})=w\phi(\boldsymbol{r}) \tag{5.21}$$

となるが，この解は式 (5.16) と同じ形に書くことができる．もちろん $R_{nl}(r)$

は水素原子の場合とは異なるが，角度部分は同じで，軌道関数は n, l, m で指定されることになる．この場合，エネルギーは n のみでなく l にも依存する．これは，角運動量の大きい電子は核から離れた軌道を通り，その場合には核からの引力が他の電子によって遮蔽され，束縛エネルギーが小さくなるからである．このため同じ n に対しては l の値が大きい方がエネルギーは高くなる．

全系の波動関数 (5.20) をつくるには，このような軌道に N 個の電子を詰めればよく，この詰まり方を**電子配置**とよぶ．なお，スピンまで考慮すれば，パウリの原理により n, l, m, m_s で区別されるどの軌道にも電子は1個しか入ることはできない．したがって，n と l で指定される軌道（これを**殻**という）には $2(2l+1)$ 個の電子が入ることができるが，満員になりそれ以上入ることができない殻を**閉殻**という．閉殻は全体として角運動量をもたない．原子の基底状態ではエネルギーの低いものから順に電子を詰めることになるが，原子の化学的な性質を決めるのは，電子が占める殻の中で最もエネルギーの高い殻の付近である．光吸収は電子をある軌道から空いた軌道に励起する過程に対応し，原子の光学的性質も十分短波長の領域を除き，通常やはり電子が占める殻の中で最もエネルギーの高い殻のあたりで決まる．

閉殻の場合には電子の状態は一通りしかないが，軌道が部分的にしか占められていない開殻の場合には，一つの電子配置によっても多くの状態ができ，それらのエネルギーはいろいろの値をとる．これらの状態は角運動量を利用して区別される．それは5.1節で述べたように原子が球対称性をもち，角運動量は運動の恒数となるからである．特に，$\hat{H}_{\mathrm{so}}$ を無視する近似では，軌道角運動量とスピン角運動量とは独立であり，電子系全体の軌道角運動量 $\hat{\boldsymbol{L}}$ とスピン角運動量 $\hat{\boldsymbol{S}}$ は，各電子に対する角運動量の和として $\hat{\boldsymbol{L}}=\sum_i \hat{\boldsymbol{l}}_i$, $\hat{\boldsymbol{S}}=\sum_i \hat{\boldsymbol{s}}_i$ と書くことができ，$\hat{\boldsymbol{L}}^2$, $\hat{\boldsymbol{S}}^2$ の固有値は，$L(L+1)\hbar^2$, $S(S+1)\hbar^2$ となる．この近似では状態を量子数 L と S で分類することができるが，L と S で指定された状態は $(2L+1)(2S+1)$ 重に縮退している．これを ***LS* 多重項**といい，${}^{2S+1}L$ のように表す．ただし，L の所は 0, 1, 2, 3, 4, 5, 6, 7, 8, 9, 10, … の代わりに S, P, D, F, G, H, I, K, L, M, N, … の記号が使われる．またスピン多重度 $2S+1=1, 2, 3, \cdots$ の状態を1重項，2重項，3重項…などともいう．N 個の電子をもつ原子については S と L は，$S=0, 1, 2, \cdots, N/2$（N が偶数のとき），$S=1/2, 3/2, \cdots, N/2$（N が奇数のとき），$L=|\sum_i \pm l_i|_{\mathrm{min}}, \cdots, \sum_i l_i$ となる．しかし，パウリの原理から波動関数は電子の交換に対

して符号が変わることが要求されるため，上のすべての組合せが許されるわけではない．たとえば炭素の $1s^22s^22p^2$ の電子配置では $S=0$, 1 および $L=0, 1, 2$ となるが，^3P, ^1D および ^1S のみが現れる．同じ電子配置に属する準位を比べた場合，一般に電子が空間的にいろいろの軌道に分散されている方がクーロン相互作用の利き方が少なくエネルギーは低くなる．これは，基底準位は S が最大の準位であり，それがいくつかあるときはその中で L が最大の準位であるという経験則（**フントの規則**）とつじつまが合う．

上のように $\hat{\boldsymbol{L}}$, $\hat{\boldsymbol{S}}$ が各電子の $\hat{\boldsymbol{l}}$, $\hat{\boldsymbol{s}}$ のベクトル和でつくられる場合を ***LS* 結合**ないしは**ラッセル‐サウンダース結合**という．これは $\hat{H}_{S0}$ の小さい，原子番号のあまり大きくない原子ではよい近似である．なおこの結合では，全角運動量を $\hat{\boldsymbol{J}}=\hat{\boldsymbol{L}}+\hat{\boldsymbol{S}}$ として $\hat{\boldsymbol{J}}^2$, $\hat{J}_z$ を指定する量子数 J, M（ただし $J=|L-S|, |L-S|+1, \cdots, L+S$, $M=-J, -J+1, \cdots, J$）もよい量子数，つまり運動の恒数となる．このような L, S, J で指定される状態を**ラッセル‐サウンダース状態**という．スピン軌道相互作用まで考慮すれば，L と S はよい量子数ではなく，J と M のみがよい量子数となる．この場合，一つのエネルギー状態は同じ J, M をもつラッセル‐サウンダース状態の線形結合で表される．そこで原子のエネルギー準位はしばしば最も寄与の大きいラッセル‐サウンダース状態を使って $^{2S+1}L_J$ のように表して区別される．なお，ポテンシャルエネルギーが球対称の場合，一つの J 状態の中で M によってエネルギーは変わらない．したがって，この状態は $2J+1$ 重に縮退しているが，これは電場や磁場を加えることにより分裂する．ただし原子の電子数が奇数の場合には，電場を加えても各準位の縮退は完全には解けず，少なくとも二重の縮退が残る．これを**クラマース縮重**とよぶ．

$\hat{H}_{S0}=\sum_j \xi(r_j)\hat{\boldsymbol{l}}_j\cdot\hat{\boldsymbol{s}}_j$ を無視すると，準位のエネルギーは J によらないが，LS 結合を仮定した上で $\hat{H}_{S0}$ を考慮すると，$\hat{H}_{S0}=\lambda(S, L)\hat{\boldsymbol{L}}\cdot\hat{\boldsymbol{S}}$ と書くことができ

$$\langle LSJM|\hat{H}_{S0}|L'S'J'M'\rangle=\frac{\lambda(S, L)\hbar^2}{2}\times[J(J+1)-L(L+1)-S(S+1)]\delta_{LL'}\delta_{SS'}\delta_{JJ'}\delta_{MM'} \tag{5.22}$$

の関係から，L, S が同じで J の異なる準位は分裂することになり，スピン軌道相互作用が小さい場合にはこれでスペクトルに現れる**微細構造**が説明できる．ここで $\lambda(S, L)$ は S と L で決まる定数である．これから J 準位と $J-1$ 準位の間のエネルギー間隔は

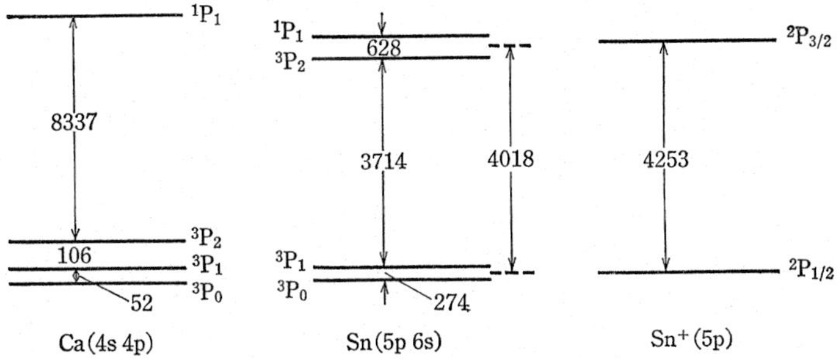

図 5.1 Ca 原子，Sn 原子 および Sn^+ イオンのエネルギー準位構造（エネルギー差の単位は cm^{-1}）

$$W(L,S,J)-W(L,S,J-1)=\hbar^2\lambda(S,L)J \tag{5.23}$$

となるが，これは**ランデの間隔則**とよばれる．なお，ラッセル-サウンダース状態間の電気双極子遷移に関しては，選択則は $\Delta S=0$，$\Delta L=0,\pm1$（ただし $L=0\leftrightarrow L=0$ を除く），$\Delta J=0,\pm1$（ただし $J=0\leftrightarrow J=0$ を除く）となる（式 (5.11) 参照）．通常一つの遷移には 1 個の電子が関与するから，電子配置は 1 個の電子のみが $\Delta l=\pm1$ を満足するように変化し，パリティーも変化する．一方，磁気双極子遷移の場合の選択則は $\Delta S=0$，$\Delta L=0,\pm1$（ただし $L=0\leftrightarrow L=0$ を除く），$\Delta J=0,\pm1$（ただし $J=0\leftrightarrow J=0$ を除く）であり，パリティーは変わらない．また電気四極子遷移に対する選択則は $\Delta S=0$，$\Delta L=0,\pm1,\pm2$（ただし $L=0\leftrightarrow L=0$, 1 は除く），$\Delta J=0,\pm1,\pm2$（ただし $J=0\leftrightarrow J=0$, 1 を除く）であり，パリティーは変わらない．

ところで，原子番号が大きくなると $\hat{H}_{SO}$ が大きくなり，LS 結合はよい近似ではなくなる．この場合，$\hat{J}$ と $\hat{J}_z$ を指定する量子数 J と M のみがよい量子数になる．特に，十分重い原子では，各電子の $\hat{\boldsymbol{j}}$ ベクトルの結合により全系の $\hat{J}$ ができ上がるとする方がよい近似であり，これを ***jj* 結合**とよぶ．図 5.1 は原子番号 20 番の Ca 原子の 4s4p 電子配置と 50 番の Sn 原子の 5p6s 電子配置のエネルギー準位構造を比較したものである．Ca の場合には $^3P_2$ と $^3P_1$ 状態のエネルギー差は $^3P_1$ と $^3P_0$ のエネルギー差のほぼ 2 倍になっており，ランデの間隔則が成り立っているが，Sn ではこの規則は成り立たない．後者の場合，Sn^+ イオンの 5p 電子状態のエネルギー準位と比較することにより，大きな分裂は 5p 電子のスピン軌道相互作用からくるもので，5p 電子に 6s 電子がつけ加わることにより，$j=3/2$ と $j=1/2$ の状態が jj 結合により二つずつに分裂し，$J=1$, 2 と $J=0,1$ の状態ができたと解釈すべきであることがわかる．いずれにしてもスピン軌道相互作用まで考慮すれば L や S はよい量子数ではなく，電気双極子遷移，磁気双極子遷移に対する選択則はどちらも $\Delta J=0, \pm 1$（ただし $J=0 \leftrightarrow J=0$ を除く）であり，電気四極子遷移に対する選択則は $\Delta J=0, \pm 1, \pm 2$（ただし $J=0 \leftrightarrow J=0, 1$ を除く）となる．また電気双極子遷移ではパリティーは変化するが，磁気双極子遷移，電気四極子遷移ではパリティーは変わらない．なお，上ではスピン軌道相互作用までしか考えに入れなかったが，それ以外に核スピンと電子との相互作用によるエネルギー準位の分裂や，核の質量が有限であることからくる同位体の間でのわずかなエネルギーの違いなどのために原子のスペクトルには**超微細構造**が現れる．

ところでわれわれは，多電子系の問題を扱うのに，一つの電子に注目して，それが多くの電子と核のつくる平均的な場の中を独立に運動するものとして波動関数を求め，この一電子状態に N 個の電子をパウリの原理にしたがって配置するという方法をとった．このようなやり方を**一体近似**ないしは**一電子近似**という．これは後で述べるように，分子や結晶を扱う場合にも非常に有効な方法である．光物性で扱う問題では，基底状態に近いエネルギーの低い状態が問題になるため，一つの電子配置を考えてもかなり近似はよいが，さらに詳しく扱う場合には，一電子近似でつくられたいろいろの電子配置の線形結合をつくり，多電子系の真の固有状態を求める．これを**配置間相互作用**を考慮するという．

5.4 固体中の局在中心の光スペクトル

(1) 結 晶 場

次に，不純物原子とか空格子点など固体中のある限られた領域に捕えられた電子について考える．ただし，局在中心の濃度は低いものとして，これらの間の相互作用は無視する．そこでまず，原子ないしはイオンをイオン結晶の中においたとして，その場合にもなお注目する電子は原子内電子の性格を強くもっており，特定の原子やイオンに局在しているものとしよう．すると，この電子は原子ないしはイオン内でのクーロン相互作用のほかに，まわりのイオンのつくる電場から影響を受けることになる．まわりのイオンが平衡点にあるとした場合のこの電場を**結晶場**とよぶ．実際にイオンに働く電場は格子振動のために変動するが，この効果を無視すれば，上の問題を考えるには次のハミルトニアンから出発すればよい．

$$\hat{H}=\hat{H}_0+\hat{H}_{\mathrm{SO}}+\hat{V}_{\mathrm{crys}}$$

$$\hat{H}_0 = -\sum_{i=1}^{N}\frac{\hbar^2\nabla_i{}^2}{2m} - \sum_{i=1}^{N}\frac{z^*e^2}{r_i} + \sum_{i>j}^{N}\frac{e^2}{r_{ij}} \tag{5.24}$$

ただし，$\hat{V}_{\rm crys}$は 結晶場による電子のポテンシャルエネルギーである．またz^*は注目する原子核の有効電荷であり，原子やイオンの注目する電子は N 個あるものとしている．いま簡単のため，注目する原子ないしはイオンの原子核に対して $\boldsymbol{R}_j$ $(j=1, 2, \cdots)$ の位置に点電荷 Q_j をおいた場合を考えると，これがつくる結晶場による電子のポテンシャルエネルギーは

$$\hat{V}_{\rm crys} = \sum_i\sum_j \frac{-eQ_j}{|\boldsymbol{r}_i - \boldsymbol{R}_j|} \tag{5.25}$$

となる．さらに，$\boldsymbol{R}_j = (R_j, \theta_j, \varphi_j)$，$r_i < R_j$ として $\boldsymbol{r}_i$ と $\boldsymbol{R}_j$ のなす角を Θ_{ij} とすると，ルジャンドルの多項式 $P_k(\cos\Theta_{ij})$ に関する公式

$$\left.\begin{aligned} \frac{1}{|\boldsymbol{r}_i - \boldsymbol{R}_j|} &= \sum_{k=0}^{\infty}\frac{1}{R_j}\left(\frac{r_i}{R_j}\right)^k P_k(\cos\Theta_{ij}) \\ P_k(\cos\Theta_{ij}) &= \frac{4\pi}{2k+1}\sum_{m=-k}^{k} Y_{km}(\theta_i, \varphi_i)Y_{km}{}^*(\theta_j, \varphi_j) \end{aligned}\right\} \tag{5.26}$$

を使うことにより式 (5.25) は

$$\hat{V}_{\rm crys} = \sum_i\sum_{t,p} r_i{}^t A_{tp} C_p{}^{(t)}(\theta_i, \varphi_i) = \sum_{t,p} A_{tp} D_p{}^{(t)} \tag{5.27}$$

の形に書くことができる．ここで

$$\left.\begin{aligned} C_p{}^{(t)}(\theta, \varphi) &= \left(\frac{4\pi}{2t+1}\right)^{1/2} Y_{tp}(\theta, \varphi) \\ A_{tp} &= \left(\frac{4\pi}{2t+1}\right)^{1/2}\sum_j \frac{-eQ_j}{R_j{}^{t+1}} Y_{tp}{}^*(\theta_j, \varphi_j) \\ D_p{}^{(t)} &= \sum_i r_i{}^t C_p{}^{(t)}(\theta_i, \varphi_i) \end{aligned}\right\} \tag{5.28}$$

である．ただし，一般に結晶場の対称性のために独立な結晶場パラメター A_{tp} の数は限られる．たとえば，C_1, C_i, C_s の場合を除き $p=1$ と 5 の成分は零になる．

いま簡単な具体例として，原点から距離 a だけ離れた x, y, z 軸上の六つの点に $-Ze$ の点電荷をおいた場合を考えよう（図 5.2）．すると，原点近傍の点 $\boldsymbol{r} = (r, \theta, \varphi)$ にある電子の結晶場によるポテンシャルエネルギーは，上の式から

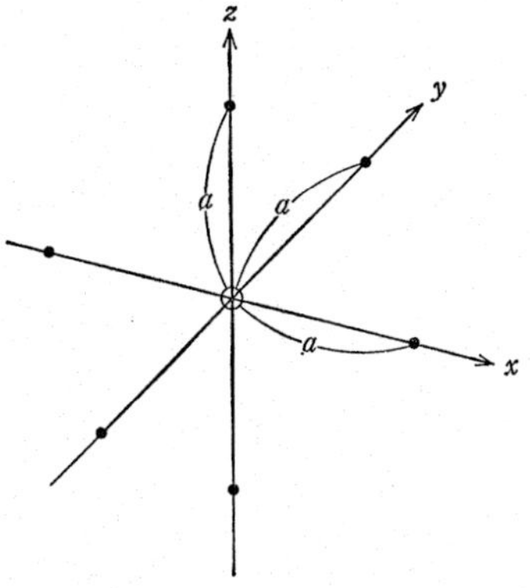

図 5.2　6 個の負イオンに囲まれた原点近傍

$$\left.\begin{aligned} V_c(\boldsymbol{r}) &= A_{00} + A_{40}D_0{}^{(4)} + (A_{44}D_4{}^{(4)} + A_{4-4}D_{-4}{}^{(4)}) \\ &\quad + A_{60}D_0{}^{(6)} + (A_{64}D_4{}^{(6)} + A_{6-4}D_{-4}{}^{(6)}) + \cdots \\ A_{00} &= 6Ze^2/a,\ \ A_{40} = 7Ze^2/2a^5,\ \ A_{44} = A_{4-4} = \sqrt{35}Ze^2/\sqrt{8}a^5, \\ A_{60} &= 3Ze^2/4a^7,\ \ A_{64} = A_{6-4} = -\sqrt{63}Ze^2/\sqrt{32}a^7 \end{aligned}\right\} \quad (5.29)$$

となり，t が6以下の独立なパラメターは上の5個だけとなる．さらに A_{00} はすべての状態のエネルギーを同じだけずらすので考える必要はない．なお，図5.2の場合，原点のまわりの対称性は点群 Oh に属する．

そこでまず，式 (5.24) で $\hat{V}_{\rm crys}$ が $\hat{H}_0$ や $\hat{H}_{\rm S0}$ に比べて十分小さい場合を考えると，$\hat{V}_{\rm crys}$ は摂動として扱うことができる．すでに前節で述べたように，$\hat{H}_0$ の固有状態は L と S で区別されるが，$\hat{H}_{\rm S0}$ を加えるとこれらはよい量子数ではなくなり，状態は J で指定される．さらに $\hat{V}_{\rm crys}$ を考慮すると J もよい量子数ではなくなり，状態は結晶場の属する点群の既約表現で指定されることになる．その場合，自由イオンで $2J+1$ 重に縮退している状態の分裂が見られるが，これを**結晶場分裂**といい，分裂した準位をシュタルク準位とよぶ．いくつの準位に分裂するかは J の大きさと結晶場の対称性によって決まり，J が整数であるか半整数であるかに従って，最大 $2J+1$ 個および $J+1/2$ 個の準位に分裂する．この分裂の仕方を表5.2に示す．さらに，分裂した準位がどのような既約表現に属するかは群論により知ることができる．なお，表5.2で J が半整数になるのは電子数が奇数の場合で，このときにはクラマース縮重が残る．

表 5.2　J 準位の結晶場分裂

J	0	1	2	3	4	5	6	7	8
立方対称の結晶場	1	1	2	3	4	4	6	6	7
六方対称の結晶場	1	2	3	5	6	7	9	10	11
正方対称の結晶場	1	2	4	5	7	8	10	11	13
低対称の結晶場	1	3	5	7	9	11	13	15	17
J	$\frac{1}{2}$	$\frac{3}{2}$	$\frac{5}{2}$	$\frac{7}{2}$	$\frac{9}{2}$	$\frac{11}{2}$	$\frac{13}{2}$	$\frac{15}{2}$	$\frac{17}{2}$
立方対称の結晶場	1	1	2	3	3	4	5	5	6
それ以外の結晶場	1	2	3	4	5	6	7	8	9

(2)　ランタニドイオン

結晶場の大きさが小さい典型的な例は，4f 殻が不完全殻であるランタニドイオンの場合である．**ランタニド**とは Ce に始まり Lu で終わる14個の元素を指す

表 5.3 3価ランタニドイオンの 4f 電子数

ランタニド	Ce	Pr	Nd	Pm	Sm	Eu	Gd	Tb	Dy	Ho	Er	Tm	Yb	Lu
4f 電子数	1	2	3	4	5	6	7	8	9	10	11	12	13	14

が，これらは，安定に存在しない Pm を除けば地球上に極めてわずかしか存在しないというわけではないにもかかわらず**希土類**とよばれている（ふつう希土類には La や Sc, Y も含める）．ランタニドは，固体中では 2 価あるいは 4 価のイオンになることもあるが，多くの場合 3 価のイオンになり，その場合の電子配置は閉殻構造の Pd 殻（$1s^22s^22p^63s^23p^63d^{10}4s^24p^64d^{10}$）の外側に $4f^N5s^25p^6$（$N=1\sim14$）が加わった形になっている（表 5.3）．

不完全 4f 殻をもつ $N=1,2,\cdots,13$ の場合，可視部付近のスペクトルはほとんどが 4f 電子準位間の遷移によるものであるが，4f 軌道は 5s, 5p 軌道に比べて広がりが半分程度と小さく，4f 電子は $5s^2, 5p^6$ の閉殻によって静電的にシールドされているのでまわりから影響を受けにくい．このためランタニドイオンの $4f^N$ 電子準位では，結晶場分裂はふつう数百 cm^{-1} 以下であり，固体中や液体中でも自由イオンの場合とほとんど同じエネルギー準位構造を示す．すなわち 4f 電子間のクーロン相互作用によって $4f^N$ 状態はまずいくつかの ^{2S+1}L 状態に分裂し，さらにそれはスピン軌道相互作用によりいくつかの $^{2S+1}L_J$ 状態に分裂する．しかしこの場合実際には L や S はよい量子数ではなく，一つの状態はラッセル－サウンダース状態の線形結合として

$$|4f^N[\alpha SL]J\rangle=\sum_{\alpha'S'L'}a_J(\alpha SL\,;\,\alpha'S'L')\,|4f^N\alpha'S'L'J'\rangle \tag{5.30}$$

のように書くことができる．ここで α は同じ $^{2S+1}L_J$ 状態が二つ以上ある場合にそれを区別するための量子数である．また［ ］はその中がよい量子数ではないことを示す．左辺の α, S, L は右辺のいくつかの状態の中で最も寄与の大きい状態である．この場合，一つの J 状態は $2J+1$ 重に縮退しているが，結晶中ではこれが解けて準位の分裂がみられる．図 5.3 は $LaCl_3$ 結晶中の 3 価のランタニドイオンのエネルギー準位構造を示したものである．この図では最も寄与の大きなラッセル－サウンダース状態を使って各状態を表してある．また，準位のエネルギー幅は $LaCl_3$ 結晶中での結晶場分裂の大きさを示している．

一般に，同じ電子配置に属するエネルギー準位間の電気双極子遷移は，パリティーの選択則で禁止されており，自由な原子やイオンではこの選択則は厳密に成

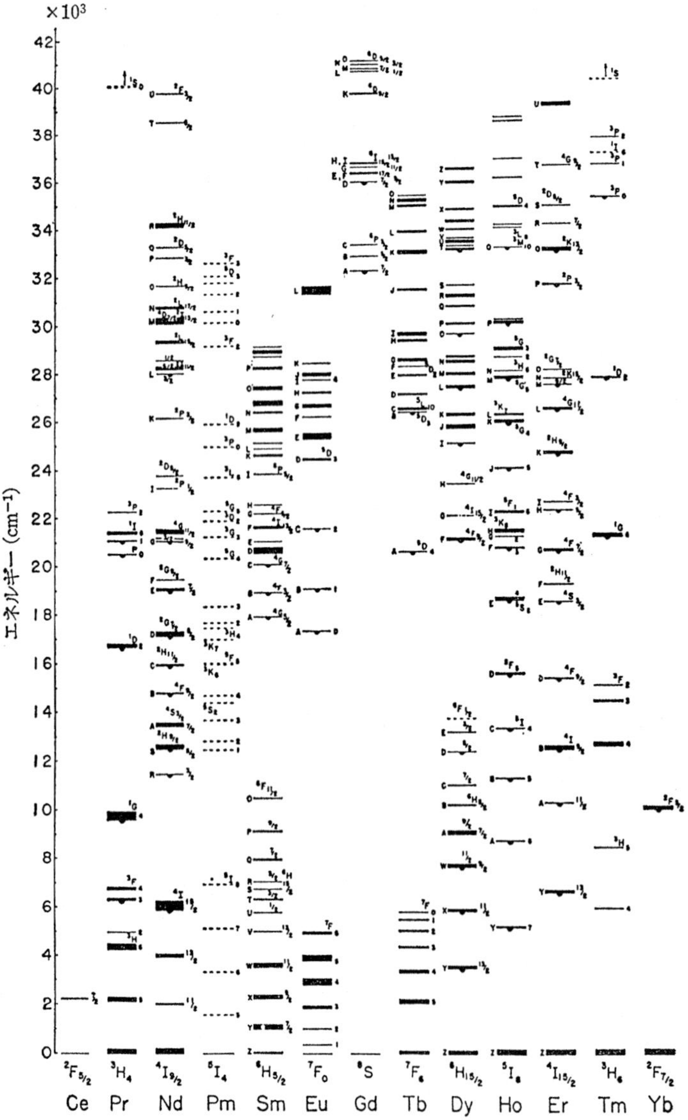

図 5.3　$LaCl_3$ 結晶中の３価ランタニドイオンのエネルギー準位構造[9]

り立つ．しかし，原子やイオンが固体中や液体中にある場合には，結晶場が反転対称性をもたなければ電気双極子遷移は許されるし，結晶場が反転対称性をもつ場合にも，奇のパリティーの格子振動との結合により電気双極子遷移は可能になる．このことを考慮してランタニドイオンの遷移の強度を説明したのがジャッド-オーフェルトの理論である．

（3） ジャッド-オーフェルトの理論

いま結晶場が反転対称性をもたないとして，$4f^N$ 電子配置の二つの状態 ψ_a と ψ_b の間の電気双極子遷移を考える．結晶場を考えないときのこれらの状態を $|a\rangle$，$|b\rangle$ と表し，奇のパリティーの結晶場によるポテンシャルエネルギー V_{odd} を考慮すると，3.1節で述べた摂動計算により，二つの状態は

$$\left.\begin{aligned} |\psi_a\rangle &= |a\rangle + \sum_c |c\rangle \frac{\langle c|V_{\mathrm{odd}}|a\rangle}{W_a - W_c} \\ |\psi_b\rangle &= |b\rangle + \sum_c |c\rangle \frac{\langle c|V_{\mathrm{odd}}|b\rangle}{W_b - W_c} \end{aligned}\right\} \tag{5.31}$$

と表すことができる．また，$V_{\mathrm{odd}} = \sum A_{tp} D_p^{(t)}$（ただし t は奇数）であり，電気双極子モーメントは

$$\boldsymbol{M} = -e \sum_j \boldsymbol{r}_j = -e \sum_q D_q^{(1)} \tag{5.32}$$

と書くことができるから，その q 成分に対する行列要素は

$$\langle\psi_b| -eD_q^{(1)} |\psi_a\rangle = \sum_c \sum_{tp} eA_{tp} \left\{ \frac{\langle b|D_q^{(1)}|c\rangle\langle c|D_p^{(t)}|a\rangle}{W_c - W_a} + \frac{\langle b|D_p^{(t)}|c\rangle\langle c|D_q^{(1)}|a\rangle}{W_c - W_b} \right\} \tag{5.33}$$

となる．ここで $|c\rangle$ として $4f^{N-1}5d$，$4f^{N-1}5g$ など $4f^N$ 状態との間で電気双極子モーメントの行列要素が零にならない状態を考えれば，遷移はわずかに許されることになる．これらのパリティーの異なる状態は $|a\rangle$，$|b\rangle$ 準位より十分エネルギーの高い所にあるから，$W_c - W_a$，$W_c - W_b$ を一つのエネルギー差 $\varDelta W$ で近似することにしよう．すると $\sum_c |c\rangle\langle c| = 1$ より

$$\sum_c \frac{\langle b|D_q^{(1)}|c\rangle\langle c|D_p^{(t)}|a\rangle}{\varDelta W} = \frac{1}{\varDelta W} \langle b|D_q^{(1)} D_p^{(t)}|a\rangle \tag{5.34}$$

とすることができる．このような近似を **closure 近似**という．

ジャッド-オーフェルトの理論では，$|a\rangle$，$|b\rangle$，$|c\rangle$ をそれぞれ $|4f^N\alpha, J, M\rangle$，$|4f^N\alpha', J', M'\rangle$，$|4f^{N-1}n'l'\alpha'', J'', M''\rangle$ として，**単位テンソル演算子**

$U_q^{(k)}$ を導入する．これは

$$\left.\begin{array}{l} U_q^{(k)}=\sum_j C_q^{(k)}(\theta_j,\varphi_j)\Big/\langle l\|C^{(k)}\|l\rangle \\ \langle l\|C^{(k)}\|l'\rangle=(-1)^l\{(2l+1)(2l'+1)\}^{1/2}\begin{pmatrix} l & k & l' \\ 0 & 0 & 0\end{pmatrix}\end{array}\right\} \quad (5.35)$$

で定義され，これを使うと同じ電子配置の二つのラッセル－サウンダース状態間の $D_q^{(k)}$ の行列要素は次のようになる．

$$\langle nl^N\alpha'S'L'J'M'|D_q^{(k)}|nl^N\alpha SLJM\rangle=\delta_{SS'}\langle nl|r^k|nl\rangle$$
$$\times\langle l\|C^{(k)}\|l\rangle\langle nl^N\alpha'S'L'J'M'|U_q^{(k)}|nl^N\alpha SLJM\rangle \quad (5.36)$$

ただし，波動関数の動径部分を $R_{nl}(r)$ として

$$\langle nl|r^k|n'l'\rangle=\int_0^\infty R_{nl}(r)r^kR_{n'l'}(r)r^2\mathrm{d}r \quad (5.37)$$

である．さらに $D_q^{(k)}$ と $D_p^{(t)}$ の二つの演算子を結合する際には

$$\sum_{\alpha''J''M''}\langle nl^N\alpha'J'M'|D_q^{(k)}|nl^{N-1}n'l'\alpha''J''M''\rangle\langle nl^{N-1}n'l'\alpha''J''M''|D_p^{(t)}|nl^N\alpha JM\rangle$$
$$=\sum_\lambda(-1)^{p+q}(2\lambda+1)\begin{pmatrix} k & \lambda & t \\ q & -p-q & p\end{pmatrix}\begin{Bmatrix} k & \lambda & t \\ l & l' & l\end{Bmatrix}\langle nl|r^k|n'l'\rangle\langle n'l'|r^t|nl\rangle$$
$$\times\langle l\|C^{(k)}\|l'\rangle\langle l'\|C^{(t)}\|l\rangle\langle nl^N\alpha'J'M'|U_{p+q}^{(\lambda)}|nl^N\alpha JM\rangle \quad (5.38)$$

なる公式を用いて $|c\rangle$ について $n'l'$ 以外の量子数のみを closure 近似で消す．このようにすると式(5.33)の分母のエネルギー差は $\varDelta W_{n'l'}$ でおき換えられ，$|c\rangle$ のすべての状態が同じエネルギーをもつとする式(5.34)よりも近似が高くなる．ただし，$\begin{Bmatrix} j_1 & j_2 & j_3 \\ l_1 & l_2 & l_3\end{Bmatrix}$は **6 *j* 記号**とよばれ，これは $(j_1,\ j_2,\ j_3)$，$(l_1,\ l_2,\ j_3)$ $(j_1,\ l_2,\ l_3)$，$(l_1,\ j_2,\ l_3)$ がどれも三角条件を満足する場合以外は零になる．この性質のため，$4\mathrm{f}^N$ 電子準位間の遷移では λ としては 6 以下のものだけを考慮すればよい．

(5.38) の $D_q^{(k)}$ と $D_p^{(t)}$ を交換すると $3j$ 記号と $6j$ 記号の中が入れ替わるが，その場合，$6j$ 記号の値は変わらない．それに対して $3j$ 記号の方は

$$(-1)^{j_1+j_2+j_3}\begin{pmatrix} j_1 & j_2 & j_3 \\ m_1 & m_2 & m_3\end{pmatrix}=\begin{pmatrix} j_2 & j_1 & j_3 \\ m_2 & m_1 & m_3\end{pmatrix}=\begin{pmatrix} j_1 & j_3 & j_2 \\ m_1 & m_3 & m_2\end{pmatrix}$$
$$=\begin{pmatrix} j_3 & j_2 & j_1 \\ m_3 & m_2 & m_1\end{pmatrix}=\begin{pmatrix} j_1 & j_2 & j_3 \\ -m_1 & -m_2 & -m_3\end{pmatrix} \quad (5.39)$$

の性質があるから，$W_c(n'l')-W_a$，$W_c(n'l')-W_b$ を一つのエネルギー差 $\varDelta W_{n'l'}$ でおき換える近似のもとでは λ が奇数の場合には電気双極子モーメントの行列要素(5.33)は零になる．また $\lambda=0$ の場合は，$U_0^{(0)}$ が定数であるために波動関数の直交性から $\langle 4\mathrm{f}^N\alpha'J'\|U^{(0)}\|4\mathrm{f}^N\alpha J\rangle=0$ となる．したがって，λ としては 2, 4, 6 のみを考えればよい．さらに $3j$ 記号で表される幾何学的な部分については，方向的に

平均をとることにより，実際の $4f^N$ 電子準位間の遷移の強度は次の量に比例する.

$$\left.\begin{aligned}&\sum_{MM'q}|<4f^N[\alpha'S'L']J'M'|-eD_q{}^{(1)}|4f^N[\alpha SL]JM>|^2\\&\quad=e^2\sum_{\lambda}\Omega_\lambda|<4f^N[\alpha'S'L']J'\|U^{(\lambda)}\|4f^N[\alpha SL]J>|^2\\&\Omega_\lambda=\sum_{tp}(2\lambda+1)\frac{A_{tp}{}^2}{2t+1}\Xi^2(t,\lambda)\\&\Xi(t,\lambda)=2\sum_{nl}(2f+1)(2l+1)(-1)^{f+l}\begin{Bmatrix}1&\lambda&t\\f&l&f\end{Bmatrix}\\&\quad\times\begin{pmatrix}f&1&l\\0&0&0\end{pmatrix}\begin{pmatrix}l&t&f\\0&0&0\end{pmatrix}<4f|r|nl><nl|r^t|4f>/\Delta W_{nl}\end{aligned}\right\}\quad(5.40)$$

ここで f は 3 を意味し，$t=1,3,5,7$ である．また Ω_λ（ただし $\lambda=2,4,6$）は 4f 電子の広がりなどによるからランタニドイオンの種類に依存するが，遷移に関係する二つの準位 a と b の組合せにはよらない定数である．なお，Ξ の式では $n'l'$ を nl と書いた．さらに

$$\begin{aligned}&<4f^N\alpha'S'L'J'\|U^{(\lambda)}\|4f^N\alpha SLJ>=(-1)^{S+L+J'+\lambda}\\&\times[(2J'+1)(2J+1)]^{1/2}\begin{Bmatrix}L'&\lambda&L\\J&S&J'\end{Bmatrix}\delta_{SS'}\\&\times\langle 4f^N\alpha'S'L'\|U^{(\lambda)}\|4f^N\alpha SL\rangle\end{aligned}\quad(5.41)$$

であり，$<4f^N\alpha'S'L'\|U^{(\lambda)}\|4f^N\alpha SL>$ は表ができているので，$4f^N$ 準位をラッセル－サウンダース状態の線形結合として式 (5.30) のように表して，自由イオンのエネルギーと比較することにより係数 a_J を決めれば，それを使って $<4f^N[\alpha'S'L']J'\|U^{(\lambda)}\|4f^N[\alpha SL]J>$ は計算することができる．実際に，このような方法でいくつかのランタニドイオンについて計算が行われており，実験結果が (5.40 a) を使ってかなりうまく説明できることが知られている.

なお，式 (5.41) の $6j$ 記号が零にならない条件から，ランタニドイオンで V_{odd} によって許される電気双極子遷移の選択則として $|\Delta J|\leq 6$ が導かれ，また $J=0$ の準位と $J=0,1,3,5,$ の準位の間の遷移は許されないことがわかる．この場合，$\hat{H}_{\mathrm{SO}}$ を無視して S や L がよい量子数だとすると選択則は $\Delta S=0$, $|\Delta L|\leq 6$ となる．一般に注目する状態を，最も大きく寄与するラッセル－サウンダース状態で近似したとき，この条件が満たされる場合に遷移確率は大きい．それは，スピン軌道相互作用を介さずに遷移が可能だからである．なお，磁気双極子遷移に対する選択則は原子の場合と同じで，$\Delta J=0$ および ±1（ただし $J=0$ から $J=0$ への遷移は許されない）であり，また，電気四極子遷移に対する選択則は $|\Delta J|\leq 2$ である（ただし $J=0$ と $J=0,1$ の準位の間の遷移は許されない)．これらの遷移

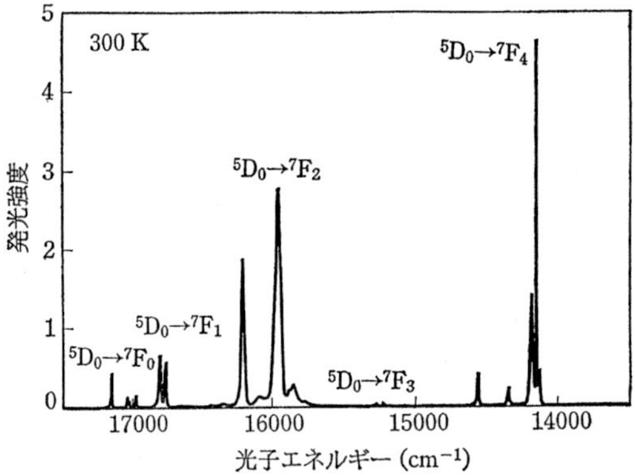

図 5.4　Y_2O_2S 中の Eu^{3+} イオンのルミネッセンススペクトル

ではパリティーは変わらないから，これらは $4f^N$ 準位間で許され，これは結晶場に反転対称性があるかないかには無関係である．ただし，結晶場が作用している場合には J はよい量子数ではないから，これらの J に関する選択則は厳密には成り立たない．実際に観測されるランタニドイオンの $4f^N$ 準位間の光学遷移は，パリティーの異なる状態の混合による電気双極子遷移あるいは磁気双極子遷移によるものである．

一つの例として，Y_2O_2S 中の Eu^{3+} イオンの蛍光スペクトルを図 5.4 に示す．赤色の領域に多くの線スペクトルが見られるが，この物質は実際にテレビのブラウン管に使われている蛍光体であり，テレビの画面に赤色を与えているのはこの発光である．Eu^{3+} は Y^{3+} イオンを置換した位置にあり，そのまわりの対称性は点群 C_{3v} に属し，反転対称性はもたない．大部分の発光は $^5D_0$ 準位からの遷移によるものであるが，スピン軌道相互作用のために自由イオンの場合にも $^5D_0$ 準位には $^7F_0$ 波動関数がかなり混じっていることを考慮して，$^7F_2$, $^7F_4$ 準位への遷移はジャッド-オーフェルトの理論でうまく説明される．また，$^7F_1$ 準位への遷移は磁気双極子遷移によるものである．ジャッド-オーフェルトの理論では説明できない $^7F_0$, $^7F_3$ などの準位への遷移は，closure 近似の破れ，あるいは偶のパリティーの結晶場によって $^7F_0$ や $^7F_3$ 準位に $^7F_2$ や $^7F_4$ の状態が混じる効果（これを **J 混合**という）によるものであろう．なお観測されるのはほとんどすべてがゼロフォノン線であるが，これは 4f 電子とまわりとの相互作用が弱く，ホアン-リー因子が小さいことを考えれば容易に理解される．

（4） 遷移金属イオン

次に，今度は逆に $\hat{V}_{crys}$ が $\hat{H}_{SO}$ に比べてずっと大きい場合について考える．そこでまず，結晶場の影響について調べるために，図 5.2 のようにおかれた 6 個の陰イオンのつくる場の中の水素原子について考えてみる．陰イオンの電荷を $-Ze$ とし，これを点電荷で近似すると，結晶場による電子のポテンシャルエネ

ルギー $V_c(\boldsymbol{r})$ は式 (5.29) で与えられる．そこでスピン軌道相互作用を無視して

$$\left[-\frac{\hbar^2}{2\mu}\nabla^2-\frac{e^2}{r}+V_c(\boldsymbol{r})\right]\phi(\boldsymbol{r})=W\phi(\boldsymbol{r}) \tag{5.42}$$

なるシュレーディンガー方程式を考え，$V_c(\boldsymbol{r})$ を摂動として扱おう．すなわち，波動関数 (5.16) で表される状態に結晶場の効果が加わると考える．その場合，波動関数の混じり合いが起こり，$V_c(\boldsymbol{r})$ を含めたハミルトニアンの固有状態は 3.1 節で述べた手続きにより求められるが，n の異なる状態はエネルギーが離れているから，簡単のため結晶場によってそれらが混じる効果を無視しよう．すると，計算すべき行列要素は

$$\begin{aligned}&\langle nl'm'|V_c(\boldsymbol{r})|nlm\rangle\\ &\equiv\iiint R_{nl'}{}^*(r)Y_{l'm'}{}^*(\theta,\varphi)V_c(\boldsymbol{r})R_{nl}(r)Y_{lm}(\theta,\varphi)r^2\sin\theta\,\mathrm{d}r\mathrm{d}\theta\mathrm{d}\varphi\end{aligned} \tag{5.43}$$

となる．$V_c(\boldsymbol{r})$ は偶のパリティーをもっているから，これは $l+l'$ が奇数であれば零になるし，この行列要素は $\begin{pmatrix} l' & t & l \\ -m' & p & m\end{pmatrix}$ を含み，どのエネルギー準位も同じだけシフトさせる A_{00} の寄与を除けば立方対称の結晶場では t は 6 以下では 4 または 6 であるから，$l=l'=0$，$l=l'=1$，あるいは l と l' が 0 と 2 の場合などにもこれは零になる．したがって，3d 軌道で初めてこれを考慮しなければならないが，3d 電子の波動関数を $R_{3\mathrm{d}}(r)Y_{2m}(\theta,\varphi)$ と書くと

$$\left.\begin{aligned}\langle 3\mathrm{d}\pm2|V_c|3\mathrm{d}\pm2\rangle&=A_{00}+\frac{1}{21}A_{40}\langle 3\mathrm{d}|r^4|3\mathrm{d}\rangle=A_{00}+Dq\\ \langle 3\mathrm{d}\pm1|V_c|3\mathrm{d}\pm1\rangle&=A_{00}-\frac{4}{21}A_{40}\langle 3\mathrm{d}|r^4|3\mathrm{d}\rangle=A_{00}-4Dq\\ \langle 3\mathrm{d}\,0|V_c|3\mathrm{d}\,0\rangle&=A_{00}+\frac{2}{7}A_{40}\langle 3\mathrm{d}|r^4|3\mathrm{d}\rangle=A_{00}+6Dq\\ \langle 3\mathrm{d}\pm2|V_c|3\mathrm{d}\mp2\rangle&=\frac{\sqrt{70}}{21}A_{4\pm4}\langle 3\mathrm{d}|r^4|3\mathrm{d}\rangle=5Dq\end{aligned}\right\} \tag{5.44}$$

と計算され，それ以外の行列要素は零になる．ここで

$$\left.\begin{aligned}&D=35Ze/4a^5,\ q=\frac{2e}{105}\langle 3\mathrm{d}|r^4|3\mathrm{d}\rangle\\ &\langle 3\mathrm{d}|r^4|3\mathrm{d}\rangle=\int_0^\infty r^4[R_{3\mathrm{d}}(r)]^2r^2\mathrm{d}r\end{aligned}\right\} \tag{5.45}$$

である．したがって，水素原子の 3d 軌道のエネルギーを $W_{3\mathrm{d}}$ とすると，永年方程式を解くことにより，V_c が作用したとき，3d 軌道はエネルギーが $W_{3\mathrm{d}}+A_{00}+6Dq$ と $W_{3\mathrm{d}}+A_{00}-4Dq$ の二つの軌道に分裂することがわかる（問題 5.2）．前者を dγ 軌道，後者を dε 軌道とよぶ．これらはそれぞれ 2 重および 3 重に縮退

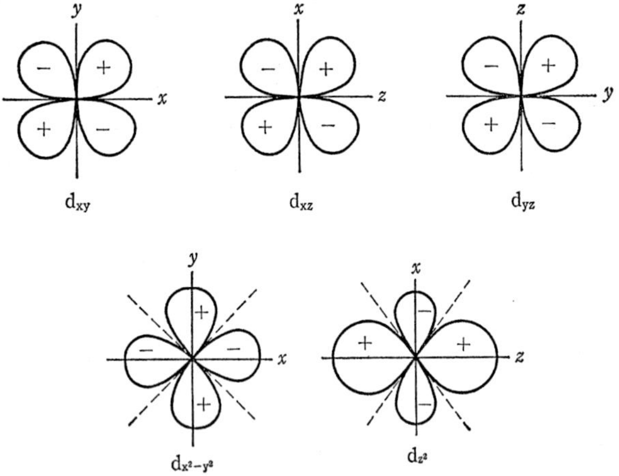

図 5.5　3個の dε 軌道（上側）と 2個の dγ 軌道（下側）

しており，Oh 群の E_g および T_{2g} の既約表現に属している．Dおよびqは正であるから，dγ 軌道の方がエネルギーは高く，二つの軌道のエネルギー差は $10Dq$ になる．dγ 軌道の方がエネルギーが高くなることは，図 5.5 に見られるように，この軌道が陰イオンの方向に伸びていることから容易に理解される．以上の議論では点電荷モデルをとり，また水素原子の純粋な 3d 軌道を考えたが，これをまわりのイオンの波動関数の混じりを考慮して，新しい t_{2g} 軌道と e_g 軌道が生じると考え，$10Dq$ はそのエネルギー差であるというふうに一般化することができる．このような扱いを**配位子場理論**とよび，点電荷モデルをとる**結晶場理論**と区別する場合もある．

これまでは Oh 対称の結晶場の中におかれた水素原子を考えたが，次に 3d 電子殻が不完全殻になっている鉄族イオンをおいた場合について考えよう．この場合にも，3d 電子は鉄族イオンに局在しており，可視部付近のスペクトルは $3d^N$ 準位間の遷移によるものである．しかし，ランタニドイオンの場合と異なり，3d 軌道はイオンの最も外側にあるため，3d 電子は結晶場の影響を強く受け，イオンのエネルギー準位構造は自由イオンの場合と大きく異なる．この場合，$\hat{H}_{SO}$ は $\hat{V}_{crys}$ より十分小さいから，第一近似としては $\hat{H}_{SO}$ を無視することが許される．ハートリー近似の考えに従えば，3d 電子を複数個もつイオンでは，Oh 対称の結晶場であれば 3d 軌道が t_{2g} 軌道と e_g 軌道に分かれ，これらの軌道に電子を詰めることになる．この場合，二つのスピンの自由度があるため，t_{2g} 軌道には 6 個，また

e_g 軌道には4個の電子が入ることができ，$t_{2g}{}^m\ e_g{}^n$ 電子配置の状態のエネルギーは（$6nDq-4mDq$＋定数）となる．ただし，3d 電子間のクーロン相互作用が結晶場ポテンシャルに比べて無視できないときは，これを考慮する必要があり，同じ電子配置でも状態によってエネルギーは異なる．スピン軌道相互作用を無視すればスピンはよい量子数であり，これらの状態は結晶場の属する点群の既約表現の種類を Γ としてラッセル－サウンダース結合の場合と同じく ${}^{2S+1}\Gamma$ と表される．たとえば $t_{2g}{}^2$ の電子配置の場合には，S は0および1になり，Γ は $A_{1g}, E_g, T_{1g}, T_{2g}$ となるが，パウリの原理のためにこれらのすべての組合せが現れる訳ではなく，${}^1A_{1g}, {}^1E_g, {}^3T_{1g}, {}^3T_{2g}$ の四つの状態のみが生じる．

3d 電子間のクーロンエネルギーを求めるには，2電子積分を計算する必要があるが，3d 電子の場合，これは A, B, C の三つのラカーパラメターで表される．ただしこの中，A は全体のエネルギーを同じだけシフトさせるので，これは考える必要はない．そこで，鉄族イオンを結晶中に入れた場合，d 電子の波動関数の動径部分 $R_{3d}(r)$ は自由イオンの場合とは異なっており，B, C の値も相当違っているかもしれないが，C/B の比は自由イオンの場合と大きくは変わらないとして，$10Dq$ と B のみをパラメターとしよう．このようにして，各準位の基底状態からのエネルギー W の B に対する比を縦軸にとり，Dq/B を横軸にとってプロットしたものを**田辺・菅野ダイアグラム**とよぶ．$3d^3$ と $3d^5$ の場合の例を図5.6に示す．ここで，同じ電子配置 $t_{2g}{}^m e_g{}^n$ に属する準位は Dq/B の大きい所で平行になる．すなわち，水平になるのは基底状態と同じ電子配置の準位であり，t_{2g} 軌道の電子が N 個 e_g 軌道に移った電子配置の準位では W は Dq に対し $10N$ の勾配をもつ．$3d^5$ の場合には，Dq/B が小さい場合と大きい場合で基底状態が入れ換わる．これは $3d^4, 3d^6, 3d^7$ の場合にも見られるもので，Dq が小さいときには t_{2g} 軌道と e_g 軌道のエネルギーはあまり変わらず，5.2節でも述べたように，電子が空間的にいろいろの軌道に分散されている方がクーロン相互作用の利き方が少なくなるために，スピン多重度が最大の状態が基底状態となるが，Dq が大きくなり t_{2g} 軌道と e_g 軌道のエネルギーが大きく異なる場合には，できるだけ多くの電子を t_{2g} 軌道に入れる方がエネルギーが下がるため，低スピンの状態が基底状態になるわけである．

図5.7にルビーの吸収スペクトルを示す．紫〜青緑および黄色〜橙色の領域にYバンド，Uバンドとよばれる幅の広い吸収帯があり，そのためルビーは赤ない

しはピンク色に見える．ルビーは Cr^{3+} イオンを含む Al_2O_3 結晶であり（これを $Al_2O_3 : Cr^{3+}$ のように表す）可視部付近のスペクトルは Al^{3+} を置換した Cr^{3+} イオンの $3d^3$ 準位間の遷移によるものである．ルビー中で Cr^{3+} イオンは，正八面体をなすような6個の酸素イオンによって取り囲まれている．ただし，正確にはこの八面体はある方向にやや歪んだ形になっており，ルビーは一軸性の結晶であって，Cr^{3+} イオンのまわりの結晶場は点群 C_3 に属する．一軸性結晶の場合，この軸（**c 軸**といい，これを c と表す）に対して光の電場と磁場が $\boldsymbol{E}/\!/c$, $\boldsymbol{H}\perp c$ の場合のスペクトルを **π スペクトル**，$\boldsymbol{E}\perp c$, $\boldsymbol{H}/\!/c$ の場合を **σ スペクトル**，また $\boldsymbol{E}\perp c$, $\boldsymbol{H}\perp c$ の場合を **α スペクトル**とよぶ．ルビーの場合，α スペクトルは σ スペクトルと一致し，これから可視部付近の光学遷移が電気双極子遷移によるものであることがわかる．すでに述べたように，Cr^{3+} イオンは正八面体に近い形に配置された O^{2-} イオンによって囲まれているから，Cr^{3+} イオンのまわりの対称性は近似的には Oh 群に属する．そこでまず Oh として話を進めると，図 5.6 を参照して U バンドと Y バンドはそれぞれ基底準位 $(t_{2g}{}^3)\,{}^4A_{2g}$ から $(t_{2g}{}^2 e_g)\,{}^4T_{2g}$ と $(t_{2g}{}^2 e_g)\,{}^4T_{1g}$ 準位への遷移に対応するものと考えられる．これらの遷移はスピンに関する選択則を満足し，しかも1電子遷移に対応している．したがって，図 5.6 よりルビーの場合 Dq/B は 2.5 程度と見積もられる．実際には Cr^{3+} イオンの位置では結晶場に反転対称性がないから，奇のパリティーの結晶場成分が存在

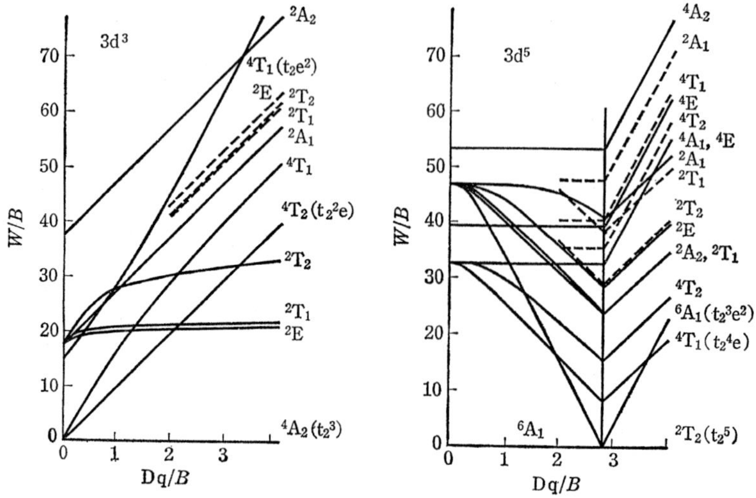

図 5.6　$3d^3$ および $3d^5$ 電子配置に対する田辺・菅野ダイアグラム[10)]
（添字 g は省略してある）

し，3価ランタニドイオンの場合と同じく，たとえば($t_{2g}{}^2 e_g$) $^4T_{2g}$ 状態への電気双極子遷移は次の行列要素で理解される．

$$\langle\psi_b|-eD_q{}^{(1)}|\psi_a\rangle=\sum_c\sum_{tp}eA_{tp}\left\{\frac{\langle{}^4T_{2g}|D_q{}^{(1)}|c\rangle\langle c|D_p{}^{(t)}|{}^4A_{2g}\rangle}{W_c-W({}^4A_{2g})}+\frac{\langle{}^4T_{2g}|D_p{}^{(t)}|c\rangle\langle c|D_q{}^{(1)}|{}^4A_{2g}\rangle}{W_c-W({}^4T_{2g})}\right\} \tag{5.46}$$

ルビーの可視部付近の吸収スペクトルには，幅広いバンドのほかに R, R′ および B 線とよばれる細い吸収線が見られるが，これらを $t_{2g}{}^3$ 電子配置の ^2E_g, $^2T_{1g}$ および $^2T_{2g}$ 準位への遷移に対応すると考えるとエネルギー的にも図 5.6 とつじつまが合う．スピン多重度の異なる状態間の遷移は選択則により禁止されているが，スピン軌道相互作用を考慮すると，スピン二重項状態には四重項状態が混じり込むので，これによりわずかに遷移が許されることになる．Cr^{3+} イオンと最近接の O^{2-} イオンの間の距離は格子振動のために変動しており，したがって Dq の大きさも揺らいでいるはずである．基底準位と，同じ電子配置の励起状態の間のエネルギー差は Dq にほとんどよらないが，電子配置の異なる状態の場合にはエネルギー差が Dq に依存する．したがって，前者の場合には幅の狭いスペクトル線が，また後者の場合には幅の広いスペクトル帯が期待されることになる．このようにして U バンド，Y バンドの幅が広く，また R, R′, B 線の幅が狭くなることも理解できる．図 5.8 はこの状況を配位座標モデルを使って示したものである．3d 電子はまわりと強く結合しているにもかかわらず，同じ $t_{2g}{}^3$ 電子配置に属する状態間の遷移では鋭い線スペクトルが現れるが，これは Cr^{3+} イオンのまわりが変化した

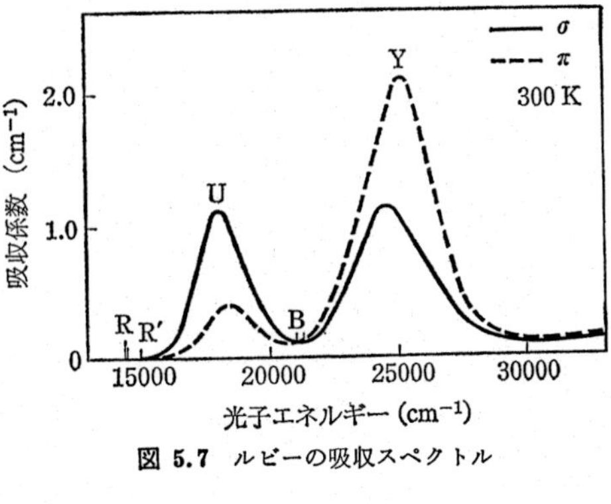

図 5.7 ルビーの吸収スペクトル

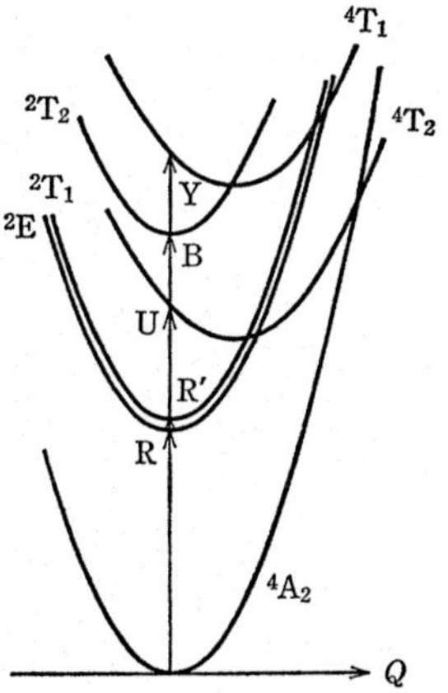

図 5.8 ルビーに対する配位座標モデル (Oh 対称性の場合の添字 g は省略してある)

ときにエネルギーの変化量が二つの状態でほぼ同じであることによるものであることが，この図からよくわかる．なお，図5.7に見られるように，ルビーのσスペクトルとπスペクトルは異なるし，R線はR_1とR_2の2本に，またB線とR'線は3本に分裂しているが，これらは本当の結晶場がOh群よりも対称性が低く，点群C_3に属することを考慮することにより理解することができる．

(5) 固体中の局在中心の許容遷移

以上では$4f^N$準位間あるいは$3d^N$準位間など同じ殻の中の遷移について考えたが，その場合には電気双極子遷移はパリティーが奇の結晶場や格子振動などがあって初めて許されるもので，遷移の強度はあまり強くない．たとえば，振動子強度は$Y_2O_2S:Eu^{3+}$の$^5D_0-{}^2F_2$遷移で10^{-6}，ルビーのUバンドYバンドで10^{-4}，R線で10^{-6}程度である．それに対して$\Delta l=\pm1$を満足する許容遷移では振動子強度が1に近い非常に強い光学遷移が観測される．一つの例としてCe^{3+}の場合を考えると，このイオンは4f電子を1個もち，4f−5d遷移による強い吸収と発光が紫外〜赤の領域に観測される．図5.9はOh対称の結晶場の中でのCe^{3+}イオンの4fおよび5d電子のエネルギー準位構造を示したものである．5d電子は3d電子と

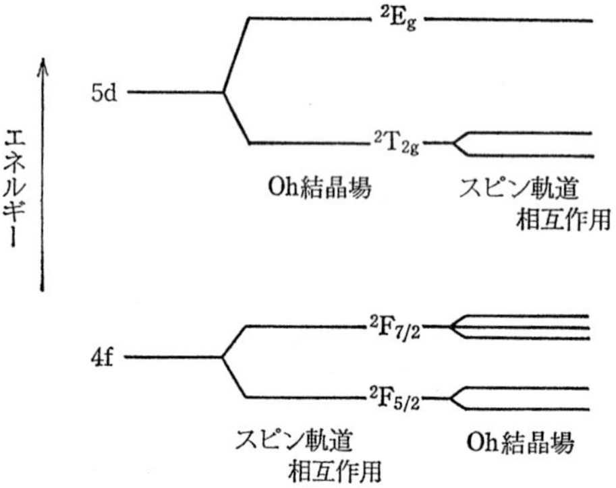

図 5.9 Ce^{3+} イオンのエネルギー準位構造

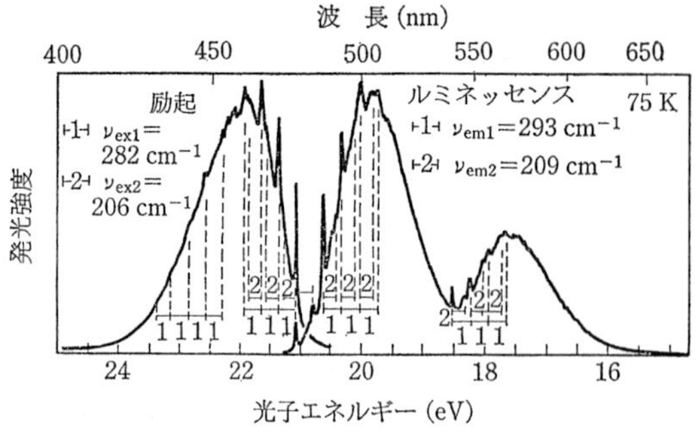

図 5.10 CaS 中の Ce^{3+} イオンのルミネッセンススペクトルと励起スペクトル[11]

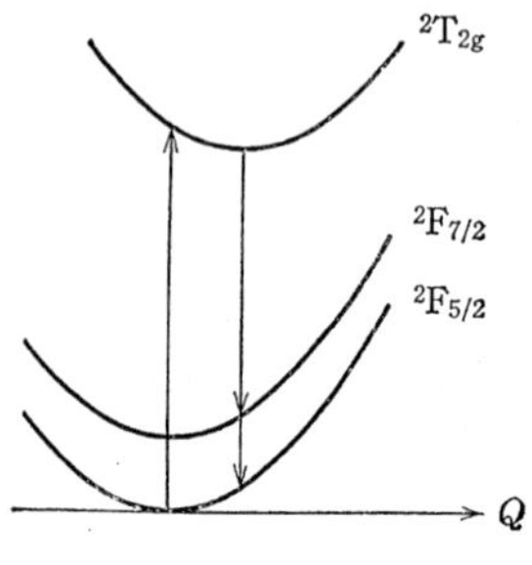

図 5.11 CaS : Ce^{3+} に対する配位座標モデル

同様に結晶場によって t_{2g} 軌道と e_g 軌道に分裂し，その大きさ $10Dq$ は，$10^4 cm^{-1}$ 程度である．それに対してスピン軌道相互作用による分裂の大きさはほぼ1けた小さい．4f 電子の場合は逆に結晶場分裂よりスピン軌道相互作用の方が大きく，$^2F_{5/2}$ と $^2F_{7/2}$ 準位は約 2000 cm^{-1} エネルギーが離れている．図 5.10 に CaS 中の Ce^{3+} イオンの蛍光スペクトルとその励起スペクトル（6.1 節参照）を示す．蛍光スペクトルは $^2T_{2g} \rightarrow {}^2F_{7/2}$ および $^2T_{2g} \rightarrow {}^2F_{5/2}$ の遷移に対応する二つのバンドよりなり，一方，測定された領域の励起スペクトルには $^2F_{5/2} \rightarrow {}^2T_{2g}$ の遷移による一つのバンドのみが見られる．21100 cm^{-1} と 20600 cm^{-1} にある鋭い線は $^2F_{5/2}$ 準位の二つのシュタルク準位が関係したゼロフォノン線であり，また 18500 cm^{-1} の鋭い線は $^2F_{7/2}$ 準位が関係したゼロフォノン線と考えられる．これらに幅広いフォノンサイドバンドが伴っている様子は図 5.11 の配位座標モデルでよく理解することができる．なおゼロフォノン線以外にも細い線スペクトルが見られるが，これは Ce^{3+} イオンが入ることによって歪んだそのイオン付近の CaS 格子の振動が結合した遷移によるものと考えられる．

自由な Tl^+ イオンの基底状態の電子配置は $1s^2 \cdots 5d^{10}6s^2$ であり，$6s^2 \rightarrow 6s6p$ 遷移に対応して紫外部に強い吸収が見られる．このイオンを微量ハロゲン化アルカリに添加すると，これはアルカリイオンを置換して Oh 対称性の点欠陥をつくり，上の遷移に対応してやはり強い吸収を示す．同様のことは最外殻が ns^2 の電子配置をもつ Ga^+，In^+，Sn^{2+}，Pb^{2+}，Sb^{3+}，Bi^{3+}，Cu^-，Ag^-，Au^- などのイオンの場合にも見られ，このような局在中心を Tl^+ 型中心とよぶ．Oh 対称性の結晶場の中では d 軌道が t_{2g} と e_g 軌道になったように，s 軌道は a_{1g} 軌道にな

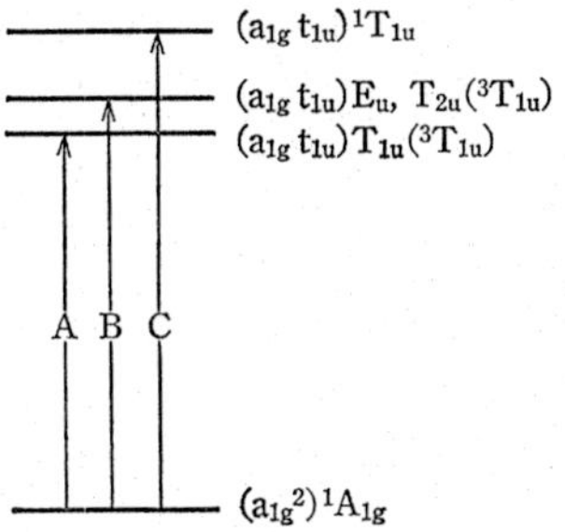

図 5.12 Oh 対称の結晶場中の Tl^+ 型中心のエネルギー準位構造

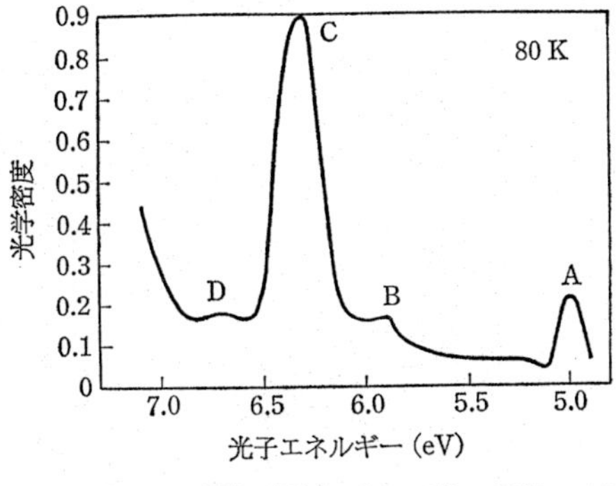

図 5.13 KCl : Tl^+(10^{-3}モル%) の吸収スペクトル[12)]

り，p 軌道は t_{1u} 軌道になる．さらに s^2 電子配置の ^1S 状態に対応する $a_{1g}{}^2$ 電子配置の状態は $^1A_{1g}$ となり，sp 電子配置の ^1P, ^3P 状態に対応して $a_{1g}t_{1u}$ 電子配置からは $^1T_{1u}$ と $^3T_{1u}$ の状態が生じる．したがって，許容なのは $^1A_{1g}-{}^1T_{1u}$ 遷移であるが，スピン軌道相互作用を考えると $^3P_1$ 状態に対応する $T_{1u}(^3T_{1u})$ 状態に $^1P_1$ 状態に対応する $^1T_{1u}$ 状態が混じり込むために $^1A_{1g}-{}^3T_{1u}$ 遷移も多少許される（図 5.12）．これらの遷移に対応する吸収帯はそれぞれC吸収帯および A 吸収帯とよばれる．さらに格子振動の助けを借りることにより $^3P_2$ 状態に対応する $E_u(^3T_{1u})$ と $T_{2u}(^3T_{1u})$ 状態への遷移もわずかに許される．この遷移による吸収帯はB吸収帯とよばれるが，これに格子振動が関与していることは吸収強度が温度に強く依存することから確かめられる．1例として KCl : Tl^+ の吸収スペクトルを図 5.13 に示す．この中心については，まわりの格子が歪むことにより状態の縮退がとける**ヤーン－テラー効果**とよばれる効果が重要であるが，ここではこれ以上ふれない．

純度の高いハロゲン化アルカリ結晶は無色透明であるが，これを高い温度にしてアルカリ蒸気中においた場合には顕著な着色現象が見られるし，その他の無色透明な結晶でも強い紫外線や X 線，γ 線，中性子線あるいは電子線をあてた場合などに色がつくことが多い．この色を与える固体中の局在中心を**色中心**とよぶ．最もよく知られているのはハロゲン化アルカリ結晶中の **F 中心**で，これはハロゲンイオンの空格子点に1個の電子が捕えられたものである．簡単のため結晶を連続体とみなすと，負イオンの抜け孔は正の電荷をもつことになり，捕えられた電子はクーロン力を受けるから，これは水素原子と類似のものとみなすことができる．*F* 吸収帯はこの電子が 1s 状態から 2p 状態に励起されることに対応し，振動子強度は1に近い．1例として KBr の F 中心の吸収スペクトルを図 5.14 に示す．この吸収のためF中心をもつ KBr は青色に着色して見える．この吸収帯はガウス型に近い形をしており，その幅は $[\coth(\hbar\omega_v/2k_BT)]^{1/2}$ なる温度依存性を示す．これは配位座標モデ

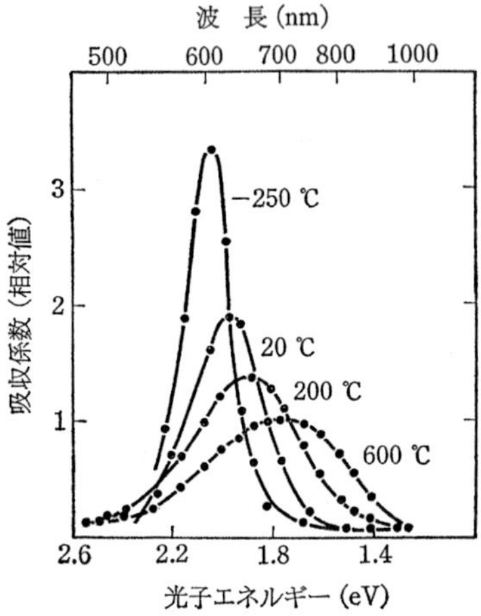

図 5.14　KBr 中のF中心の吸収スペクトル[13)]

ルで基底状態と励起状態の断熱ポテンシャル曲線の底がずれている場合としてうまく理解することができる（式（4.90）参照）．図5.15は各種のハロゲン化アルカリについてF吸収帯のピークエネルギーと格子定数 a の関係を示したものであり，これからピークエネルギーは a^{-2} に比例して変化することがわかる．いま，電子が一辺 a の立方体の箱に閉じ込められているとすると，そのエネルギーは

$$W=\frac{\pi^2\hbar^2}{2ma^2}(n_x{}^2+n_y{}^2+n_z{}^2) \tag{5.47}$$

で与えられる（問題5.3）．ただし $n_j=1, 2, 3, \cdots$ である．この場合，基底状態と最低の励起状態のエネルギー差は $3\pi^2\hbar^2/2ma^2$ となるが，これは図5.15の実験データとかなりよく一致する．したがって，F中心の特徴はこのような粗いモデルで理解できることがわかる．なお色中心には，空格子点に2個の電子が捕らえられたF′中心とか，隣接した二つの空格子点に2個の電子が捕えられたM中心，これから1個の電子がなくなった M^+ 中心などいろいろのものがある．

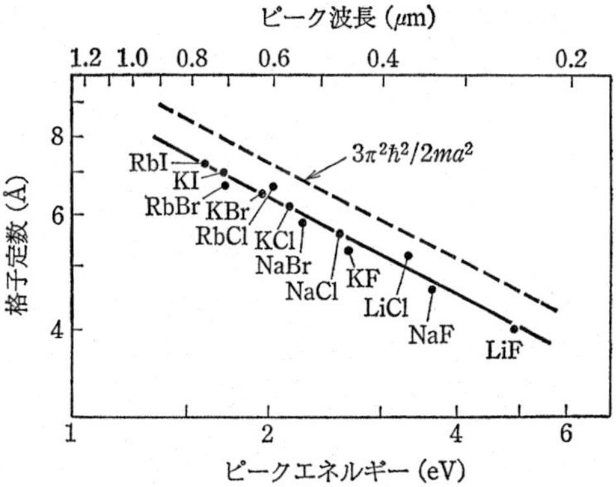

図 5.15 種々のハロゲン化アルカリ中のF中心の吸収ピークと格子定数[14)]

5.5 分子のエネルギー準位構造と光スペクトル

（1） 分子の振動回転スペクトル

いま，基底状態にある二つの原子を遠くから近づけてきたとすると，そのエネルギーは図5.16(a) あるいは (b) のようになるであろう．すなわち，核間の距離 R が十分小さくなると，核の間のクーロン斥力のためにこのエネルギーは非常に大きくなるが，途中で極小になる場合もあるし，単調に増大する場合もある．前者の場合には二つの原子は結合した方が安定であり分子が形成される．それに対して，後者の場合には二つの原子に分かれている方が安定である．分子が形成される場合，R は平衡核間距離 R_0 の近傍で振動し，また分子全体が回転する自由度もある．これらの運動が電子の運動とは近似的に分離され，また量子化される

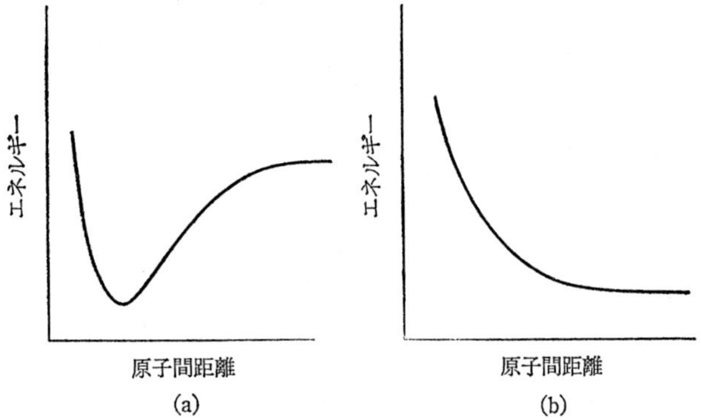

図 5.16　二原子系のポテンシャルエネルギー

ことについては4.1節で述べた．すなわち，二原子分子の場合，回転準位のエネルギーと波動関数は式（4.7）および式（4.5）で与えられ，また調和振動子で近似すると振動準位のエネルギーと波動関数は式（4.10）および式（4.12）で与えられる．したがって，二原子分子のエネルギー準位構造は図5.17のようになる．多原子分子では，いろいろの振動数の振動や回転があるが，その一つ一つについては図 5.17 と同様になる．これらの状態の間の遷移に対応していろいろの振動数領域に吸収が見られるが，電子準位が変化する場合これを**電子スペクトル**といい，これは可視部～紫外部付近に現れる．気体の場合，これは振動や回転の状態の変化に伴う多くの線の集まりとなるが，液体ではまわりの分子との相互作用のために線幅が広がり，回転準位による細かい構造は見られない．また固体の場合には分子の回転の自由度はほとんどない．一方，同じ電子準位内で異なる振動ならびに回転準位の間の遷移に対応する**振動回転スペクトル**は赤外領域に現れ，また回転状態のみの変化を伴う**純回転スペクトル**は遠赤外～マイクロ波の領域に現れる．すなわち，H_2, N_2, O_2 のような等核二原子分子では分子が回転したり振動

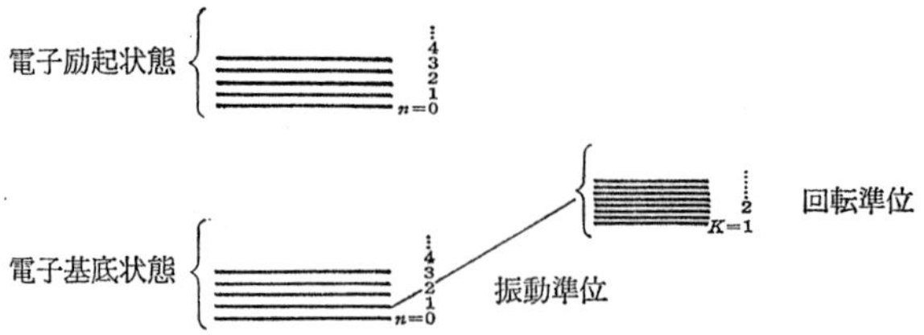

図 5.17　二原子分子のエネルギー準位構造

したりしても電気双極子モーメントの振動はなく，回転準位や振動準位間の遷移による電磁波の吸収は起こらないが，一般には分子の回転や振動は電気双極子モーメントの振動を引き起こし，そのため電磁波が吸収される．なお，回転準位間の吸収遷移では式 (5.10)の関係から選択則は回転量子数をKとして$\Delta K=1$であり ($K=1, 2, 3, \cdots$)，吸収線のエネルギーは

$$\hbar\omega=\hbar^2(K+1)/\mu R_0^2 \tag{5.48}$$

で与えられる (問題 5.4)．したがって，吸収線のエネルギー間隔から分子の慣性モーメントが求められ，さらにこれから二原子分子では分子の核間距離 R_0 を計算することができる．

次に，振動準位間の遷移について考える．いま，調和振動子の波動関数 (4.12) を使って電気双極子モーメントの行列要素を計算すると，それは

$$<\phi_m(X)|X|\phi_n(X)>=\int\phi_m{}^*(X)X\phi_n(X)\mathrm{d}X \tag{5.49}$$

に比例するが，エルミートの多項式の性質からこれは $m-n=\pm1$ の場合にのみ零でない (付録C参照)．したがって，二つの振動準位の間の遷移に対応する吸収スペクトルを測定すると，そのエネルギーは $\hbar\omega_\mathrm{v}$ になっており，それから直ちに二つの核の間の力の定数 f が計算できる．調和振動子のモデルは質量のないばねで結ばれた二つの質点を考え，フックの法則が成り立つとしたことに相当するが，その場合には上で見たように，振動準位のエネルギーは等間隔になり，すべての許容遷移によるスペクトル線は重なって１本の線になる (遷移により分子の回転準位も変化するが回転準位間のエネルギー差は小さいのでこれによるスペクトル線の分裂は無視している)．しかし実際には，二原子分子の振動スペクトルは近接した線の集まりになっており，これは式 (4.8) が十分よい近似ではなく，ポテンシャルエネルギーに非調和項を入れる必要があることを示している．

実際の二原子分子の最低の電子状態に対するポテンシャルエネルギー $V(R)$ は，Rの広い範囲で

$$\left.\begin{aligned}V_\mathrm{M}(R)&=D_e[1-\mathrm{e}^{-\beta(R-R_0)}]^2\\ \beta&=\omega_\mathrm{v}\sqrt{\mu/2D_\mathrm{e}}\end{aligned}\right\} \tag{5.50}$$

で表される**モースのポテンシャル**で極めてよく近似される (図 5.18)．この関数は $R=0$ で無限大にならない点では真のポテンシャル関数と異なるが，核間の平衡距離 R_0，曲線の谷の深さ D_e，平衡点での曲率 $f=\mu\omega_\mathrm{v}{}^2$ などを正しく与える．

式 (4.6 a) で $V(R)$ として式 (5.50 a) を用い，$W_r(R)$ を無視すると，シュレーディンガー方程式は解析的に解くことができ，その固有値は

$$W_v = \hbar\omega_v\left(n+\frac{1}{2}\right) - \frac{\hbar^2\omega_v^2}{4D_e}\left(n+\frac{1}{2}\right)^2 \tag{5.51}$$

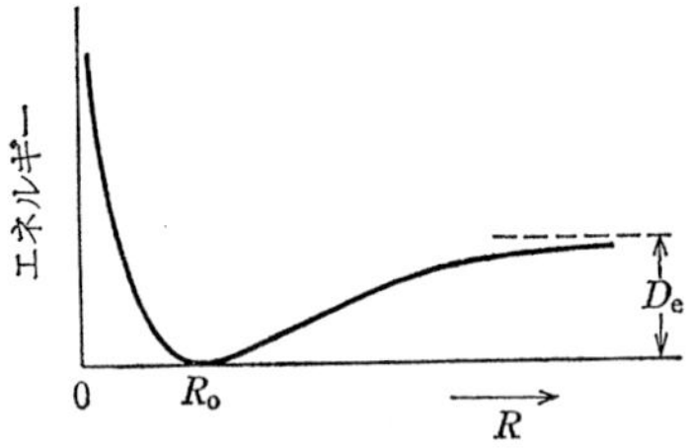

図 5.18　モースのポテンシャル

となることが知られている．なお，非調和項を考慮すると選択則は $\Delta n=\pm1, \pm2, \cdots$ となるが，$|\Delta n|$ が大きくなると遷移の強度は急激に小さくなる．式 (5.51) のエネルギーは n が増すと間隔が狭くなり D_e に収束する．この関係を使うことにより，振動スペクトルから $\hbar\omega_v$ と D_e を求めることができ，分子の解離エネルギー

$$D_0 = D_e - \hbar\omega_v/2 + \hbar^2\omega_v^2/16D_e \tag{5.52}$$

を分光学的に求めることができる．

一般に分子の規準振動は分子の形を変えないような対称操作のつくる群の既約表現で分類されるが，式 (5.12) のところで述べたように，既約表現に関する選択則が存在し，振動準位間の光吸収は x, y, z が属するのと同じ既約表現に属する振動でのみ許される．このような振動は**赤外活性**であるといわれる．もし分子が反転対称性をもつならば，この既約表現は奇のパリティーをもつものに限られる．

光が入射した場合には，等核二原子分子の場合も含めて一般に電気双極子の振動が誘起され，これに基づく散乱光が物質から放出される．その際，遷移の始状態と終状態が異なる回転準位ないしは振動準位である場合にはこれをラマン散乱とよぶ．回転ラマン散乱の選択則は $\Delta K=\pm2$ であり，ラマン線のエネルギーは等間隔になるが，この間隔からやはり分子の慣性モーメントが求められる（問題 5.4）．一方，調和振動子で近似した場合，振動のラマン散乱の選択則は $\Delta n=\pm1$ となる．したがって，入射光とラマン線とのエネルギー差から振動のエネルギー $\hbar\omega_v$ が求められる．なお，非調和項を考慮すると，$\Delta n=\pm2, \pm3, \cdots$ の遷移による光散乱も許される．$\Delta n=\pm n$ の場合を n 次のラマン散乱という．光散乱には二つの光子が関与するから，1 次のラマン散乱は $x^2, y^2, z^2, xy, yz, zx$ が属するのと同じ既約表現に属する振動でのみ許される．これらの振動は**ラマン活性**であるといわれる．分子が反転対称性をもつ場合には，これらは偶のパリティーをもつも

のに限られる.

(2) 分子の電子スペクトル

次に分子の中の電子について考える. それには, 5.2節で述べたハートリー近似の考え方を使って, 分子内の各電子は原子核ならびに他の電子のつくる平均的なポテンシャルの場 $V(\boldsymbol{r})$ の中を独立に運動するものとしよう. このようにしてつくられる電子の軌道は分子全体に広がっており, これを**分子軌道**という. そこで原子の場合と同じように, この軌道に電子を詰めていくことにして, 分子全体の波動関数はそれぞれの電子の軌道関数の積で表されるものとして扱おう. $V(\boldsymbol{r})$ は分子と同じ対称性をもち, 各分子軌道は分子を変えないような対称操作のつくる群の既約表現で分類される. またそれに電子を詰めてつくられた状態についても同様である. この群が原子の場合には回転群であったが, 分子の場合には分子を変えないような対称操作のつくる群である点が異なる (これは直線状の分子を除くと点群になる). なお原子の場合と同じく, 分子の状態を一つの電子配置で近似するのではなく, 異なる電子配置に属する同じ対称性をもつ状態の一次結合で表し, 変分法で係数を決めるという方法でさらに近似を上げることができ, これを配置間相互作用を考慮するという.

分子軌道をつくる一つの方法として, これを原子軌道の一次結合で表すことが考えられ, これを **LCAO–MO 法**とよぶ (linear combination of atomic orbitals-molecular orbital の略). いま原子 A, B よりなる二原子分子を考え, 分子軌道を原子の規格化された軌道関数 ϕ_A と ϕ_B を使って

$$\psi = c_A\phi_A + c_B\phi_B \tag{5.53}$$

と表そう. すると, 注目する一つの電子に対するハミルトニアンを $\hat{H}$ として, この分子軌道にあるときの電子のエネルギーは

$$W = \frac{\langle\psi|\hat{H}|\psi\rangle}{\langle\psi|\psi\rangle} = \frac{c_A{}^2H_{AA} + 2c_Ac_BH_{AB} + c_B{}^2H_{BB}}{c_A{}^2 + 2c_Ac_BS + c_B{}^2} \tag{5.54}$$

で与えられる. ここで $H_{ij} = \langle\phi_i|\hat{H}|\phi_j\rangle$ である. また $S = \langle\phi_A|\phi_B\rangle$ は波動関数の重なりを表し, **重なり積分**とよばれる. ただし, 式 (5.54) では簡単のため c_A, c_B, H_{ij}, S は実数としている. そこで, 変分法の原理にしたがって W が極小になるという条件から $\partial W/\partial c_A = 0$, $\partial W/\partial c_B = 0$ とすると

$$\left.\begin{aligned}(H_{AA} - W)c_A + (\beta - WS)c_B &= 0\\ (\beta - WS)c_A + (H_{BB} - W)c_B &= 0\end{aligned}\right\} \tag{5.55}$$

となり，これから

$$\begin{vmatrix} H_{AA}-W & \beta-WS \\ \beta-WS & H_{BB}-W \end{vmatrix}=0 \qquad (5.56)$$

が得られる（問題5.5）．ただし $\beta\equiv H_{AB}$ であり，これは**共鳴積分**とよばれる．分子軌道のエネルギーはこの永年方程式の解で与えられる．さらに，そのエネルギーを式(5.55)に代入することにより c_A/c_B が決まり，規格化条件 $\langle\psi|\psi\rangle=1$ を用いると c_A と c_B が求められる．

いま，簡単のため H_{AA} と H_{BB} を原子軌道のエネルギー W_A，W_B で近似すると

$$(W-W_A)(W-W_B)=(\beta-WS)^2 \qquad (5.57)$$

となるが，これは正であるから，この方程式の一つの根は W_A, W_B より小さく，他方の根はこれらよりも大きい．すなわち，二つの原子に所属する電子が相互作用することによって分子軌道を形成すると，エネルギーのより低い状態と，より高い状態ができるわけで，これらを**結合性軌道**，**反結合性軌道**とよぶ（図5.19）．この名前は電子が結合性軌道を占めるとエネルギーが下がって安定化し結合がつくられることからきている．安定化のされ方は $|H_{AA}-H_{BB}|$ が小さいほど，また波動関数の重なりが大きいほど著しい．W_A と W_B が大きく異なっていると事実上分子軌道は形成されない．

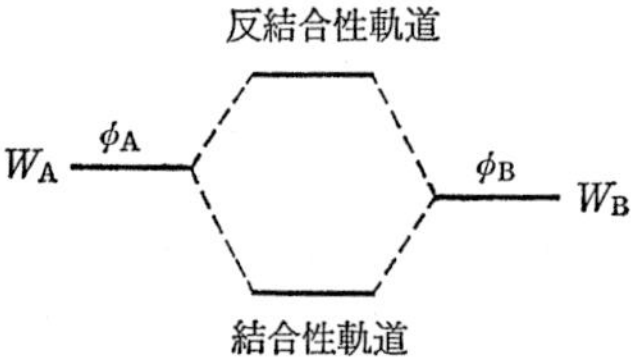

図 5.19　二つの原子軌道の一次結合による分子軌道のエネルギー

二原子分子の場合には分子軸のまわりに回転対称性をもっているから，軌道角運動量の軸方向成分の大きさが量子化され，その量子数を m として分子軌道は $|m|$ により区別される．$|m|=0, 1, 2, 3, \cdots$ に対してふつう $\sigma, \pi, \delta, \varphi, \cdots$ の記号が使われる．量子数が m と $-m$ の状態は同じエネルギーをもち，$m=0$ 以外の軌道は二重に縮退しており，さらにスピンの自由度があるから一つの分子軌道には電子を4個まで収容することができる．同じ原子からなる二原子分子の場合には，分子軸の中点に関して $\boldsymbol{r}$ を $-\boldsymbol{r}$ にしたときに重なるので，軌道はこの点に関する反転に対して変わらないものと符号のみ反転するものに分類され，前者は g，後者は u の添字をつけて表す．また同じ記号で表される結合性軌道と反結合性軌道を区別するのに後者の肩に＊をつけることもよく行われる．

各軌道に電子を配置した場合，軌道角運動量やスピン角運動量の合成により種

種の状態ができるが，これを原子の場合のラッセル－サウンダース状態と同様に $^{2S+1}\Lambda_\Omega$ で表す．ただし Λ は各電子の軌道角運動量の分子軸方向成分を加え合わせた量子数で，$\Lambda=0, 1, 2, 3, \cdots$ に対して $\Sigma, \Pi, \Delta, \Phi, \cdots$ の記号が使われる．また Ω は分子軸方向の全角運動量の量子数で，たとえば $S=1$ の状態であればスピン角運動量の分子軸方向成分の量子数 m_s は ±1，0 となるから，$^3\Pi$ 状態は $\Omega=2, 1$, 0 の三つになる．さらに分子の中心に関する反転に対して波動関数の符号が変わるか変わらないかを右下に u, g をつけて区別し，また Σ 状態に対しては分子軸を含む平面での鏡映操作に対して波動関数が変わらないか符号のみ反転するかに従って右肩に＋または－をつける．この場合，スピン軌道相互作用を無視すれば電気双極子遷移に対する選択則は $\Delta\Lambda=0$，±1，$\Delta S=0$，$\Delta m_s=0$，$\Delta\Omega=0$，±1 となる．また遷移は g 状態と u 状態の間でのみ許され，＋状態と－状態の間の $\Sigma-\Sigma$ 遷移は禁止される．なお，スピン軌道相互作用が無視できないときは Λ や S, m_s はよい量子数でないから，これらに関する選択則は近似的にしか成り立たない．

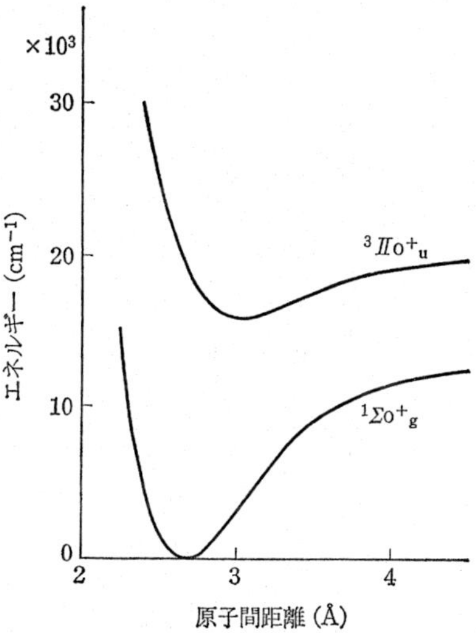

図 5.20 I_2 分子のポテンシャルエネルギー曲線

図 5.20 は一つの例として沃素分子のエネルギー準位構造を示したものである．沃素気体はこの二つの状態間の遷移に対応して可視光を吸収するため薄茶色に色づいて見える．この遷移はスピン禁制であるが，これはスピン軌道相互作用によって許される．以上では二原子分子について考えたが，多原子分子の場合には，ふつう固体中の局在中心と同様に，エネルギー準位はスピン多重度ならびに分子の属する点群の既約表現で分類される．なお，電気双極子遷移の選択則は $\Delta S=0$ であり，反転対称性があればパリティーの異なる状態間でのみ遷移は許されるほか既約表現に関する条件がつく（式 (5.11) 参照)．

（3） σ 軌道と π 軌道

ところで，炭素化合物では炭素の 2s 軌道と 2p 軌道が混じって**混成軌道**がつくられ，これが結合に重要な役割をしていることが知られている．たとえば，CH_4

（メタン）の分子構造を理解するためには，炭素原子の 2s 電子を 1 個 2p 軌道に移して $(2s)(2p)^3$ とし，これらの原子軌道の線形結合で四つの混成軌道がつくられると考えればよい．これらは正四面体の中心におかれた炭素原子から正四面体の頂点におかれた水素原子の方向に伸びる等価な軌道となる．また C_2H_4（エチレン）などの炭素原子間の二重結合では sp^2 の混成軌道で一つの平面上で互いに 120° をなすような三つの軌道がつくられるほかに，混成軌道をつくらない，分子面に垂直で分子面が節になるような電子分布をもつ軌道がある．結合軸方向に伸びる軌道を **σ 軌道**とよび，この σ 電子による強い結合を σ 結合とよぶのに対し，分子面に垂直な軌道を **π 軌道**，この π 電子による弱い結合を π 結合という．さらに C_2H_2（アセチレン）などの三重結合では 1 個の σ 軌道と 2 個の π 軌道が結合に関与している．また多くの環状化合物では炭素原子は sp^2 の混成軌道をつくって一つの平面内で結合し，さらに π 電子ももっている．π 電子は σ 電子に比べて電子雲の重なりが小さいために結合エネルギーが小さく，低いエネルギーで励起することができるので，可視部付近の光スペクトルで重要になる．σ 軌道と π 軌道とは対称性の違いのために互いに混じらないので，π 電子を扱うには σ 結合によって分子の骨格がつくられると考え，その形で決まるポテンシャルの場の中で運動する π 電子の分子軌道を問題にすればよい．このように π 電子だけを分離して扱うやり方を **π 電子近似**という．たとえば C_6H_6（ベンゼン）を考えると，各炭素原子が sp^2 混成軌道により結合し，正六角形の分子の骨格をつくっており，さらにこれに水素原子が結合している．これで σ 結合が形成されたことになるが，その他に各炭素原子に 1 個の π 電子が残っており，これが正六角形の分子全体にわたる π 軌道とよばれる分子軌道をつくっている．

今 π 電子が N 個あるとすると，LCAO–MO 近似では分子軌道は，各原子における軌道を ϕ として $\psi=\sum_{j=1}^{N} c_j\phi_j$ と書かれる．そして変分法により c_j を決めるには

$$\sum_{j=1}^{N}(H_{ij}-WS_{ij})c_j=0 \tag{5.58}$$

を解けばよい（問題 5.6）．ここで，1 個の π 電子に対するハミルトニアンを $\hat{H}$ として $H_{ij}=\langle\phi_i|\hat{H}|\phi_j\rangle$ であり，$S_{ij}=\langle\phi_i|\phi_j\rangle$ は重なり積分である．そこで (5.58) を簡単にするために，H_{jj} はすべての炭素原子について同じとしてこれを α と表し，さらに $H_{ij}\ (i\neq j)$ は i と j が隣り合う炭素原子に属する場合には β とし $(\beta<0)$，それ以外は零としよう．また重なり積分については $S_{ij}=\delta_{ij}$ としてしま

う．このような近似を**ヒュッケル近似**という．実際にこの近似を用いてベンゼンの場合について計算すると，永年方程式を解くことにより分子軌道のエネルギーは図 5.21 のようになることがわかる (問題5.7)．これに 6 個の電子を詰めると，基底状態ではエネルギーが α 以下の結合性軌道が完全に詰まり，α 以上の反結合性軌道が空いている．

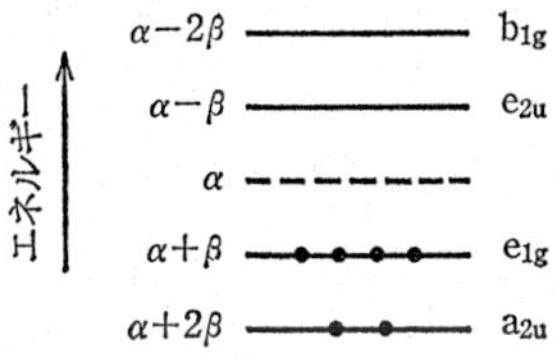

図 5.21 ヒュッケル近似で求めたベンゼンの π 分子軌道のエネルギー

光吸収はこの電子を詰まった軌道から空いた軌道に励起することに対応する．ベンゼン分子の対称性は点群 D_{6h} に属し，電気双極子モーメントは A_{2u}, E_{1u} のように変換する．a_{2u} 軌道に 2 個，e_{1g} 軌道に 4 個電子の詰まった基底状態は $^1A_{1g}$ 状態であるが，e_{1g} 軌道の電子を 1 個 e_{2u} 軌道に励起した電子配置では $^1B_{1u}$, $^1B_{2u}$, $^1E_{1u}$, $^3B_{1u}$, $^3B_{2u}$, $^3E_{1u}$ などの状態ができる．したがって，180 nm 付近に見られる非常に強い吸収帯は許容の $^1A_{1g}\rightarrow{}^1E_{1u}$ 遷移によるものと考えられる．このほかにベンゼンには 200 nm と 260 nm 付近に弱い吸収があるが，これらは振動との結合やスピン軌道相互作用によりわずかに許された $^1A_{1g}\rightarrow{}^1B_{2u}$, $^1A_{1g}\rightarrow{}^3B_{1u}$ などの遷移によるものであろう．ヒュッケル近似は定量的には十分満足な結果を与えないが，光学遷移を定性的に理解するには大変有効な方法である．なお，より精度の高い多くの近似法が研究されており，特に最近では計算機の大型高速化により状態のエネルギーや波動関数の詳しい計算が行われるようになっている．

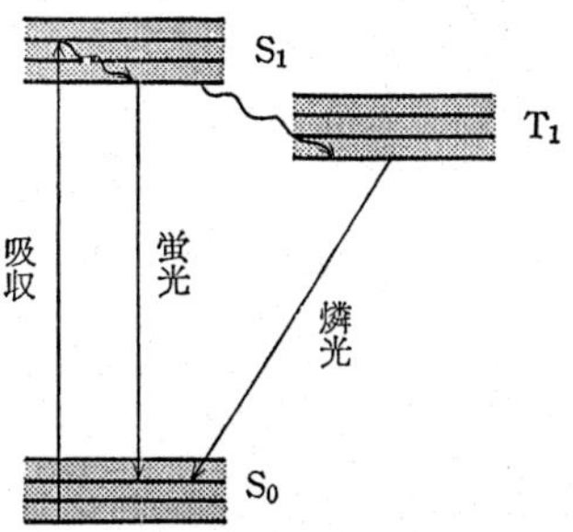

図 5.22 色素分子のエネルギー準位構造．S_0, S_1 はスピン一重項状態を，また，T_1 は三重項状態を表す．横線は振動準位を示すが，それはまわりとの相互作用のため広がっている．

有機分子には可視部付近に強い吸収をもち，染料などに使われる一連の物質があり，これを**色素**とよぶ．これらは炭素原子間が二重結合と一重結合が交互に繰り返すいわゆる**共役二重結合**をもつ分子で，色の基になる吸収遷移は π 電子に関係している．すなわち，分子の骨格は σ 結合で形成され，π 電子はその中を運動するが，それによってつくられるスピン一重項の基底状態 S_0 からスピン一重項の電子励起状態 S_1 への遷移に対応する強い吸収が可視部付近に現れる (図 5.22)．この場合，π 電子に対する静電ポテンシャルが分子内で一定であるとする近似はかなりよいと考えられる．そこで一次元の鎖状の共役二重結合をもつ分子を考え，π 電子が分子の長さ L の一次元の井戸型ポテンシャル中で自由に運動するとしてみよう．すると電子のエネルギーは，m を電子の質量，n を正の整数として

$$W_n = \pi^2\hbar^2 n^2/2mL^2 \tag{5.59}$$

で与えられる（問題 4.1 参照）．安定な分子では通常 π 電子の数 N は偶数であり，スピンを考慮すると基底状態ではエネルギーの低い $N/2$ 個の状態が電子で占められることになる．そこで一番エネルギーの高い電子を一つ上の状態に上げるとすると，それに要するエネルギーは

$$\Delta W = \pi^2\hbar^2(N+1)/2mL^2 \tag{5.60}$$

と計算される．一次元の鎖状の色素分子の吸収帯のピークエネルギーはこのようなモデルでかなりよく説明され，分子が大きくなるとともに吸収帯が長波長側へ移動することもうまく理解できる．また，遷移の強度も上のモデルで得られた波動関数を使って計算したものと実験とはかなりよい一致を示す．色素の多くは平面状の分子であるが，その場合にも同様の自由電子モデルを使うことができ，大部分の色素分子の吸収帯のエネルギー位置や遷移強度とその方向分布などは，このような簡単なモデルで理解できる．

図 5.23 に代表的な色素であるローダミン 6 G の分子構造とその水溶液の吸収スペクトルならびに蛍光スペクトルを示す．これらは幅広いバンドとなっているが，これは色素分子が数十個の原子よりなり，電子準位に多くの振動回転準位が強く結合していること，ならびに色素分子のまわりが均一ではないことによるものである．また，吸収スペクトルにはいくつかの山が見られるが，これは炭素原子間などの分子内振動が結合したことによる構造である．多くの色素分子で蛍光が見られるが，これは吸収

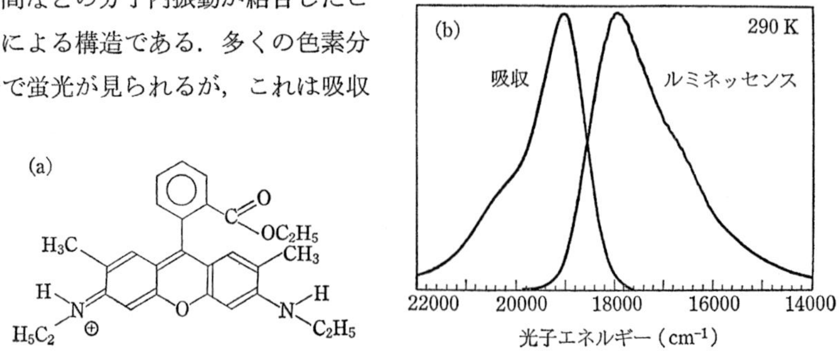

図 5.23　ローダミン 6 G の分子構造（a）とその水溶液の吸収およびルミネッセンススペクトル（b）[5)]

とは逆に S_1 状態から S_0 状態へ遷移することに対応している．さらに S_1 からスピン三重項状態 T_1 に移った後，そこから基底状態 S_0 への遷移によって燐光を出す場合もある（図5.22）．この遷移は禁制であるが，スピン軌道相互作用により一重項と三重項が混じり合うことによりわずかに許される．なお，あるエネルギーの所を中心に吸収スペクトルと蛍光スペクトルはほぼ対称な形になっているが，これについては6.1節で述べる．

5.6 結晶中の電子のエネルギー準位構造と光スペクトル

(1) 結晶内電子のエネルギーバンド構造

次に結晶中の電子について考える．この場合も原子間距離は近いから分子の場合と同じように波動関数の重なりが生じ，電子の状態は孤立原子の場合とは異なる．すなわち，原子間隔が十分に離れていれば，電子は各原子に束縛されているが，原子間隔が小さくなると，波動関数の重なりのために電子はどの原子に属するということができず，電子はある程度自由に結晶中を動き回り，結晶全体に広がった状態にあるとみなされる．そこで一電子近似を用い一つの電子に注目して，この電子が他の電子および核のつくる平均的なポテンシャルの場の中を運動すると考える．さらに，個々の原子核の近くでは電子の運動は孤立原子の場合に近いと考えられるから，結晶中の電子の波動関数を原子の波動関数の一次結合で近似することにしよう．このような近似を**孤立した原子からの近似**とよぶ．

いま簡単のためN個の同じ原子が間隔 a で一次元的に規則正しく並んでいる場合を考え，孤立原子の波動関数を $\phi(x)$ として結晶中の電子の波動関数を

$$\psi(x)=\sum_n c_n\phi(x-na) \tag{5.61}$$

と表すことにする（n は整数）．係数 c_n は前節と同様なやり方で求められるが，結晶の周期性を考えると後で述べるようにブロッホの定理が成り立つので，$\psi(x)$は

$$\psi_k(x+ma)=\mathrm{e}^{ikma}\psi_k(x) \tag{5.62}$$

を満たす必要があり，この条件から $c_n=N\exp(ikna)$ とすればよいことがわかる（問題5.8）．ここで k は境界条件で決まる定数で N 個の値をとることができる．実際の結晶では N は十分大きな数であるから k はほぼ連続であると考えてよい．そこで注目する一つの電子に対するハミルトニアンを $\hat{H}$ とすると，そのエネルギーは

$$W=\frac{\langle\psi_k|\hat{H}|\psi_k\rangle}{\langle\psi_k|\psi_k\rangle}=\frac{\sum_{nm}\mathrm{e}^{ik(m-n)a}H_{nm}}{\sum_{nm}\mathrm{e}^{ik(m-n)a}S_{nm}} \tag{5.63}$$

となる．ただし

$$\left.\begin{aligned} H_{nm} &= \langle\phi(x-na)|\hat{H}|\phi(x-ma)\rangle \\ S_{nm} &= \langle\phi(x-na)|\phi(x-ma)\rangle \end{aligned}\right\} \tag{5.64}$$

である．ここでヒュッケル近似の場合と同じように $S_{nm}=\delta_{nm}$ とし，さらに $H_{mm}=\alpha$，また H_{nm} $(n \neq m)$ は $m=n\pm1$ の場合には β とし，それ以外は零としよう．すると式 (5.63) は

$$W(k)=\alpha+2\beta\cos ka \tag{5.65}$$

となる．これを k に対してプロットしたのが図 5.24 である．ただし $2\pi/a$ の周期で同じ依存性が繰り返されるから k としては $-\pi/a$ と π/a の間のみを示す（k のこの範囲を第一ブリルアン域という）．$W(k)$ は $k=0$ と $k=\pm\pi/a$ で極値をとり，曲線が上に凸となるか下に凸となるかは β の符号による．このように結晶の場合，電子のエネルギーはある範囲内でほぼ連続的な値をとることになり，これを**エネルギーバンド**という．

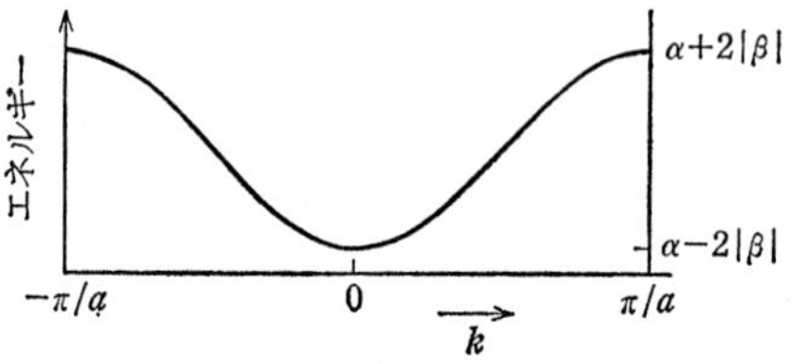

図 5.24　一次元結晶中の電子のエネルギーの k 依存性

上の結果は次のように理解される．すなわち，いま特定のエネルギー準位についてみると（縮退はないとする），原子が離れているときにはどれも同じエネルギーをもつから，その準位は N 重に縮退しているが，距離が近づくと相互作用により縮退が解けエネルギーは広がる．実際の結晶では N は大きな数であるから縮退の解けたエネルギー準位はある範囲でほぼ連続的なエネルギーをとるとみなすことができ，エネルギーバンドが形成される．このバンドのエネルギー幅は $4|\beta|$ で与えられるが，$|\beta|$ は隣の原子との間の原子軌道関数の重なりの大きさに比例し，$|\beta|/h$ は隣り合った原子の間を電子が飛び移る確率と解釈することができる．したがって，電子が移動しやすいほどバンド幅は広くなるが，これはエネルギーと時間の間の不確定性関係とつじつまが合う．

原子の一つの準位からできたバンドには一つの原子あたり 2 個の電子が入ることができ，結晶の基底状態ではエネルギーの低いバンドから電子を詰めていくことになる．電子で満たされたバンドの中で最もエネルギーの高いものを**価電子帯**といい，その一つ上のバンドを**伝導帯**とよぶ．完全結晶中の電子は伝導帯の下端

表 5.4 いろいろの結晶のバンドギャップエネルギーと励起子結合エネルギー

結晶	W_g(eV)	R_{ex}(meV)	結晶	W_g(eV)	R_{ex}(meV)
Si	1.17	14.7	CdSe	1.85	15
Ge	0.74	4.1	KCl	8.7	400
GaAs	1.52	4.2	KI	6.3	480
GaP	2.35	3.5	RbCl	8.5	440
InP	1.42	4.0	AgCl	3.3	30
CdS	2.58	29			

と価電子帯の上端の間のエネルギーはとることができず，このようなエネルギー領域は禁制帯とよばれる．またこのエネルギー帯の幅を**バンドギャップ**（エネルギー）とよぶ（表 5.4）．満たされたバンドの中の電子は電気伝導に寄与しないが，伝導帯の電子は電気伝導の主役となる．伝導帯に多くの電子がいる物質は電気をよく伝え，金属になるのに対し，いない物質は絶縁体になる．またバンドギャップが比較的狭く，熱的に励起されるなどの理由である程度伝導帯電子がいる物質は半導体になる．また，光を照射することにより価電子帯の電子を伝導帯に励起すると，伝導帯電子とともに価電子帯に電子の抜け孔ができる．これは**正孔**とよばれ，あたかも正の電荷をもつ粒子のように振舞う．伝導帯電子および価電子帯正孔は電気伝導に寄与するため，これらは**キャリヤー**とよばれる．バンドギャップ以上の光子エネルギーをもつ光を照射するとキャリヤーが増え，物質の電気伝導度が上昇する．これを**光伝導**とよび，このときに流れる電流を**光電流**という．またこの現象を**内部光電効果**といい，電子を真空準位以上のエネルギーの状態に光励起することにより，光電子放出を行わせるいわゆる光電効果を**外部光電効果**とよんで対比させることもある．

ところで，結晶を構成する原子に属する電子のうち，内殻の電子は他から影響を受けることが少ないので孤立原子から出発するのがよい近似であるが，それに対して外殻電子は波動関数の重なりが著しく，その場合には，むしろ自由電子から出発して近似を進めるのが適当と考えられる．光スペクトルにはこのような外殻電子が重要になるから，これに注目し，他の電子と原子核が結晶の骨組をつくるものとして，その中でのこの電子の運動を考えよう．これは前節で述べた π 電子近似の場合と同様である．やはり一電子近似を用いると，解くべきシュレーディンガー方程式は

$$\left[-\frac{\hbar^2}{2m}\nabla^2+V(\boldsymbol{r})\right]\phi(\boldsymbol{r})=W\phi(\boldsymbol{r}) \tag{5.66}$$

となるが，$V(\boldsymbol{r})$ が $\boldsymbol{r}$ によらない自由電子の場合には，よく知られているように，この解は

$$\phi(\boldsymbol{r})=\frac{1}{\sqrt{\Omega}}e^{i\boldsymbol{k}\cdot\boldsymbol{r}} \tag{5.67}$$

のように平面波の形に表される．ただし波動関数は体積 Ω の中で規格化されているものとする．ここで $\hbar\boldsymbol{k}$ は電子の運動量に対応し，これを**結晶運動量**ということがある．一方，運動エネルギーは $\hbar^2\boldsymbol{k}^2/2m$ となる．この場合，慣性の法則に対応して $\boldsymbol{k}$ は運動の恒数となり，これを用いて運動の状態を区別することができる．

次に，格子振動や格子欠陥，不純物などの効果を無視して完全な結晶を考えると，その中で原子は周期的な配列をしており，結晶は並進対称性をもつ．すなわち，結晶は単位胞を周期的に繰り返すことにより構成されており，単位胞は Ge や Si 結晶のように一種類の原子でできている場合もあり，GaAs や Al_2O_3 結晶のようにいくつかの原子から成る場合もある．ある単位胞内の一点から他の単位胞内の対応する点に引いたベクトルは**格子ベクトル**とよばれ，これは基本並進ベクトルを $\boldsymbol{t}_1, \boldsymbol{t}_2, \boldsymbol{t}_3$ として，整数 l_1, l_2, l_3 を用い，

$$\boldsymbol{R}_n=l_1\boldsymbol{t}_1+l_2\boldsymbol{t}_2+l_3\boldsymbol{t}_3 \tag{5.68}$$

のように表すことができる．結晶をこれだけ移動させた場合，結晶の端を除けば元とまったく変わらないから，$V(\boldsymbol{t}+\boldsymbol{R}_n)=V(\boldsymbol{r})$ が成立し，$\phi(\boldsymbol{r}+\boldsymbol{R}_n)$ もまた式 (5.66) を満足する．したがって，電子状態に縮退がないものとすると，c_j を定数として

$$\phi(\boldsymbol{r}+\boldsymbol{t}_j)=c_j\phi(\boldsymbol{r}) \tag{5.69}$$

の関係が成り立つはずである．そこで，周期的境界条件をもちこみ，$l_j=G$ の所では $l_j=0$ の所と波動関数が一致するものとする．すなわち

$$\phi(\boldsymbol{r})=\phi(\boldsymbol{r}+G\boldsymbol{t}_1)=\phi(\boldsymbol{r}+G\boldsymbol{t}_2)=\phi(\boldsymbol{r}+G\boldsymbol{t}_3) \tag{5.70}$$

と仮定する．結晶は十分多くの原子を含むので，このような境界条件をつけても一般性を失うことはない．すると，$c_j{}^G=1$ となるから

$$c_j=\exp(2\pi i n_{jg}/G) \tag{5.71}$$

と表すことができる．ここで n_{jg} は任意の整数であるが，n_{jg} と $(G+n_{jg})$ とは同じことであるから，$-G/2<n_{jg}\leq G/2$，$g=1, 2, 3, \cdots$，G としよう．実際には縮退

があっても同様のことがいえ，一般に次のように書くことができる．

$$\psi(\boldsymbol{r}+\boldsymbol{R}_n)=\mathrm{e}^{i\boldsymbol{k}\cdot\boldsymbol{R}_n}\psi(\boldsymbol{r}) \tag{5.72}$$

ここで，$\boldsymbol{t}_i\cdot\boldsymbol{b}_j=\delta_{ij}$ を満たす逆格子の基本並進ベクトル

$$\boldsymbol{b}_1=\frac{\boldsymbol{t}_2\times\boldsymbol{t}_3}{\boldsymbol{t}_1\cdot(\boldsymbol{t}_2\times\boldsymbol{t}_3)}\quad \boldsymbol{b}_2=\frac{\boldsymbol{t}_3\times\boldsymbol{t}_1}{\boldsymbol{t}_2\cdot(\boldsymbol{t}_3\times\boldsymbol{t}_1)}\quad \boldsymbol{b}_3=\frac{\boldsymbol{t}_1\times\boldsymbol{t}_2}{\boldsymbol{t}_3\cdot(\boldsymbol{t}_1\times\boldsymbol{t}_2)} \tag{5.73}$$

を使って $\boldsymbol{k}$ は

$$\left.\begin{aligned}&\boldsymbol{k}=h_1\boldsymbol{b}_1+h_2\boldsymbol{b}_2+h_3\boldsymbol{b}_3\\&h_j=2\pi n_{jg}/G\end{aligned}\right\} \tag{5.74}$$

と表される．この場合 G^3 個のベクトルがあることになるが実際の結晶では G は大きな数であるから，h_j は $-\pi$ から π までの間で連続とみなして差し支えない．

ところで以上の結果は，$u_k(\boldsymbol{r})$ が $u_k(\boldsymbol{r}+\boldsymbol{R}_n)=u_k(\boldsymbol{r})$ を満たす関数として

$$\psi_k(\boldsymbol{r})=\mathrm{e}^{i\boldsymbol{k}\cdot\boldsymbol{r}}u_k(\boldsymbol{r}) \tag{5.75}$$

とするのと同じことである（問題 5.9）．すなわち，ポテンシャルエネルギーが場所によらないときには $\boldsymbol{k}$ はよい量子数であり，波動関数は $\exp(i\boldsymbol{k}\cdot\boldsymbol{r})$ という平面波の形に表されることをすでに述べたが，並進対称性をもつ結晶中に広がった電子の場合も同様であり，$\boldsymbol{k}$ はよい量子数となり波動関数は結晶格子と同じ周期をもつ関数が平面波の形に変調されたものとして表現される．これを**ブロッホの定理**といい，式（5.75）の波動関数を**ブロッホ関数**とよぶ．これをシュレーディンガー方程式（5.66）に入れると

$$\left[-\frac{\hbar^2}{2m}(\nabla+i\boldsymbol{k})^2+V(\boldsymbol{r})\right]u_k(\boldsymbol{r})=W(\boldsymbol{k})u_k(\boldsymbol{r}) \tag{5.76}$$

となるが，$\boldsymbol{k}=0$ の場合，$\boldsymbol{r}$ としてある原子のごく近傍を考えれば，それは原子に束縛された電子に対するシュレーディンガー方程式と同じ形になっており，エネルギーはとびとびになると考えられる．これらを j で区別しよう．$\boldsymbol{k}$ の値を変えたときエネルギーは連続的に変化し，j の値ごとに $\boldsymbol{k}$ 空間でエネルギー曲面が得られる．すなわち，電子のエネルギーは j の値ごとにある範囲内で連続的な値をとることができ，これがエネルギーバンドである．

さらに，式（5.76）の複素共役をとったものと式（5.76）の $\boldsymbol{k}$ を $-\boldsymbol{k}$ に換えたものを比較すると，これらは同じ形の方程式になっており，$W_j(\boldsymbol{k})=W_j(-\boldsymbol{k})$ となることがわかる．したがって縮退がないとすると W_j は k_1, k_2, k_3 の偶数次の項のみで表されるはずであり，$\boldsymbol{k}=0$ 付近を考えると k の高次の項を無視して

$$W_j(\boldsymbol{k})=W_{j0}+a_1k_1{}^2+a_2k_2{}^2+a_3k_3{}^2 \tag{5.77}$$

と近似できる．ただし $k_i = h_i |\boldsymbol{b}_i|$ である．特に，結晶が等方的である場合には，$\boldsymbol{t}_1, \boldsymbol{t}_2, \boldsymbol{t}_3$ は x, y, z 方向のベクトルであり $a_1 = a_2 = a_3$ となるから，

$$W_j(\boldsymbol{k}) = W_{j0} + ak^2 \tag{5.78}$$

と書くことができる．これを質量 m の自由電子の運動エネルギー $\hbar^2 k^2/2m$ と比較して $a = \hbar^2/2m^*$ と書くことにして，m^* を**有効質量**とよぶ．この場合，$1/m^* = (d^2W/\hbar^2 dk^2)_{k=0}$ であり，エネルギーバンドの端が下に凸であるか上に凸であるかにしたがって m^* は正になるか負になるかが決まる．価電子帯の上端付近を議論するときには電子の負の有効質量ではなく，正の値をもつ正孔の有効質量を使うのがふつうである．なお，もっと一般的にいうと，これはテンソルになり，エネルギーバンドの端が $\boldsymbol{k} = \boldsymbol{k}_0$ にある場合には，有効質量は $1/m_{ij}^* = (\partial^2 W/\hbar^2 \partial k_i \partial k_j)_{k=k_0}$ によって定義される．

(2) バンド間の光学遷移

次に，光を当てることにより価電子帯の電子を空の伝導帯に励起する場合について考える．結晶の光吸収には不純物や格子欠陥などの結晶の不完全性に関係するものもあるが，ここで考えるのは結晶母体それ自身の吸収によるもので，これは幅広いバンドとなり，**基礎吸収帯**とよばれる．いま図 5.25 のように価電子帯の上端と伝導帯の下端が共に $\boldsymbol{k} = 0$ にあり，これらのバンドが k に対して放物線で与えられるとしよう．すなわち，価電子帯の上端をエネルギーの原点にとり，伝導帯電子と価電子帯電子のエネルギーが

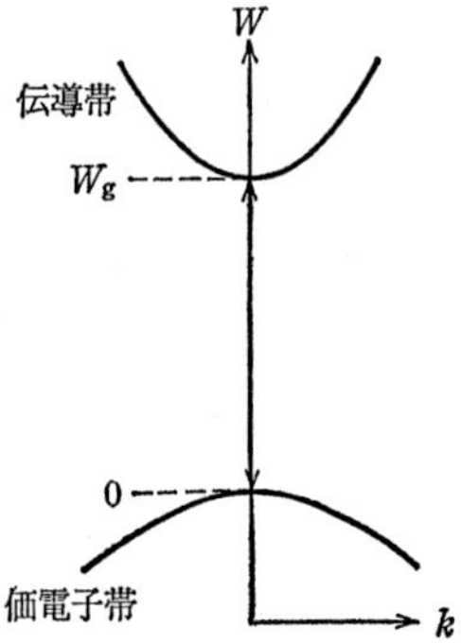

図 5.25　価電子帯の上端と伝導帯の下端が共に $\boldsymbol{k}=0$ にある場合のバンド間遷移

$$\begin{aligned} W_c(\boldsymbol{k}_c) &= W_g + \hbar^2 \boldsymbol{k}_c^2/2m_e \\ W_v(\boldsymbol{k}_v) &= -\hbar^2 \boldsymbol{k}_v^2/2m_h \end{aligned} \tag{5.79}$$

であるとする．ここで m_e は伝導帯電子の有効質量であり，m_h は価電子帯正孔の有効質量である．簡単のため光は一つの自由度にあるものとし，相互作用を式 (3.62) のように

$$\hat{H}_1 = \frac{e}{m}\left(\frac{\hbar}{2\omega\varepsilon_0\Omega}\right)^{1/2} \boldsymbol{e}\cdot\boldsymbol{p}[\hat{a}e^{i(\boldsymbol{k}\cdot\boldsymbol{r}-\omega t)} + \hat{a}^\dagger e^{-i(\boldsymbol{k}\cdot\boldsymbol{r}-\omega t)}] \tag{5.80}$$

とすると，遷移確率は

$$w_{cv}=\frac{2\pi}{\hbar}\frac{\hbar e^2}{2m^2\omega\varepsilon_0\Omega}|<\Psi_c|\boldsymbol{e}\cdot\hat{\boldsymbol{p}}e^{i(\boldsymbol{k}\cdot\boldsymbol{r}-\omega t)}|\Psi_v>|^2$$
$$\times|<n-1|\hat{a}|n>|^2\delta(W_c-W_v-\hbar\omega) \quad (5.81)$$

となる．ここで

$$\left.\begin{aligned}\Psi_v&=\Omega^{-1/2}\exp[i(\boldsymbol{k}_v\cdot\boldsymbol{r}-W_vt/\hbar)]u_v(\boldsymbol{r},\boldsymbol{k}_v)\\ \Psi_c&=\Omega^{-1/2}\exp[i(\boldsymbol{k}_c\cdot\boldsymbol{r}-W_ct/\hbar)]u_c(\boldsymbol{r},\boldsymbol{k}_c)\end{aligned}\right\} \quad (5.82)$$

である．そこで $\hat{\boldsymbol{p}}$ を $(\hbar/i)\nabla$ でおき換えると（問題3.6参照），

$$<\Psi_c|\boldsymbol{e}\cdot\hat{\boldsymbol{p}}e^{i(\boldsymbol{k}\cdot\boldsymbol{r}-\omega t)}|\Psi_v>=\frac{\hbar}{i}\frac{1}{\Omega}$$
$$\times\left[\int u_c^*(\boldsymbol{e}\cdot\nabla u_v)\exp\{i(\boldsymbol{k}_v+\boldsymbol{k}-\boldsymbol{k}_c)\cdot\boldsymbol{r}\}d\boldsymbol{r}\right.$$
$$\left.+i\boldsymbol{e}\cdot(\boldsymbol{k}_v+\boldsymbol{k})\int u_c^*u_v\exp\{i(\boldsymbol{k}_v+\boldsymbol{k}-\boldsymbol{k}_c)\cdot\boldsymbol{r}\}d\boldsymbol{r}\right] \quad (5.83)$$

となる．ただし，時間的に振動する部分はデルタ関数があるから1としてある．積分は結晶の有効な体積全体に対して行うが，結晶は同じ構造の繰り返しであるから，これを単位胞内の積分の和で表すと

$$\int f(\boldsymbol{r},\boldsymbol{k}_v,\boldsymbol{k}_c)\exp[i(\boldsymbol{k}_v+\boldsymbol{k}-\boldsymbol{k}_c)\cdot\boldsymbol{r}]d\boldsymbol{r}$$
$$=\sum_{R_n}\exp[i(\boldsymbol{k}_v+\boldsymbol{k}-\boldsymbol{k}_c)\cdot\boldsymbol{R}_n]\int_{\text{単位胞}}f(\boldsymbol{r},\boldsymbol{k}_v,\boldsymbol{k}_c)\exp[i(\boldsymbol{k}_v+\boldsymbol{k}-\boldsymbol{k}_c)\cdot$$
$$(\boldsymbol{r}-\boldsymbol{R}_n)]d\boldsymbol{r} \quad (5.84)$$

となる．この最後の積分はすべての単位胞で等しく，$\sum_{R_n}\exp[i(\boldsymbol{k}_v+\boldsymbol{k}-\boldsymbol{k}_c)\cdot\boldsymbol{R}_n]$ は第一ブリルアン域に限ると

$$\boldsymbol{k}_c=\boldsymbol{k}_v+\boldsymbol{k} \quad (5.85)$$

でなければ零になる．したがって，光学遷移はこの k 選択則を満足しなければならない．ただし，光の波長は単位胞の大きさに比べて十分長いから，$\boldsymbol{k}$ の大きさは第一ブリルアン域の大きさに比べてずっと小さい．したがってこれを無視することができ，遷移の際に電子の $\boldsymbol{k}$ ベクトルは保存されることになる．これは図5.25で光学遷移は垂直に起こるといってもよい．このような遷移を**直接遷移**という．式(5.83)の大括弧の中の第一項は ∇ が奇のパリティーをもつから，u_c と u_v のパリティーが異なるときにのみ零にならない．この項が零にならないとき遷移は許容であるという．この項が零になるとき遷移は禁制であり，そのときは第二項が重要になる．

実際の吸収係数を求めるには，エネルギー保存の条件を満たす状態すべてにつ

いて和をとる必要があるが，エネルギーバンドの端付近で $\boldsymbol{u}$ はほとんど $\boldsymbol{k}$ に依存せず，吸収係数のエネルギー依存性は状態密度のそれによって決まる．いま

$$W_c - W_v - W_g = \frac{\hbar^2 \boldsymbol{k}_c{}^2}{2m_e} + \frac{\hbar^2 \boldsymbol{k}_v{}^2}{2m_h} = \frac{\hbar^2 \boldsymbol{k}_v{}^2}{2\mu} \tag{5.86}$$

としたとき，$|\boldsymbol{k}_v|$ が k_v と $k_v + \mathrm{d}k_v$ の間にあるスピンの決まった状態の密度は $(1/2\pi^2)\ k_v{}^2\mathrm{d}k_v$ に等しく（式 (1.71) 参照)，したがって許容遷移の場合，

$$\left.\begin{aligned} \alpha(\hbar\omega) &= A_1(\hbar\omega - W_g)^{1/2} \\ A_1 &= (\mu^3/2)^{1/2} e^2 \omega |\boldsymbol{r}_{cv}|^2 / 3\hbar^3 c\pi\varepsilon_0 \end{aligned}\right\} \tag{5.87}$$

となる (問題 5.10)．ただし，式 (3.31) の関係を用いて，$(1/\Omega)\int u_c{}^*(\boldsymbol{e}\cdot\nabla u_v)\mathrm{d}\boldsymbol{r}$ を $-m\omega_{cv}\boldsymbol{e}\cdot\boldsymbol{r}_{cv}/\hbar$ とし，$|\boldsymbol{e}\cdot\boldsymbol{r}|^2$ を $|\boldsymbol{r}|^2/3$ でおき換えた．A_1 はエネルギー依存性が小さく，式 (5.87 a) をプロットすると図 5.26 のようになる．吸収スペクトルはバンドギャップエネルギー W_g の所から始まるが，スペクトルのこの低エネルギー側の端を**吸収端**という．次に式 (5.83) の右辺第二項を考え，光の波数ベクトルを無視すると，この項による遷移は $\boldsymbol{k}_v=0$ では禁止されるが，遷移確率は $\boldsymbol{k}_v{}^2$ に比例してふえ，この場合には吸収係数は

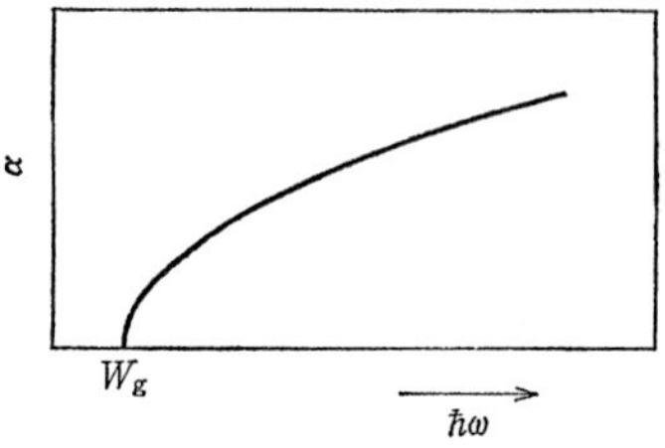

図 5.26　直接型許容バンド間遷移による吸収スペクトル

$$\alpha(\hbar\omega) = A_2(\hbar\omega - W_g)^{3/2} \tag{5.88}$$

なるエネルギー依存性を示す．

上では $\boldsymbol{k}$ ベクトルを保存するような遷移について考えたが，フォノンの放出・吸収を伴うならば，$\boldsymbol{k}_v \neq \boldsymbol{k}_c$ の状態間の光学遷移が許される．すなわち，この場合にはフォノンのエネルギーと波数ベクトルを $\hbar\omega_p$ および $\boldsymbol{q}$ とし，遷移の始状態と終状態のエネルギーを W_i，W_f として，エネルギーと波数ベクトルの保存則は

$$\begin{aligned} W_f(\boldsymbol{k}_c) &= W_i(\boldsymbol{k}_v) + \hbar\omega \pm \hbar\omega_p \\ \boldsymbol{k}_c &= \boldsymbol{k}_v + \boldsymbol{k} \pm \boldsymbol{q} \end{aligned} \tag{5.89}$$

と表される（＋はフォノンの吸収に，また－はフォノンの放出に対応する)．このような条件を満足する $\boldsymbol{k}_v \neq \boldsymbol{k}_c$ の状態間での遷移を**間接遷移**という．これは高次の過程であるため，許容の直接遷移に比べればこの遷移の強度はずっと弱い．いま，図 5.27 のように価電子帯の上端と伝導帯の下端が別の $\boldsymbol{k}$ の所にある場合を考えると，間接遷移の確率は (3.84 b) の右辺第二項で $\hat{H}'$ の一方は電子と光

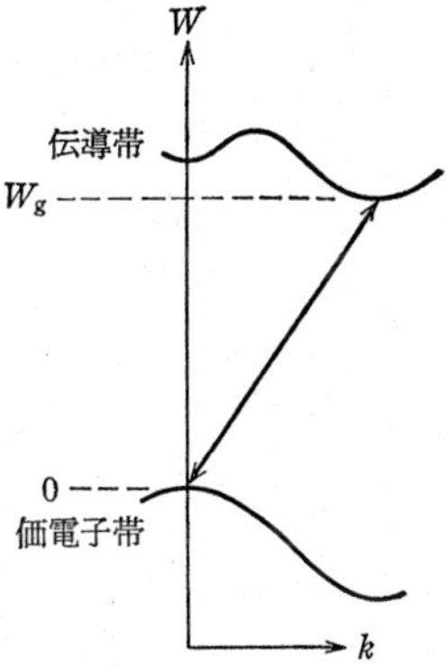

図 5.27 価電子帯の上端と伝導帯の下端が異なる $\boldsymbol{k}$ の所にある場合の間接遷移

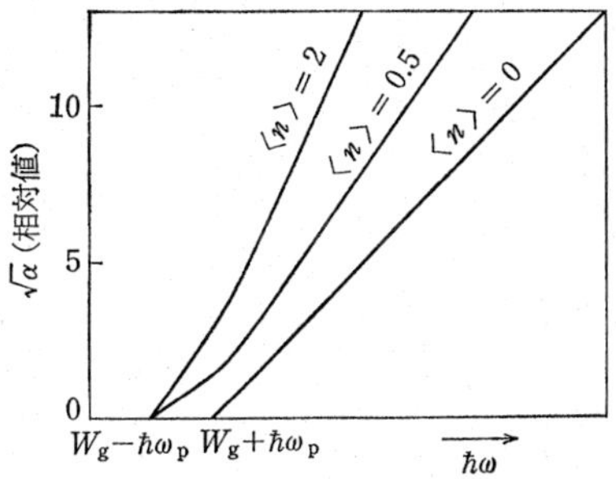

図 5.28 間接遷移による吸収スペクトル $\hbar\omega_p$ と $\langle n \rangle$ はフォノンのエネルギーと平均占有数

の相互作用，他方は電子とフォノンとの相互作用として計算することができる．その場合，フォノンが吸収されるか放出されるかに従って，確率は $n(\omega_p)$ または $n(\omega_p)+1$ に比例する．さらに，間接遷移では価電子帯のすべての電子が伝導帯のすべての空いた状態に遷移することができるから，吸収係数は始状態の状態密度 $D(W_i) \propto |W_i|^{1/2}$ と終状態の状態密度 $D(W_f) \propto (W_f - W_g)^{1/2} = (W_i + \hbar\omega \pm \hbar\omega_p - W_g)^{1/2}$ の積に比例する．したがって，結局

$$\alpha(\hbar\omega) \propto \int_{-a}^{0} \langle n(\omega_p) \rangle \sqrt{|W_i|(W_i+a)}\, \mathrm{d}W_i + \int_{-b}^{0} [\langle n(\omega_p) \rangle + 1] \times \sqrt{|W_i|(W_i+b)}\mathrm{d}W_i \propto [(a^2 \langle n(\omega_p) \rangle + b^2 \{\langle n(\omega_p) \rangle + 1\}] \quad (5.90)$$

$$a = \hbar\omega + \hbar\omega_p - W_g \geq 0, \quad b = \hbar\omega - \hbar\omega_p - W_g \geq 0$$

となる．ここで $\langle n(\omega_p) \rangle = [\exp(\hbar\omega_p / k_B T) - 1]^{-1}$ はフォノンの一つの状態あたりの平均数である．

式 (5.90) をプロットしたのが図 5.28 である．$T=0$ ではフォノンの放出のみが起き，光吸収は $W_g + \hbar\omega_p$ から始まるが，温度が高くなるとフォノンの吸収を伴う遷移が見られるようになり，光吸収は $W_g - \hbar\omega_p$ から始まる．実際には W_g は温度依存性をもち，温度があがると W_g は小さくなる場合が多いが，その効果は図 5.28 では無視してある．なお，上では 1 種類のフォノンのみを考えたが，実際には TA, LA, TO, LO などいろいろのフォノンが関与し吸収の裾は複雑である．図 5.29 は Ge の吸収スペクトルを示したものである．エネルギーの低い領域では間接遷移が見られ，エネルギーの高い領域では直接遷移が支配的になる様

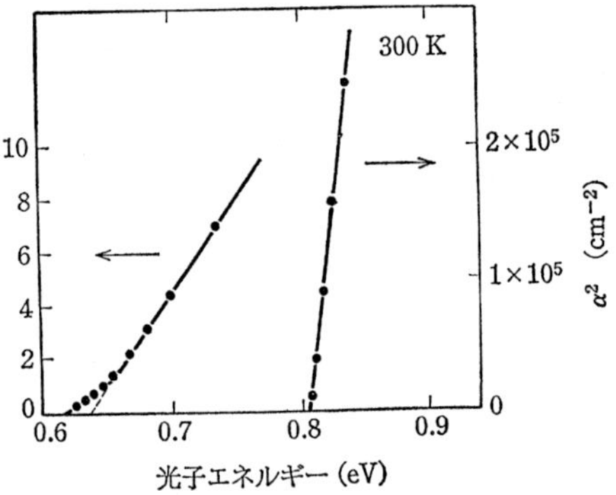

図 5.29　Ge の吸収スペクトル[15)]

子がよくわかる．図 5.25 のように価電子帯の上端と伝導帯の下端が同じ $\boldsymbol{k}$ の所にある場合を**直接型のバンドギャップ**といい，異なる $\boldsymbol{k}$ の所にある場合を**間接型のバンドギャップ**という．GaAs や CdS は前者のバンドギャップをもつ例であり，Ge や Si は後者の場合に属する．また Cu_2O や SnO_2 は，直接型のバンドギャップをもつが，直接遷移は禁制になっている．これは GaAs や CdS の場合，伝導帯は Ga や Cd の s 電子で，また価電子帯は As や S の p 電子でつくられているのに対し，たとえば Cu_2O では伝導帯は Cu の 4s, 3d 電子でつくられ，価電子帯にはパリティーの同じ Cu の 3d 電子が強く利いているためである．

（3） 励　起　子

上で考えた直接遷移では，バンド間遷移により価電子帯の電子が伝導帯に上げられ，価電子帯には大きさが等しく反対向きの $\boldsymbol{k}$ ベクトルをもつ正孔が残された．しかし，この伝導帯電子と価電子帯正孔の間にはクーロン力が働くから，伝導帯に上げられた電子が正孔のつくるクーロン場の中に束縛された状態に励起されるということが考えられる．この場合，つくられた伝導帯電子と価電子帯正孔は一緒になって結晶中を運動し，あたかも一つの中性の粒子のように振舞うのでこれを**励起子**とよぶ．このような励起に対応する吸収帯はバンドギャップよりも励起子の結合エネルギーだけ低エネルギー側に現れ，これを**励起子吸収帯**という．そこで，電子と正孔の間のクーロン相互作用は比誘電率 $\kappa=\varepsilon/\varepsilon_0$ によって遮蔽されていると考え，電子正孔間の距離を r としてこの系のハミルトニアンを

$$\hat{H}=\frac{\hbar^2\boldsymbol{k}_{\mathrm{ex}}{}^2}{2m_{\mathrm{e}}}+\frac{\hbar^2\boldsymbol{k}_{\mathrm{ex}}{}^2}{2m_{\mathrm{h}}}+W_{\mathrm{g}}-\frac{e^2}{\kappa r} \qquad (5.91)$$

とすると，これは水素原子の場合と同じことであり，エネルギーは

$$\left.\begin{aligned} W_{\mathrm{ex}}&=W_{\mathrm{g}}-\frac{R_{\mathrm{ex}}}{n^2}+\frac{\hbar^2\boldsymbol{k}_{\mathrm{ex}}{}^2}{2(m_{\mathrm{e}}+m_{\mathrm{h}})} \\ R_{\mathrm{ex}}&=\frac{\mu_{\mathrm{ex}}}{\kappa^2}\frac{e^4}{2\hbar^2}=\frac{\mu_{\mathrm{ex}}}{\mu_{\mathrm{H}}\kappa^2}R_{\mathrm{H}} \end{aligned}\right\} \qquad (5.92)$$

となる（$n=1, 2, 3, \cdots$ は主量子数）．また $n=1$ の状態における励起子の半径（**ボーア半径**）は

$$a_{ex}=\frac{\mu_H}{\mu_{ex}}\kappa a_H \tag{5.93}$$

となることがわかる．ここで $\mu_{ex}^{-1}=m_e^{-1}+m_h^{-1}$ は励起子の換算質量であり，μ_H, R_H および a_H は水素原子の換算質量，イオン化エネルギー（13.6eV）およびボーア半径（0.529Å）である．

μ_H は電子の質量 m とほとんど変わらないが，半導体では μ_{ex} はずっと小さく，κ も 10 程度と大きいので励起子の結合エネルギーは水素原子の場合に比べてはるかに小さく，ボーア半径は大きい．たとえば典型的な半導体として，$m_e=0.05\,m$, $m_h=0.1m$, $\kappa=10$ の値を仮定すると，励起子の束縛エネルギーは $R_{ex}=5$ meV，ボーア半径は $a_{ex}=160$ Å 程度になることがわかる．

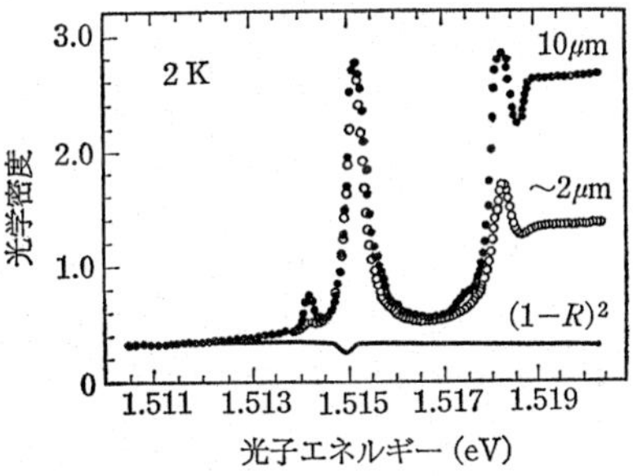

図 5.30　GaAs の吸収スペクトル[16]（実線は表面の反射による補正項を示す）

この場合には，伝導帯電子と価電子帯正孔がクーロン力で結ばれ，互いに重心のまわりをまわりながら，有効質量 $M_{ex}=m_e+m_h$ をもつ複合粒子として結晶中を運動すると考えることができ，式（5.92 a）の第三項はその運動エネルギーに対応する．このように結合がゆるく，励起子の有効半径が結晶の原子間距離に比べてずっと大きな励起子を**ワニア励起子**とよぶ．この一つの例として GaAs の吸収端付近の吸収スペクトルを図 5.30 に示す．1.515 eV および 1.518 eV 付近に見られる鋭い線が $n=1$ および $n=2$ 状態の励起子の生成に伴う吸収線である．この場合，$n=3$ 以上の励起子の励起に対応する吸収線は分離しては観測されておらず，自由な伝導帯電子と価電子帯正孔をつくる基礎吸収帯とつながっている．また 1.514 eV の線は中性ドナーに束縛された励起子の生成に対応する．

絶縁体であるハロゲン化アルカリでも，吸収端付近には光伝導を伴わない構造が見られ，これは励起子によるものと考えられるが，この場合，μ_{ex} は半導体の場合よりもずっと重く，R_{ex} は 1 eV 程度，a_{ex} は数 Å になる．このように結合が強い励起子は，一つの原子ないしは分子から，他の原子ないしは分子へと励起エネ

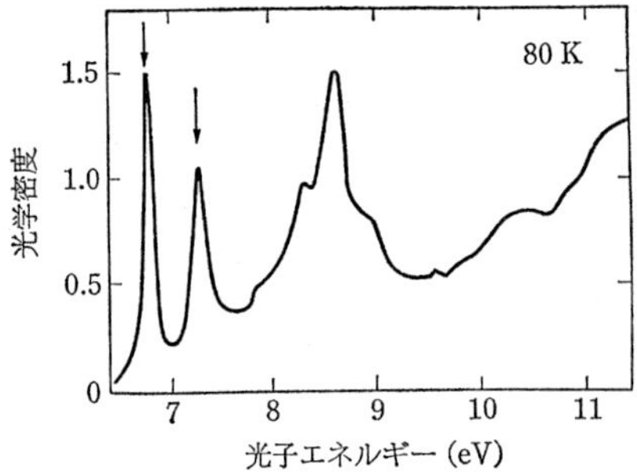

図 5.31　KBr 結晶の吸収スペクトル[17)]
矢印の2本の線は $k=0$ の伝導帯電子と価電子帯正孔による励起子吸収線.

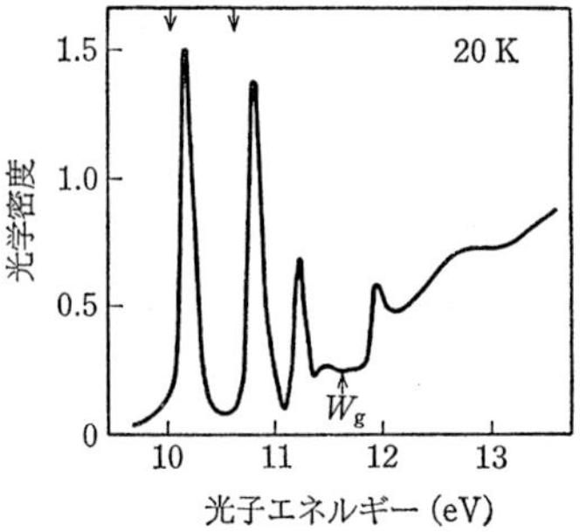

図 5.32　固体クリプトンの吸収スペクトル[18)]
上の矢印は Kr 原子の $4p^6-4p^55s$ 遷移による吸収線の位置を示す.

ルギーが次々に移動していくようなものである．このような励起子を**フレンケル励起子**とよぶ．すなわち，ハロゲン化アルカリの場合には，光吸収によりハロゲンイオンの外殻の p 電子が隣にあるアルカリイオンの方に移るが，この電子は残された正孔とのクーロン相互作用により強く束縛された状態にあり，このような対は一つの格子点から他の格子点へと動きまわると考えられる．一例として KBr 結晶の吸収端付近の吸収スペクトルを図 5.31 に示す．低エネルギー側に見られる2本の線は励起子吸収線で，Br^- イオンの $4p^6$ 電子配置の基底状態から電子を1個引き抜いて K^+ イオンに移す遷移によるものであり，これは自由な Br^- イオンの $4p^6$—$4p^55s$ 遷移にほぼ対応すると考えられる．この場合，p 電子に働くスピン軌道相互作用のために吸収線は二つに分裂し，図 5.31 の2本の吸収線がこれに対応する．図 5.32 に示す固体 Kr の吸収スペクトルに見られる低エネルギー側の2本の線も励起子によるもので，KBr の2本の吸収線とよく似ている．Kr 原子は Br^- イオンと同じ電子構造をもっており，これらの吸収線は Kr 原子の $4p^6$—$4p^55s$ 遷移に対応する．この励起子は Kr の励起状態が原子から原子に移動していくものと解釈される．吸収線が二つに分裂しているのはスピン軌道相互作用のためで，分裂の大きさが KBr の場合と同じ位なのも上の解釈を支持している．

(4)　高エネルギー領域の吸収

これまで吸収端付近のみを考えたが，その高エネルギー側にはずっと吸収が続き，これは電子が空いたバンドに励起されることに対応している．その場合，すでに述べたように直接遷移では $\boldsymbol{k}$ ベクトルは保存され，また吸収強度は始状態と終状態を合わせた状態の密度に比例する．なお，δ関数は $f(x_n)=0$，$f'(x_n)\neq 0$ として

$$\delta[f(x)]=\sum_n \delta(x-x_n)\,|f'(x_n)|^{-1} \qquad (5.94)$$

なる性質をもつから，遷移確率に含まれるエネルギー保存を表す因子は

$$\delta[W_1(\boldsymbol{k})-W_2(\boldsymbol{k})-\hbar\omega]=\sum_n \frac{\delta(\boldsymbol{k}-\boldsymbol{k}_n)}{\nabla_k[W_1(\boldsymbol{k})-W_2(\boldsymbol{k})]} \qquad (5.95)$$

のようになり，通常

$$\nabla_k[W_1(\boldsymbol{k})-W_2(\boldsymbol{k})]=0 \qquad (5.96)$$

という条件が満たされるときに吸収スペクトルや反射スペクトルにピークが現れる．このような条件を満足する $\boldsymbol{k}$ 空間内の点を**ファンホーフの特異点**という．$\boldsymbol{k}_n$ は $W_1(\boldsymbol{k}_n)-W_2(\boldsymbol{k}_n)=\hbar\omega$ を満たすすべての $\boldsymbol{k}$ の値であり，これは $\boldsymbol{k}$ 空間で一つの曲面をなすが，式 (5.96) を満たし二つのバンドが $\boldsymbol{k}$ 空間で平行になるような点では始状態と終状態を合わせた状態の密度が大きく，スペクトルに強く寄与するわけである．したがって，スペクトルを解析することによりバンド構造に関する詳しい知見が得られることがわかる．この場合，特に**変調分光法**とよばれる実験法が有効である．これは物質に加える電場や磁場，圧力などの外場を変化させて吸収係数や反射率の変化分を測定したり，あるいは透過光強度や反射光強度 $I(\omega)$ を測定する代わりに測定波長を振動させて，$\mathrm{d}I(\omega)/\mathrm{d}\omega$ を ω の関数として測定するという方法で，構造のないバックグラウンドは消えてスペクトルのピークが明瞭に現れるという利点がある．

（5）量子井戸

ところで，単位胞よりはずっと大きく，しかも電子の平均自由行程よりは小さいような大きさをもつ結晶では，電子がこの中に閉じ込められるために大きな結晶の場合と異なり量子効果が顕著に現れる．たとえば，$Al_xGa_{1-x}As$ は GaAs よりもバンドギャップが大きいから，いま薄い GaAs 層を $Al_xGa_{1-x}As$ ではさんでサンドイッチ状にしたとすると，エネルギーバンド構造は図 5.33 のようになる．そこで GaAs の伝導帯中の電子（または価電子帯正孔）を幅が L で無限

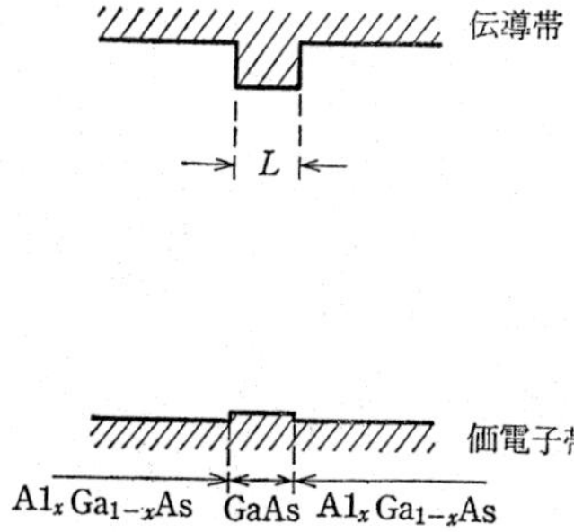

図 5.33　$Al_xGa_{1-x}As$ で薄い GaAs 層をはさんだ場合のエネルギーバンド構造

に深い1次元の井戸型ポテンシャル中にあるものと近似すると，そのエネルギーは n を正の整数として

$$W_n = \pi^2\hbar^2 n^2/2mL^2 \tag{5.97}$$

となるから，エネルギー準位の間隔は L^{-2} に比例することになる（問題4.1参照）．このような効果は**量子サイズ効果**とよばれる．実際にはポテンシャルの高さは有限であるから n の大きな状態はこの中に閉じ込められないが，n の小さな状態は上のようなモデルでよく理解することができる．このようなポテンシャル中にキャリヤーを閉じ込めて状態を量子化させるような構造にしたものは**量子井戸**とよばれる．図5.34は厚さの異なるGaAs層を $Al_{0.2}Ga_{0.8}As$ で挟んだ試料の吸収スペクトルである．層の厚さが0.4 μmと厚い試料はバルクのGaAs結晶の場合と変わらず，バンドギャップのわずか下に鋭い励起子吸収線が見られる．それに対して L=21 nmや14 nmの試料では量子井戸に束縛された状態間の遷移に対応する構造が見られ，その間隔は L^{-2} にほぼ比例する．さらにGaAsと $Al_xGa_{1-x}As$ を交互に重ね，GaAs層をへだてる $Al_xGa_{1-x}As$ 層の厚さを薄くした場合には，隣接するGaAs層中の量子状態間に結合が生じるため小さなエネルギーバンドが形成される．このような二つの層を交互に重ね合わせて周期的構造をもたせたものは，**超格子**とよばれる．上で述べた薄膜構造の場合は電子は膜の面内では自由に運動できるが，一次元的にしか運動できないような細い線状の構造のものや三次元的に閉じ込められる粒状の構造のものは**量子細線**，**量子ドット**などとよばれる．これらは最近大きな興味がもたれ，活発な研究が行われている．

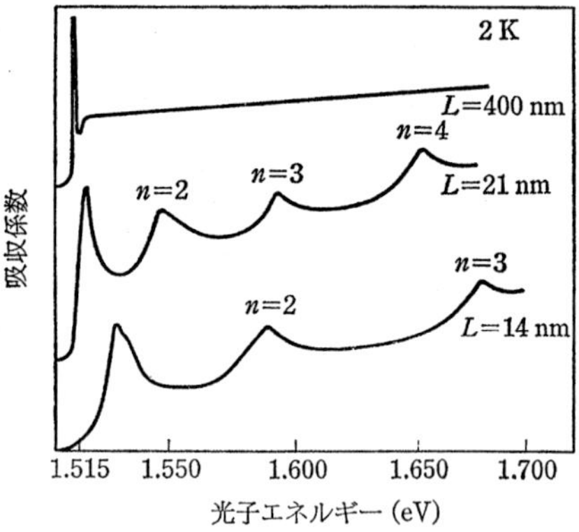

図 5.34　GaAs層を $Al_{0.2}Ga_{0.8}As$ ではさんだ構造の吸収スペクトル[19)]

問　題

5.1　電気双極子モーメントの三つの独立な成分が，球関数 $Y_{1q}(\theta, \varphi)$ に比例するようにとることができることを示せ．ただし $q=0, \pm 1$ である．

5.2　式 (5.44) の結果を用い，立方対称の結晶場の中で 3d 軌道は二つに分裂することを示せ．

5.3　式 (5.47) を確かめよ．

5.4　式 (5.48) を確かめ，さらに二原子分子の場合，回転ラマン線のエネルギー間隔が $2\hbar^2/\mu R^2$ となることを示せ．

5.5　式 (5.55) (5.56) を確かめよ．

5.6　式 (5.58) を確かめよ．

5.7　式 (5.58) より，分子軌道のエネルギーに対してどのような永年方程式が成立しなければならないか．ヒュッケル近似を用いた場合，ベンゼンの分子軌道のエネルギー $W=\alpha\pm\beta$, $\alpha\pm 2\beta$ がこれを満足することを示せ．

5.8　式 (5.61) の $\phi(x)$ に対して式 (5.75) のブロッホの定理が成り立つとき，式 (5.62) の条件が満足される必要があることを確かめ，$c_n = N\exp(ikna)$ とすればよいことを示せ．

5.9　式 (5.75) の関係があれば式 (5.72) が成り立つことを示せ．

5.10　式 (5.87) を確かめよ．

6. 興味あるいくつかの現象

この章では光物性物理学で扱われる多くの現象の中から，ルミネッセンス，無放射遷移，光散乱，エネルギー伝達，協同遷移，レーザー作用，非線形光学効果など，代表的ないくつかの現象を選んで述べることにする．

6.1 ルミネッセンスと無放射遷移

物質が低い温度にあるまま，励起状態にある系が光を放出してエネルギーの低い状態に移る現象，ないしはそれによって放出される光を**ルミネッセンス**という．室温にあるなど，特に高温にあるわけではないのに光が放出される点で，ルミネッセンスは高温にある物質が放出する熱放射とは異なる．**蛍光**という言葉をルミネッセンスと同じ意味に使うこともあり，またスピンの同じ状態間の許容遷移による寿命の短いルミネッセンスを蛍光とよび，スピンの異なる状態間の禁制遷移による寿命の長いルミネッセンスを**燐光**とよんで区別する場合もある（5.5節参照）．ルミネッセンスは，紫外線などの光を当てることにより物質を励起した場合に見られるほか，X線や粒子線の照射その他様々な励起に伴って観測される．実際に，テレビのブラウン管では電子線励起によって蛍光体が出す赤，青，緑のルミネッセンスを利用しており，また蛍光灯ではまず放電による電子との衝突で水銀が励起されて紫外線を放出し，これを吸収した蛍光体が可視部のルミネッセンスを出す．一方，電卓などに使われる発光ダイオードでは半導体の pn 接合に順方向電圧を加え電流を流すことにより励起してルミネッセンスを出させている．また，ホタルの出すルミネッセンスは化学反応によって放出されるものである．電子線励起の場合のルミネッセンスをカソードルミネッセンス，電圧を加えた場合に見られるものを**電場発光**ないしは**エレクトロルミネッセンス**（略して***EL***），化学反応に伴って起こるものを化学発光ないしはケミルミネッセンスなどとよぶ．ルミネッセンスは各種の応用の点で興味あるばかりでなく，さらにその研究は，物質の励起状態のダイナミクスに関する詳しい情報をもたらす点でも非常に重要である．

ルミネッセンスの強度を光子エネルギー（ないしは波長，振動数など）に対してプロットしたものを**ルミネッセンススペクトル**という．また，励起光の強度を一定にして波長を変えたとして，ルミネッセンスの強度を励起光の光子エネルギー（ないしは波長，振動数など）の関数としてプロットしたものを**励起スペクトル**とよぶ．試料の光学密度が十分小さく，かつ蛍光の効率が励起波長に依存しなければ，励起スペクトルは吸収スペクトルに一致する．通常，格子の緩和時間は非常に短いので，電子励起状態に励起が行われた後，まず核ないしは格子が緩和してエネルギーの低い状態に移り，そこから電子基底状態に遷移する際に光が放出されるから，ルミネッセンスは吸収スペクトルの低エネルギー側に現れるのがふつうである（図5.22参照）．この吸収スペクトルとルミネッセンススペクトルのずれを**ストークスシフト**とよぶ．ただし，ゼロフォノン線では格子の緩和が伴わないのでストークスシフトは零になる．

図5.23(b)に示す色素溶液のスペクトルでは吸収スペクトルと蛍光スペクトルが互いに対称なミラーイメージに近い関係になっているが，これは図6.1のような配位座標モデルによりうまく理解することができる．すなわち光吸収はA点付近からB点付近への垂直遷移により起こるが，色素分子が電子励起状態にある場合には，色素内原子やまわりの溶質分子が配置を変えた方がエネルギーが下がり，この配置替えは室温ではふつう電子励起状態の寿命よりずっと速く起こる．したがって，寿命内に系の状態はC点付近に移り，蛍光はその後C点付近からD点付近への遷移によって起こる．もし励起状態と基底状態の断熱ポテンシャル曲線が同じ放物線で表され，吸収および蛍光遷移が起こるときそれぞれの状態内でボルツマン分布が達成されているとすると，吸収スペクトルの形状関数 $A(\hbar\omega)$ と蛍光スペクトルの形状関数 $F(\hbar\omega)$ の間には

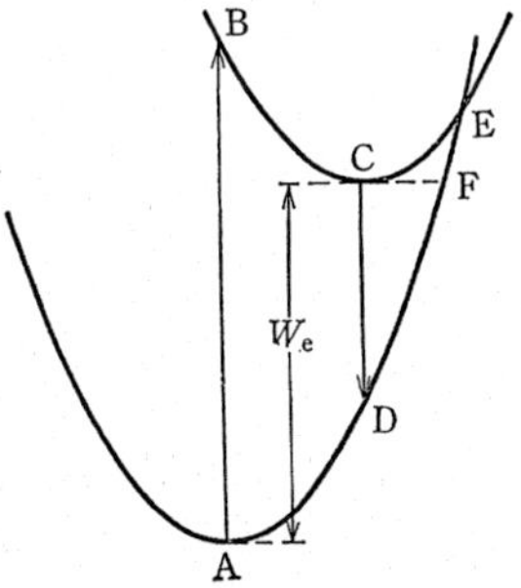

図 6.1 配位座標モデルと吸収・発光遷移

$$A(\hbar\omega)=F(2W_e-\hbar\omega) \tag{6.1}$$

なる関係が成立し，$A\hbar\omega$) と $F(\hbar\omega)$ の間には W_e（これはゼロフォノン線のエネルギーと一致する）を中心にミラーイメージの関係が成り立つ．

また配位座標モデルを考え，蛍光が発せられる前に電子励起状態においてボルツマン分布が実現するものとすると，たとえ二つの断熱ポテンシャル曲線の形が異なっていても，ある温度では

$$A(\hbar\omega) \propto F(\hbar\omega)\exp(\hbar\omega/k_{\mathrm{B}}T) \tag{6.2}$$

という関係が成り立つはずである（問題 6.1）．図 4.10 の実線は図 5.23(b) の蛍光スペクトルから式 (6.2) の関係を使って求めた吸収スペクトルである．結果は実測された励起スペクトルと非常によく一致している．この試料では励起スペクトルは吸収スペクトルとほとんど変わらないと考えられるから，この場合には確かに電子励起状態の寿命よりもずっと短い時間内にボルツマン分布がほぼ実現していることがわかる．ただし，図 6.1 の横軸は色素分子内の原子の配置ばかりでなくまわりの溶質分子の配置をも表していることに注意しなければならない．そのため B→C の緩和速度は溶液の温度に大きく依存し，温度を下げると緩和はおそくなる．そしてこの緩和時間と蛍光の減衰時間が同程度になると，パルス励起の後，蛍光スペクトルは時間とともに長波長側に移動する現象が観測される．これは点 B から C へとポテンシャル曲線上を緩和しつつ蛍光を発すると考えることにより理解される．このようにパルス励起後時間とともに蛍光スペクトルが低エネルギー側にシフトする現象は**ダイナミック-ストークスシフト**とよばれる．なお固体の場合，電子励起状態において格子が緩和するのに要する時間が寿命に比べて十分短いとすると，4.7 節，4.8 節で吸収スペクトルについて述べたのと同じことがルミネッセンススペクトルについてもいうことができ，ホアン-リー因子を S，フォノンの平均占有数を $\langle n\rangle$ として全体の中でゼロフォノン線が占める割合は $\exp[-S(1+2\langle n\rangle)]$ で与えられる．したがって，S が小さいときはゼロフォノン線が重要であり，それは特に低温で著しい．なお，ルミネッセンスのゼロフォノン線のエネルギー位置や幅の温度依存性は 4.10 節で吸収線について述べたのと同じ振舞いを示す．一方 S が大きいときはストークスシフトが大きく，4.8 節で述べたことがあてはまる．すなわち，電子励起状態と基底状態とで断熱ポテンシャル曲線の曲率が等しければ蛍光スペクトルはガウス型になり，その幅は高温では $\sqrt{T}$ に比例する．

光励起の場合，吸収された励起光の光子 1 個あたり何個の光子がルミネッセンスとして放出されるかをルミネッセンスの**量子効率**という．この効率は試料の温度を上げると低下するのがふつうであり，これを**温度消光**とよぶ．これは次のように理解される．すなわち，電子励起状態と基底状態の配位座標曲線が交わる E 点付近では，一方の状態から他方の状態への乗り移りが起こる．温度が高くなると格子振動の振幅が大きくなって励起状態の中で高いエネルギーを占める確率が高くなるためにこの交点に達する確率が増し，励起状態から基底状態に移る速度が大きくなる．交点で基底状態に移ると短時間の中にエネルギーを格子振動に渡してエネルギーの低いA点付近にもどる．このような遷移によって励起エネルギーは光に変換されることなく失われるのでこれを**無放射遷移**という．系が電子励起状態にいる間に速やかに準熱平衡状態が実現されるとすると，点 C と E のエネルギー差を ΔW として，点 E で乗り移りが起こる速度は $s\exp(-\Delta W/k_BT)$ と表されるであろう．ここで s はほとんど温度に依存しない因子で，**頻度因子**とよばれる．許容遷移ではルミネッセンスの遷移確率 A はふつう温度にはよらないから，蛍光の量子効率は

$$\eta=\frac{A}{A+s\exp(-\Delta W/k_BT)} \tag{6.3}$$

で与えられ，また励起状態の寿命 τ は

$$\tau=\frac{1}{A+s\exp(-\Delta W/k_BT)} \tag{6.4}$$

となる．実際に，極低温から温度を上げていくと，蛍光の効率や寿命ははじめはほとんど変わらないが，ある温度からは急激に小さくなるという特性が見られるのが一般的である．これらの温度依存性を解析することにより**活性化エネルギー** ΔW や s の値を決めることができる．

頻度因子 s は通常 10^{12}～$10^{13}\,\mathrm{s}^{-1}$ 程度の大きさをもち，これは点 E に達すれば非常に高い確率で状態間の乗り移りが起こることを意味している．断熱ポテンシャルの考え方によると，光励起した場合，フランク－コンドンの原理にしたがって系の状態は A から B に移った後，曲線上を振動するが，いまの場合，図 6.1 の横軸は相互作用モードであってこれは規準モードではない．したがって，規準モード間の振動数の違いのために相互作用モードのエネルギーはしだいにそれを作る規準モードの間にばらばらな位相でばらまかれることになり，状態は点 C 付近に落ち着く．点 D から点 A に移る際も同様である．いま，点 B が E よりも低いエネルギーをもち，かつ点 E と C のエネルギー差が k_BT よりも大きければこのような無放射遷移の確率は低いであろう．それに対して点 B が点 E よりも高いエネルギーをもつ場合には最初の振動で点 E に達する可能性が高く，無放射遷移が強く起こると考えられる．二つの曲線が 2 次の係数が同じ放物線であれば点 B が点 E よりも上にある条件は $4W_{LR}>W_{AB}$ と書くことができる（問題 6.2）．ここで W_{LR} は格子緩和エネルギー，W_{AB} は吸収帯のピークエネルギーで

ある．実際に，たとえば多くのイオン結晶のF中心を比べた場合，この条件が満たされるときには蛍光の効率が非常に低くなることが確かめられている．

ところで上の無放射遷移が起こるのは，断熱ポテンシャル曲線の交点付近で断熱近似がよくなくなることによるもので，4.6節の議論の続きとして次のように理解される．すなわち式(4.59)から式(4.60)に移るときに$\partial\phi/\partial R$を含む項を無視した訳で，$\Psi_{jn}(\boldsymbol{r},\boldsymbol{R})=\psi_j(\boldsymbol{R})\,\phi_{jn}(\boldsymbol{r},\boldsymbol{R})$は系の真のハミルトニアン$\hat{H}$の固有関数ではない．そこで，この波動関数を固有関数とするハミルトニアンを$\hat{H}_{\mathrm{A}}$として

$$\hat{H}=\hat{H}_{\mathrm{A}}+\hat{H}_{\mathrm{NA}} \tag{6.5}$$

とすると，$\hat{H}_{\mathrm{NA}}$は断熱ポテンシャルで表される状態間の相互作用を表すことになり，これを**非断熱演算子**とよぶ．状態間の遷移の確率はこれを使ってフェルミの黄金律（3.81）により求められる．この場合，当然ながらエネルギーは保存され，遷移は二つの断熱ポテンシャル曲線が交わる付近で強く起こる．ところで，二つの状態の間に相互作用があるときには波動関数の混じり合いが起こり，二つの状態はエネルギー的に反発し合う（式(5.57)参照）．したがって二つの断熱ポテンシャル曲線は交わることはなく，点E付近は実際には図6.2の実線のようになると考えられる．しかし，この付近で波動関数の混じり合いが強く起こり，状態間の遷移が起こることには変わりはない．上のモデルだと点BおよびCよりも点Eのエネルギーが高い場合，十分低温では発光の効率が1になりそうであるが，実際にはそうはならず，極低温でも励起状態から基底状態へ移る確率は必ずしも十分小さくはならない．量子力学的には熱的に壁を乗り越えなくとも，同じエネルギーをもつ点CとFの波動関数の重ね合わせが無視できなければ，**トンネル効果**によってCからFへ移ることが可能であり，上のことはこの効果によって説明することができる．

図 6.2　準位のエネルギーが交差する付近の振舞い
破線は二準位間に相互作用がないとき，実線は相互作用があるとき．

ランタニドイオンのように断熱ポテンシャル曲線の底のずれが非常に小さい場合には，無放射遷移を4.10節でやったのと同じやり方で，電子準位間の多重フォノン遷移として扱うのが理解しやすい．電子準位iからfへの遷移により1個のフォノンが放出される直接遷移の確率は式(4.108)のように求められたが，2個のフォノンが同時に放出される場合は式(4.109)と同様にして計算される．さらにk個のフォノンが放出される確率も式(3.84)を用いて同じように求めること

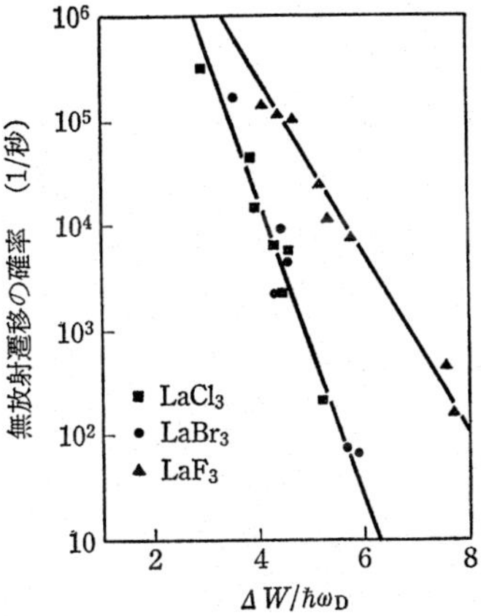

図 6.3 自然放出による多重フォノン遷移確率のフォノン数依存性[20]
ΔW は一つ下の準位とのエネルギー差，$\hbar\omega_D$ は結晶のデバイ切断エネルギーで $LaCl_3$ に対しては $260\,cm^{-1}$，$LaBr_3$ に対しては $175\,cm^{-1}$，LaF_3 に対しては $350\,cm^{-1}$ としている．

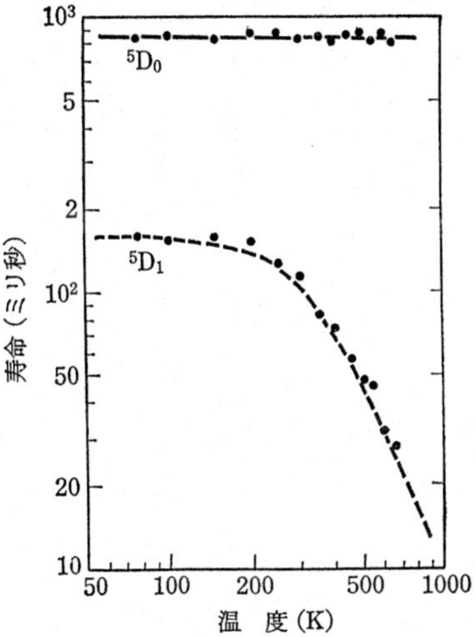

図 6.4 Y_2O_3 結晶中の Eu^{3+} イオンの二つの準位の寿命の温度依存性[21]
破線は $430\,cm^{-1}$ のフォノン 4 個の同時放出を仮定して，式 (6.8) をプロットしたもの．

ができる．いま，簡単のため $V^{(1)}$ による項のみを考えると，放出されるフォノンの数が 1 個増すごとに遷移の行列要素には

$$\frac{\langle M'|\hat{H}'|M\rangle}{W_I - W_M} = \frac{\langle m'|\hat{V}^{(1)}|m\rangle\langle n_p+1|\hat{\varepsilon}|n_p\rangle}{W_i - W_m - \hbar\omega_p} \tag{6.6}$$

という因子が掛かるから，k 個の多重フォノン遷移の確率は

$$w_{em}{}^{(k)} \propto b^k(\langle n_p\rangle + 1)^k \tag{6.7}$$

という形になると考えられる．ただし $\hbar\omega_p$ と $\langle n_p\rangle$ は関与するフォノンのエネルギーと平均占有数である．ここで $b<1$ であり，放出されるフォノンの数が多いほど確率は低くなるから，無放射遷移を支配するのはエネルギーの高いフォノンであり，そのエネルギーを $\hbar\omega_{max}$ とすると $\Delta W = W_i - W_f$ として無放射遷移の確率は

$$w_{NR} \propto \left[\frac{b}{1-\exp(-\hbar\omega_{max}/k_B T)}\right]^{\Delta W/\hbar\omega_{max}} \tag{6.8}$$

となることが期待される．図 6.3 はいくつかのランタニドイオンについて，電子励起状態の寿命と計算で得られたルミネッセンスの遷移確率から求めた無放射遷移の確率を $\Delta W/\hbar\omega_D$ に対してセミログプロットしたものである．ただし，ΔW は一つ下の準位とのエネルギー差であり，$\hbar\omega_D$ は結晶のデバイ切断エネルギーで

ある．実験データはほぼ直線にのり，式 (6.8) の関係が確かによく成り立っていることがわかる．また図 6.4 は Y_2O_3 結晶中の Eu^{3+} イオンの $^5D_0$ および $^5D_1$ 準位の寿命の温度依存性である．$^5D_0$ 準位の場合は一つ下の $^7F_6$ 準位との間が約 $12000\,cm^{-1}$ と広く無放射遷移の確率が無視できるのに対し，$^5D_1$ 準位の寿命の温度依存性は 4 個のフォノンの同時放出による $^5D_1$—$^5D_0$ 遷移を仮定して（図 5.3 参照），式 (6.8) によりうまく説明できる．

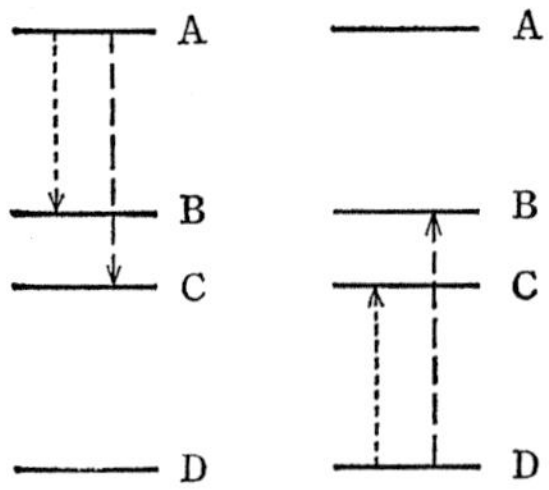

図 6.5　交差緩和

ルミネッセンスに関係する発光中心の濃度を上げていくと，ある濃度以上では急激にルミネッセンスの効率が落ちるのがふつうである．これは**濃度消光**とよばれ，主として交差緩和やエネルギー伝達のためであると考えられる．すなわち，図 6.5 で AB と CD あるいは AC と BD のエネルギー差が近い場合には，濃度が高くなると局在中心間の相互作用により A→B と D→C ないしは A→C と D→B の遷移が同時に起きる．このような効果により A→C ないしは A→D 遷移による蛍光の効率は低下することになる．このような緩和を**交差緩和**とよぶ．局在中心間の距離を R として交差緩和の確率は遷移がともに電気双極子遷移によるものであれば R^{-6} に比例し、電気四極子遷移によるものであれば R^{-10} に比例する（6.3 節参照）．したがって，蛍光の効率が濃度に強く依存することが理解される．B や C に相当するエネルギー準位が存在しなくとも，濃度が高くなれば局在中心間の相互作用により A→D, D→A の遷移が同時に起きることにより，励起エネルギーは局在中心間をわたり歩く．このような現象をエネルギー伝達という．その場合，どこかの局在中心の近くに無放射遷移の確率の高い中心があると，励起エネルギーが移動している中にこの近くにきて無放射遷移のためにエネルギーが熱エネルギーになってしまうということが起こるであろう．この場合もやはり蛍光の効率が低下し，しかもエネルギー伝達の確率は交差緩和の場合と同様に，中心間の距離に強く依存するから上のような効果は濃度が高い場合に強く現れることが期待される．なお，エネルギー伝達については 6.3 節で改めて取り上げる．

ところで固体の場合，ルミネッセンスは一般に結晶構造の不完全性に敏感で，微量の不純物や格子欠陥などに支配されることが多い．この場合，局在中心内の遷移ではルミネッセンスは光吸収の逆過程として扱えばよいが，半導体などバンドが関与する場合には少し様子が異なる．そこで以下ではⅡ－Ⅵ族，Ⅲ－Ⅴ族などの半導体におけるルミネッセンスについて述べることにする．半導体中の不純物には**ドナー**や**アクセプター**となって伝導帯の少し下，ないしは価電子帯の少し上にエネルギー準位を作るものがある．半導体を励起した場合，伝導帯電子と価電子帯正孔の再結合，あるいは伝導帯電子とアクセプター準位にある正孔や，ドナー準位にある電子と価電子帯正孔の再結合によるルミネッセンスも見られるが（図6.6），低温ではまず励起子がつくられ，これがルミネッセンスに関与する場合が多い．このとき，非常に純度の高い物質では自由な励起子が消滅することに伴う**自由励起子発光線**が観測されるが，ふつうは励起子がまず不純物に束縛された後，それが消滅することによる**束縛励起子発光線**が強く見られる．すなわち，励起子が中性あるいはイオン化されたドナーやアクセプターに束縛される束縛エネルギーは電子と正孔の有効質量の比に依存するが，これは中性ドナーでは $m_h \gg m_e$ であればドナー準位の深さの 1/3，$m_h \ll m_e$ であれば 1/18 程度となり，中性アクセプターでは m_e と m_h の関係が逆になる．したがって励起子の大部分は極低温ではこれらの不純物に束縛される．さらに直接型バンドギャップをもつ物質の場合，自由な励起子が消滅して光になる際には運動量が保存されるために運動量の小さい励起子のみが発光に寄与するのに対し，束縛励起子の場合には発光に寄与する確率がずっと大きくなるので通常束縛励起子発光が強く現れることになる．また，自由励起子や束縛励起子の発光線に LO フォノンが結合したものや，束縛励起子が消滅するとともにドナーやアクセプターの電子や正孔をその励起状態にあげ，残りのエネルギーが光として放出される現象も見られる．

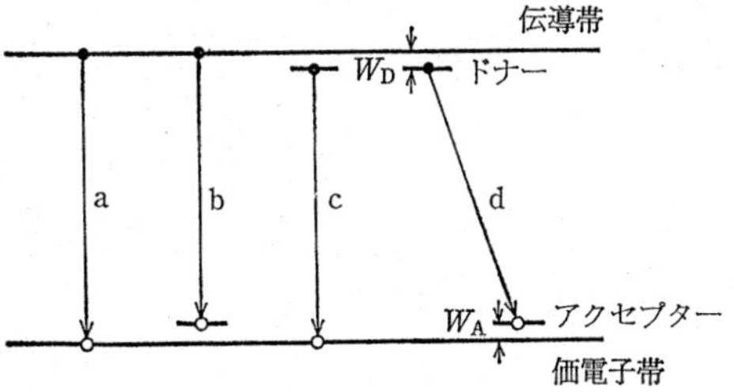

図 6.6　半導体におけるルミネッセンス
黒丸は電子を表し，白丸は正孔を表す．

1例として光励起の下でのP型GaAsのルミネッセンススペクトルを図6.7に示す．ここで，n, m の記号をつけた強い線は中性アクセプターに捕えられた束縛励起子による発光で，i は中性ドナーに，また k はイオン化されたドナーに捕えられた束縛励起子によるものである．一方，d の肩は自由励起子発光線，f は中性ドナーを含む複合体に捕えられた束縛励起子による発光線，また r は中性ドナ

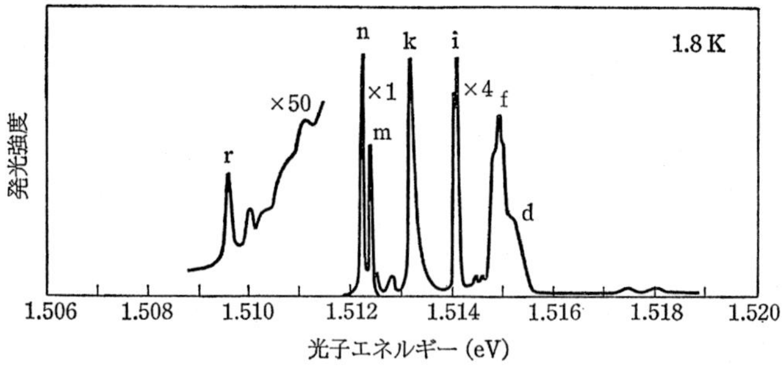

図 6.7　高純度 GaAs の光励起の下でのルミネッセンススペクトル[22]

ーに捕えられた励起子が再結合するときにドナーの電子を $n=2$ の状態に励起し，差のエネルギーが光になる過程によるものと考えられている．

半導体中にそれを構成する元素と周期律表で同じ列に属する元素が微量含まれる場合には，電子親和力の違いのためにそこに電子または正孔が引きつけられるということが起こる．このようなものを**等電子(的)トラップ**とよぶ．これに電子または正孔が捕えられると，次にクーロン力で正孔または電子が引き寄せられ束縛励起子ができる．GaP：N に見られる緑色のルミネッセンスはこの束縛励起子によるものである．GaP は間接型バンドギャップをもつ半導体であり，励起子は $\boldsymbol{k}=0$ の価電子帯正孔と $\boldsymbol{k}\neq 0$ の $\varDelta$ 点の伝導帯電子からなるが，窒素不純物に捕えられた電子の波動関数は空間的に強く局在化しているために $\boldsymbol{k}$ 空間では大きく広がっており $\boldsymbol{k}=0$ のあたりにもかなりの振幅をもっている．このため GaP は間接型の物質でありながら，窒素を含む場合にはフォノンを介さない励起子の直接遷移による発光が可能であり，強いルミネッセンスが見られることになる．

一方，ドナーに捕えられた電子とアクセプターに捕えられた正孔の波動関数の重なりがあると，両者が再結合することによりルミネッセンスが現れる（図 6.6 d)．この**ドナー－アクセプター・ペア**による発光の一例として GaP 中で Ga と P を置換した Zn と S のペアによるルミネッセンスのスペクトルを図 6.8 に示す．スペクトルは多くの鋭い線よりなるが，これはペアの間隔にいろいろのものがあるからである．すなわち，ドナーとアクセプターの間の距離を R とすると，再結合により放出される光子のエネルギーは

$$\hbar\omega = W_{\rm g} - (W_{\rm D} + W_{\rm A}) + \frac{e^2}{4\pi\varepsilon R} \tag{6.9}$$

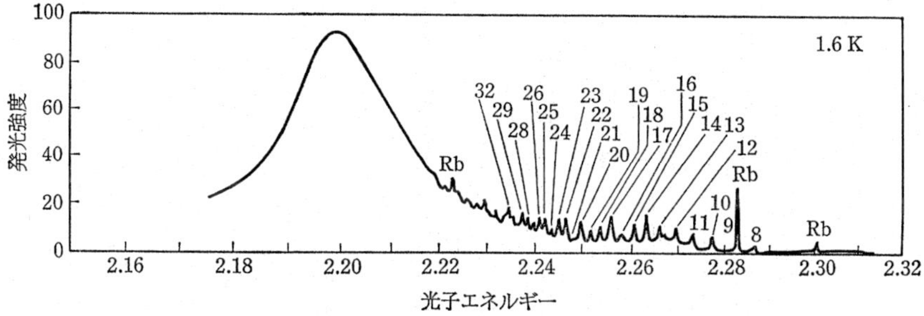

図 6.8　GaP 結晶中の Zn と S のドナー－アクセプター・ペアによるルミネッセンススペクトル[23)]
数字はドナーとアクセプターの距離で決まる整数，Rb は波長較正に用いたルビジウムランプの発光線を表す．

となることが期待される（本章では MKSA 単位系を用いていることに注意）．ただし，W_D は伝導帯電子に対するドナーの束縛エネルギー，また W_A は価電子帯正孔に対するアクセプターの束縛エネルギーである．図 6.8 のスペクトルの各ピークの上の数字はドナー-アクセプター間の距離と格子定数との間を関係づける整数 m で，確かに式(6.9)で期待されるエネルギー位置にピークが現れている．また，遷移確率はドナーとアクセプターの波動関数の重なりの二乗に比例するから，R の小さいペアによる発光ほど短波長側にあり，速く減衰する．したがって発光スペクトルは時間とともに長波長側にシフトすることが予想されるが，これも実験的に確かめられている．多くのⅡ－Ⅵ族化合物やⅢ－Ⅴ族化合物で励起子発光線よりも少し低エネルギー側に現れるルミネッセンスは**吸収端発光**とよばれているが，これは浅いドナー－アクセプターのペアによるものであることが知られている．なお，ドナー－アクセプター・ペアの発光では，ふつう多くの鋭い線からなるゼロフォノン線のほかに 1, 2, 3… フォノン線も見られる．また不純物準位が深くなると一般に電子格子相互作用が強くなるため，ゼロ

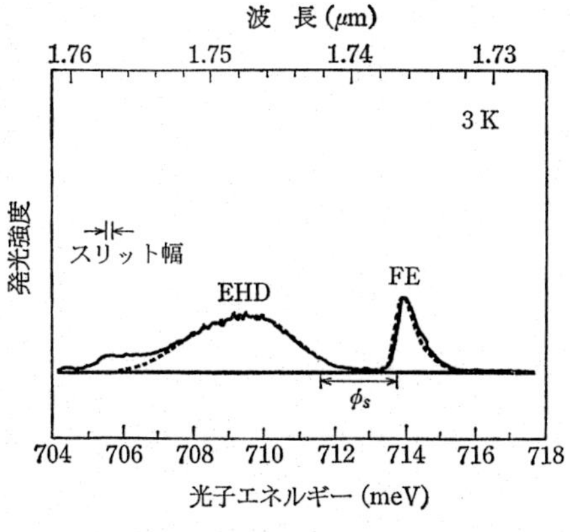

図 6.9　Ge の電子正孔液滴（EHD）と自由励起子（FE）によるルミネッセンススペクトル[24)]
点線はスリットの広がりを考慮した理論曲線，ϕ_s は凝縮エネルギー．

フォノン線に対するフォノンサイドバンドの強度が大きくなり，ルミネッセンススペクトルは幅の広いベル型のものになる．

半導体では不純物や格子欠陥はしばしば禁制帯中に深い準位をつくり，これを介して起こる無放射遷移がルミネッセンスの効率を低下させる．また**オージェー効果**もルミネッセンスの効率に関係して重要である．これは相互作用を通じて中心や励起子のエネルギーをもらって電子や正孔がエネルギーの高い状態に散乱され，その後無放射遷移により緩和するために励起エネルギーが失われるものである．たとえば束縛励起子が中性ドナーに捕えられているとき，励起子が消滅してそのエネルギーをもらってドナーにある電子が伝導帯の高いエネルギー状態へ散乱されるなどがそれで，不純物濃度が高くなるとそれらの間の相互作用が無視できなくなるためにこれは濃度消光の原因にもなる．

半導体を強く励起すると，励起子の密度が高くなり，その場合には様々な新しいルミネッセンスが現れる．このような効果は，**高密度励起効果**とよばれている．たとえば，2個の励起子が衝突して1個が消滅して発光すると，同時にもう1個が伝導帯電子と価電子帯正孔の対に分かれる過程とか，2個の励起子が一緒になって**励起子分子**ができ，その中の1個の励起子が消滅して発光し1個の励起子が後に残される過程などが観測される．これらの場合には通常の自由励起子発光線よりも前者の場合には励起子の結合エネルギーだけ，また後者の場合には励起子分子の結合エネルギーだけ低エネルギー側に発光が現れる．さらに伝導帯電子と価電子帯正孔の密度が高くなると，電子正孔間のクーロン引力が遮蔽されるために励起子ができず，多くの電子と正孔が存在する**高密度プラズマ状態**が実現する．さらに間接型バンドギャップをもつ Ge や Si では寿命の長い伝導帯電子や価電子帯正孔が空間的に凝縮して塊りになることが観測されており，これを**電子正孔液滴**という．この中で電子と正孔が再結合することによる発光の例を図6.9に示す．そのエネルギー位置は自由励起子線よりも仕事関数の分だけ低くなり，電子と正孔のエネルギー分布のために幅が広がっている．

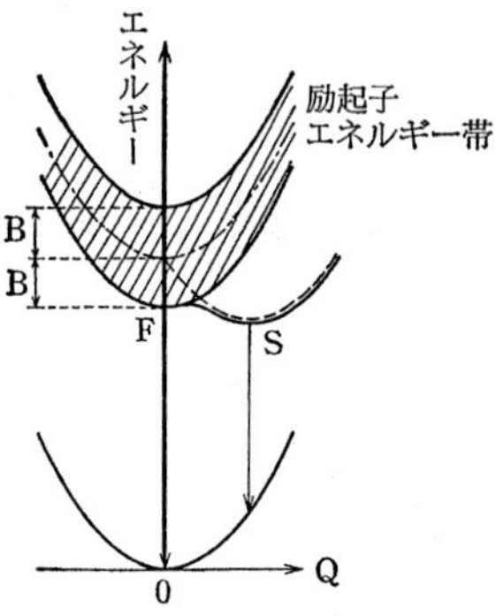

図 6.10　励起子－格子系の断熱ポテンシャル[25)]

なお，絶縁体中のフレンケル励起子について考えると，結晶中で励起子が動き回るために励起子のエネルギーは広がり，また励起子と格子との相互作用もふつう強いから，断熱ポテンシャルは図6.10のようになる．すなわち図5.24で見たように，自由に動きまわることにより励起子のエネルギーは上下に広がり，同時に格子の歪によってもエネルギーの安定化が起こる．この格子歪を伴って局在した励起子のエネルギーは，図4.6で考えた励起状態の断熱ポテンシャル（図6.10の破線）に近いものであろう．この場合，点FとSの高さ関係によりルミネッセンスは点FまたはS，あるいは点FとSの両方で起こることになる．点Fからのルミネッセンスは自由励起子の消滅に伴う発光に対応し，また点Sからのルミネッセンスは，つくられた励起子のまわりが歪むことによりそこに捕えられた励起子の消滅に伴うものである．点Sに対応する励起子は**自己束縛励起子**とよばれる．

6.2 光　散　乱

光を物質に入射させた場合に，これを吸収すると同時に光を四方八方に放出する現象を**光散乱**という．これは光の反射現象と同じく，入射光によって誘起された電気双極子の振動から2次波が放出されることによるものである．たとえば，原子（ないしは分子など）に光が入射すると，電気双極子の振動が誘起され，それから2次波が放出されるが，多くの原子がまばらに，しかもランダムに分布していれば，これからの2次波を任意の方向で観測した場合に，その強度は各原子からの2次波の強度の和になり，これは一般に零にならない．これが光散乱である．これに対して原子が密にあり，その密度が一様であるときには，各原子からの2次波はお互いに干渉して特定の方向以外では強度が零になる．干渉の結果消えない2次波は反射波となり，また入射波と干渉して屈折波ができることは2.13節で述べた．このように光散乱は一般に物質が均一でないことに起因するものであり，これには物質表面が一様でなく，そこでの反射光がいろいろの方向に広がる乱反射も含まれるが，ここでは表面の効果は無視して，物質の内部で起こる光散乱について考える．そこで，波長よりは十分小さく原子や分子よりはずっと大きな領域で平均した量を扱う1.4節のやり方に従うこととし，対象とする物質は等方的な絶縁体であるとすると，マクスウェル方程式は

$$\left.\begin{aligned}&\nabla\cdot(\varepsilon\boldsymbol{E})=0, &&\nabla\cdot\boldsymbol{H}=0\\&\nabla\times\boldsymbol{E}=-\frac{\partial}{\partial t}(\mu\boldsymbol{H}), &&\nabla\times\boldsymbol{H}=\frac{\partial}{\partial t}(\varepsilon\boldsymbol{E})\end{aligned}\right\}\qquad(6.10)$$

となる．そこで2.1節でやったように μ を μ_0 とし，さらに ε を均一な部分と不均一な部分に分けて

$$\varepsilon=\varepsilon_h+\eta\varepsilon_i \tag{6.11}$$

としよう．ここで η は小さい量である．さらに，光の電場を

$$\boldsymbol{E}(\boldsymbol{r},t)=\boldsymbol{E}_0(\boldsymbol{r},t)+\eta\boldsymbol{E}_1(\boldsymbol{r},t)+\eta^2\boldsymbol{E}_2(\boldsymbol{r},t)+\cdots \tag{6.12}$$

と展開し，磁場についても同様にして式(6.10)に代入し，η の0次の項を集めると

$$\nabla^2\boldsymbol{E}_0-\frac{n^2}{c^2}\frac{\partial^2\boldsymbol{E}_0}{\partial t^2}=0 \tag{6.13}$$

を得る．ここで，$n=(\varepsilon_h/\varepsilon_0)^{1/2}$ であり，式(6.13)は位相速度 c/n で進む屈折波を表している．それに対し，η の1次の項は

$$\left.\begin{aligned}&\nabla\cdot(\varepsilon_h\boldsymbol{E}_1)=-\nabla\cdot(\varepsilon_i\boldsymbol{E}_0),\quad \nabla\cdot\boldsymbol{H}_1=0\\&\nabla\times\boldsymbol{E}_1=-\mu_0\frac{\partial \boldsymbol{H}_1}{\partial t},\quad \nabla\times\boldsymbol{H}_1=\frac{\partial}{\partial t}(\varepsilon_h\boldsymbol{E}_1+\varepsilon_i\boldsymbol{E}_0)\end{aligned}\right\} \tag{6.14}$$

となるが，これは電荷密度 $-\nabla\cdot(\varepsilon_i\boldsymbol{E}_0)$，電流密度 $\partial(\varepsilon_i\boldsymbol{E}_0)/\partial t$ が存在する場合，つまり密度 $\boldsymbol{P}=\varepsilon_i\boldsymbol{E}_0$ の振動電気双極子モーメントがある場合のマクスウェル方程式である．これは屈折波と誘電率の不均一性との相互作用により生じる分極 $\boldsymbol{P}$ をソースとする電磁波が存在することを示しており，この $\boldsymbol{E}_1, \boldsymbol{H}_1$ が1次の散乱光を表している．また η の2次の項からは，1次の散乱光と誘電率の不均一性との相互作用により生じる分極 $\boldsymbol{P}=\varepsilon_i\boldsymbol{E}_1$ がソースとなって放出される2次の散乱光を与える電磁場の式が得られる．

ところで点 $\boldsymbol{r}'$ におかれた電気双極子モーメントを $\boldsymbol{M}(\boldsymbol{r}',t)$ とすると，十分離れた点 $\boldsymbol{r}$ における電場は，$|\boldsymbol{r}-\boldsymbol{r}'|=R$ として

$$\boldsymbol{E}(\boldsymbol{r},t)=\frac{-\mu_0\ddot{\boldsymbol{M}}_T(\boldsymbol{r}',t-nR/c)}{4\pi R} \tag{6.15}$$

となるから（式(2.95)参照），試料の有効な体積にわたって積分することにより，散乱光の電場は

$$\boldsymbol{E}_s(\boldsymbol{r},t)\propto\frac{1}{R}\int\ddot{\boldsymbol{M}}_T\left(\boldsymbol{r}',t-\frac{nR}{c}\right)\mathrm{d}\boldsymbol{r}' \tag{6.16}$$

となる．ただし積分領域の大きさに比べて R は十分大きいとした．そこで，入射光による屈折波を

$$\boldsymbol{E}_0(\boldsymbol{r},t)=\boldsymbol{E}_{00}\mathrm{e}^{i(\boldsymbol{k}_0\cdot\boldsymbol{r}-\omega_0 t)} \tag{6.17}$$

と表し，さらに ε_i は時間と空間の関数であるから，これをフーリエ展開して

$$\varepsilon_i(\boldsymbol{r},t)=\sum_{q\omega}\left[\varepsilon_{q\omega}^{+}\,\mathrm{e}^{i(\boldsymbol{q}\cdot\boldsymbol{r}-\omega t)}+\varepsilon_{q\omega}^{-}\,\mathrm{e}^{-i(\boldsymbol{q}\cdot\boldsymbol{r}-\omega t)}\right] \tag{6.18}$$

としよう．このフーリエ成分は**素励起**とよばれる．すると

$$\varepsilon_{\mathrm{i}}(\boldsymbol{r}',t)\boldsymbol{E}_0(\boldsymbol{r}',t)=\sum_{\pm}\sum_{q\omega}\varepsilon_{q\omega}^{\pm}\boldsymbol{E}_{00}\mathrm{e}^{i(k_0\pm q)\cdot r'-i(\omega_0\pm\omega)t} \tag{6.19}$$

となり，これがソースとなって放出される1次の散乱光は

$$\boldsymbol{E}_{\mathrm{s}}(\boldsymbol{r},t)\propto\sum_{\pm}\sum_{q\omega}\varepsilon_{q\omega}^{\pm}\boldsymbol{E}_{00}\exp[i(\boldsymbol{k}_{\mathrm{s}}{}^{\pm}\cdot\boldsymbol{r}-\omega_{\mathrm{s}}{}^{\pm}t)]\int\exp[i(\boldsymbol{k}_0\pm\boldsymbol{q}-\boldsymbol{k}_{\mathrm{s}}{}^{\pm})\cdot\boldsymbol{r}']\mathrm{d}\boldsymbol{r}' \tag{6.20}$$

と表される．ただし $\omega_{\mathrm{s}}{}^{\pm}$ と $\boldsymbol{k}_{\mathrm{s}}{}^{\pm}$ は散乱光の角振動数と波数ベクトルであり，

$$\omega_{\mathrm{s}}{}^{\pm}=\omega_0\pm\omega,\quad |\boldsymbol{k}_{\mathrm{s}}{}^{\pm}|=n\omega_{\mathrm{s}}{}^{\pm}/c \tag{6.21}$$

が成り立つ．ここで $\varepsilon_{q\omega}^{\pm}$ はテンソルであり，これが入射光と散乱光の偏りの関係を決める．式(6.20)の積分領域の大きさが光の波長に比べて十分に大きい場合，次の関係が満足されなければこの積分は零になる．

$$\boldsymbol{k}_0\pm\boldsymbol{q}-\boldsymbol{k}_{\mathrm{s}}{}^{\pm}=0 \tag{6.22}$$

したがって，光散乱では一般に光と素励起を含めた全系についてエネルギーと運動量が保存されることがわかる．光の $\boldsymbol{k}$ ベクトルの大きさは $10^5\,\mathrm{cm}^{-1}$ 程度であるから，ふつう光散乱では素励起の波数としても $0\sim10^5\,\mathrm{cm}^{-1}$ 程度の範囲しか見ることはできない．これは結晶の第一ブリルアン域の大きさ（$10^8\,\mathrm{cm}^{-1}$ 程度）と比べるとずっと小さい．

誘電率の不均一性の原因となる素励起にはいろいろのものがあり，たとえば空間的な電気双極子の密度のばらつきの場合には $\omega=0$ となる．また圧力の揺らぎである音波の場合には音速を v として $|\boldsymbol{q}|=\omega/v$ なる関係があるから，$|\boldsymbol{q}|\lesssim10^5\,\mathrm{cm}^{-1}$ とすると観測にかかる素励起のエネルギーは $1\,\mathrm{cm}^{-1}$ 以下と小さいことがわかる．$\omega=0$ の場合，つまり散乱光と入射光の振動数が等しい場合の散乱を**レイリー散乱**といい（2.12節参照），音波による散乱や音響フォノンによる散乱を**ブリルアン散乱**という．それに対して比較的振動数の高い分子振動や光学フォノン，電子準位その他による散乱は**ラマン散乱**とよばれる．また散乱光の中で入射光よりも振動数の低い成分を**ストークス成分**といい，振動数の高い成分を**反ストークス成分**という．音波の場合ばかりでなく音響フォノンの場合にも q の小さい所では ω は q に比例し，$v=\omega/q$ は音速を与える．そこで $\omega\approx0$，$|\boldsymbol{k}_0|\approx|\boldsymbol{k}_{\mathrm{s}}|=k$ とし，$\boldsymbol{k}_0$ と $\boldsymbol{k}_{\mathrm{s}}$ のなす角を θ とすると，$q=2k\sin(\theta/2)$ が成り立ち

$$\Delta\omega=|\omega_0-\omega_{\mathrm{s}}|=\frac{2vn\omega_0}{c}\sin(\theta/2) \tag{6.23}$$

となることがわかる．したがって，ブリルアン散乱で $\Delta\omega$ と θ を測れば音速が知られることになる．一方，分子振動では ω が $\boldsymbol{q}$ によらないのでラマンシフト $\Delta\omega$ の測定から分子振動の振動数を知ることができ，それからその分子にどのような結合が含まれているかを推定することができる．図 6.11 は石英の光散乱スペクトルである．二つの横型音響フォノンと一つの縦型音響フォノンによるストークス成分と反ストークス成分のブリルアン散乱線が見られるが，関係する光が吸収帯から十分に離れている場合，熱平衡状態ではこれらの強度比はブリルアンシフトを $\Delta\omega$ として

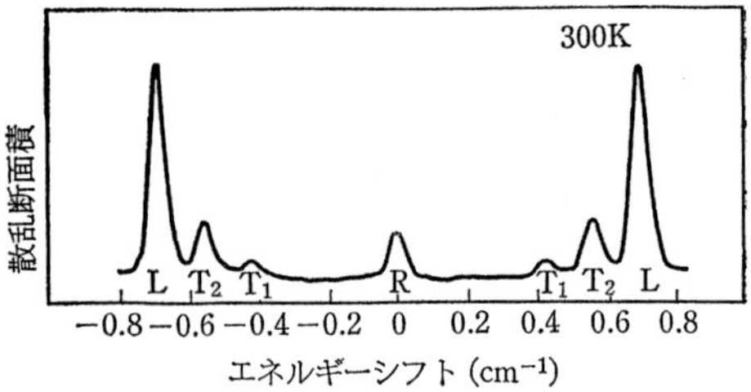

図 6.11　石英の光散乱スペクトル[26]
TとLはTAフォノン，LAフォノンによるブリルアン散乱によるもの，Rはレイリー散乱によるもの．

$$I_{AS}/I_S = \exp(-\hbar\Delta\omega/k_B T) \qquad (6.24)$$

となる．また図 6.12 は波長 1.06 μm の光励起による半導体ののラマンスペクトルで，横型光学フォノンと縦型光学フォノンによる散乱線が見られる．

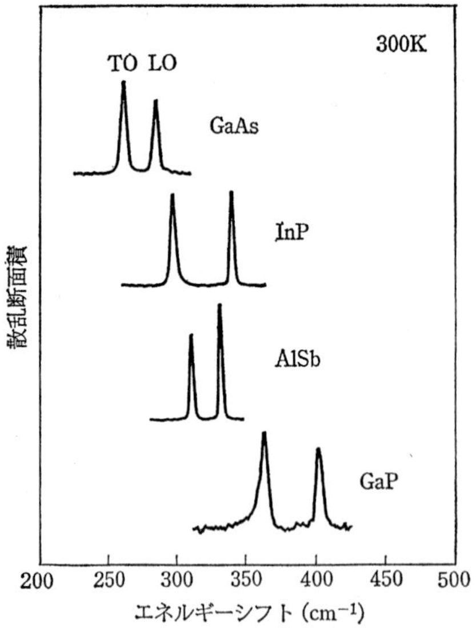

図 6.12　Ⅲ-Ⅴ族半導体のラマンスペクトル[27]

ところで，結晶の光学フォノンの場合，q の小さい所で ω は $\boldsymbol{q}$ に依存しない．しかし，光学フォノンや励起子などの分極波の横波成分を考えると，これらは電磁波と結合するため，それらの結合した連成波が実際の結晶の固有モードとなり，これが観測されることになる．この連成波を**ポラリトン**とよぶ．いま注目する分極波を $\boldsymbol{P}$ で表し，その他の分極は誘電率 ε_1 を与えるものとしよう．さらに物質は真電荷をもたず等方的であるとすると，$\nabla\cdot\boldsymbol{E}=0$ として，マクスウェル方程式から

$$\nabla^2\boldsymbol{E} = \mu\partial^2\boldsymbol{D}/\partial t^2 \qquad (6.25)$$

が得られるが，これに $\boldsymbol{D}=\varepsilon_1\boldsymbol{E}+\boldsymbol{P}$ を代入し，$\boldsymbol{P}$ の運動方程式と並べると

$$\left.\begin{aligned}&\nabla^2\boldsymbol{E}-\varepsilon_1\mu\partial^2\boldsymbol{E}/\partial t^2=\mu\partial^2\boldsymbol{P}/\partial t^2\\&\frac{\partial^2\boldsymbol{P}}{\partial t^2}+\omega_T{}^2\boldsymbol{P}=f\boldsymbol{E}\end{aligned}\right\}\tag{6.26}$$

となる．ここで ω_T は結合のないときの $\boldsymbol{P}$ の固有振動数，f は電場と分極の相互作用の強さを表す係数である．$\boldsymbol{E}$, $\boldsymbol{P}$ はともに $\exp[i(\boldsymbol{q}\cdot\boldsymbol{r}-\omega t)]$ の形で表されるとすると，$\boldsymbol{E}/\!/\boldsymbol{P}$, $\sqrt{\varepsilon_1\mu}=(n/c)$ として，これから

$$\left(\omega^2-\frac{c^2q^2}{n^2}\right)(\omega^2-\omega_T{}^2)=\omega^2 f/\varepsilon_1\tag{6.27}$$

が得られる．これをプロットしたものが図 6.13 である．このように結合のない場合の分極および光の分散関係を表す直線の交わるあたりでポラリトンの分散曲線は結合のない場合と大きく異なるが，これは結合により両者の波が混じり合い，一つになって物質中を伝播するためである．一方，縦波について考えると，$\nabla\cdot\boldsymbol{D}=\rho_t=0$ であるから $\boldsymbol{q}\cdot\boldsymbol{D}=0$ であり，$\boldsymbol{q}/\!/\boldsymbol{D}$ とすることにより $\boldsymbol{q}\neq 0$ では $\boldsymbol{D}=0$ となることがわかる．したがって，$\boldsymbol{E}=-\boldsymbol{P}/\varepsilon_1$ が成り立ち，これを (6.26 b) に代入することにより

$$\omega_L{}^2=\omega_T{}^2+f/\varepsilon_1\tag{6.28}$$

を得る．すなわち，縦波の分極波の振動数 ω_L は $\boldsymbol{q}$ によらず一定で，$q=0$ における上枝ポラリトンモードの振動数と同じになる．なお式 (6.28) を使うと式 (6.27) は

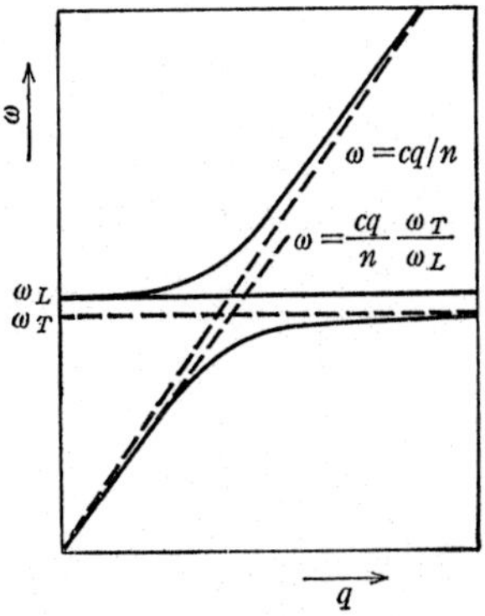

図 6.13　ポラリトンの分散曲線（$\omega=\omega_L$ の実線は縦型モードを示す）

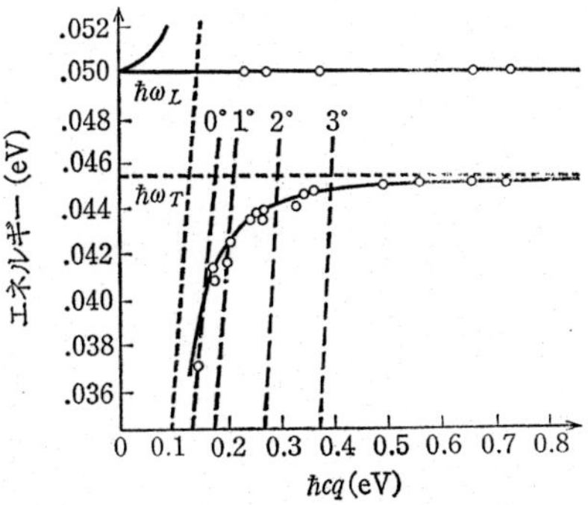

図 6.14　GaP 結晶について前方ラマン散乱で求められた分散関係（○印）と理論曲線（実線）[28] 角度は結晶内で入射光と散乱光のなす角を示す．

$$c^2q^2/n^2\omega^2=\frac{\omega_L{}^2-\omega^2}{\omega_T{}^2-\omega^2} \tag{6.29}$$

と書くことができる．

図6.14はGaPについて$\boldsymbol{k}_0$と$\boldsymbol{k}_s$のなす角の小さい領域でラマンシフト$\Delta\omega$の角度依存性を精密に測定し，分散関係を求めたものである．下枝のポラリトンモードではqの小さい所でωがqに依存することがこの結果からよくわかる．

なお，分子や固体中の局在中心などにおける光散乱でg状態からf状態へ遷移が行われる確率は3.6節で計算したように式（3.91）で与えられる．それによれば，σ方向に偏った光で励起した場合，ρ方向に偏った散乱光が放出される確率は

$$R_{\rho\sigma}=\sum_m\left[\frac{<f|M_\rho|m><m|M_\sigma|g>}{\hbar(\omega_{mg}-\omega_0)}+\frac{<f|M_\sigma|m><m|M_\rho|g>}{\hbar(\omega_{mf}+\omega_0)}\right] \tag{6.30}$$

の絶対値の二乗に比例する．ここでσとρはx, y, zのいずれかであり，$R_{\rho\sigma}$は**ラマンテンソル**とよばれる．ラマンテンソルが零になるかならないかは始状態と終状態がどのような既約表現に属するかによって決まるので，逆にラマン散乱の偏光特性を測定することにより，ラマン散乱に寄与する振動モードの同定ができる．なお，入射光の光子エネルギーが物質のエネルギー準位間隔に近くなると光散乱の確率が非常に大きくなる共鳴効果の現象が見られることはすでに述べた．

一方，結晶の光学フォノンによるラマン散乱の場合には2個の光子と1個のフォノンが関与するから，1次のラマン散乱の確率は，フェルミの黄金律を使って

$$w=\frac{2\pi}{\hbar}\left|\sum_{M_1M_2}\frac{<F|\hat{H}_{\rm int}|M_2><M_2|\hat{H}_{\rm int}|M_1><M_1|\hat{H}_{\rm int}|I>}{(W_I-W_{M_2})(W_I-W_{M_1})}\right|^2\delta(W_I-W_F) \tag{6.31}$$

で与えられる．ただし散乱が起こる前の入射光と散乱光の光子数およびフォノン数を$n_0, n_{\rm s}, n_q$として始状態と終状態は

$$\left.\begin{aligned}|I>&=|g\,;\,n_0, n_{\rm s}, n_q>\\|F>&=|g\,;\,n_0-1, n_{\rm s}+1, n_q\pm1>\end{aligned}\right\} \tag{6.32}$$

と表される．ここでgは電子状態を表し，n_q+1はストークス成分に，またn_q-1は反ストークス成分に対応する．また$\hat{H}_{\rm int}$は電子と光およびフォノンとの相互作用であり，式（6.31）の三つの$\hat{H}_{\rm int}$の中の二つは電子－光子相互作用を，また一つは電子－フォノン相互作用を表すものとする．すると絶対値の中は，光子

の吸収・放出とフォノンの吸収・放出がどのような順序で行われるかに従って六つの項の和になる．$\hbar\omega_0$ が許容のバンド間遷移のエネルギーに近い場合，これらの項の中で三つが共鳴効果を示すが，特に初めに入射光を吸収して励起電子と正孔の対ないしは励起子ができ，次にこれがフォノンと相互作用してフォノンを1個放出ないしは吸収させ，最後に再結合により散乱光が生じる過程に対応する項は，分母の $W_I-W_{M_2}$ と $W_I-W_{M_1}$ がともに零に近くなるので強い共鳴効果を示す（問題 6.3）．図 6.15 は CuCl の縦型光学フォノンによる1次のラマン散乱の断面積を励起光の光子エネルギーに対してプロットしたものである．CuCl には Z_3 と Z_{12} と名付けられた二つの励起子があるが，ラマン散乱断面積は二つの $n=1$ 励起子が中間状態として寄与する効果およびこれらの励起子に対応するバンド間遷移の効果の和でうまく説明される．特に励起子吸収線の付近で散乱断面積は急激に増大するが，この結果は $n=1$ 励起子準位を中間状態と考えて式(6.31)によってよく理解することができる．

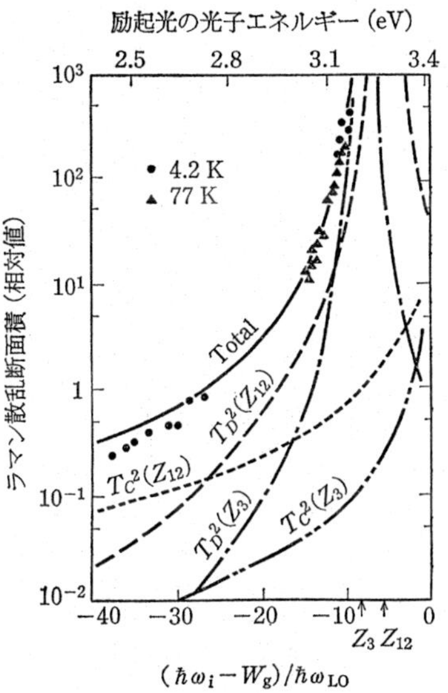

図 6.15 CuCl の LO フォノンによる1次のラマン散乱断面積の共鳴効果[29]
曲線は励起子吸収線の寄与 $T_D{}^2$ とバンド間遷移の寄与 $T_C{}^2$ および全体に対する理論曲線を示す．また Z_3, Z_{12} は二つのシリーズの励起子で矢印はそれぞれの $n=1$ 吸収線の位置を示す．$\hbar\omega_i$, $\hbar\omega_{LO}$ および W_g は入射光の光子エネルギー，LO フォノンのエネルギーおよびバンドギャップエネルギー．

式 (6.31) から，光散乱の確率は入射光強度ならびに $\langle n_s\rangle+1$ に比例することがわかるが，通常 $\langle n_s\rangle$ は1に比べて十分小さく，散乱光は自然放出によって起こる．しかし入射光が非常に強い場合や散乱光の振動数をもつ光を励起光と同時

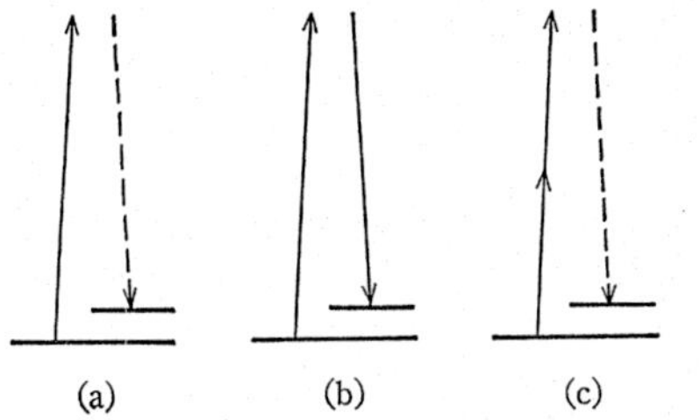

図 6.16 通常の光散乱 (a)，誘導光散乱 (b) およびハイパー光散乱 (c)
上向きの矢印は光吸収を，下向きの破線と実線の矢印は自然放出と誘導放出を表す．

に物質に照射した場合には $\langle n_s \rangle$ が無視できなくなり，誘導放出による**誘導光散乱**が観測される．また式 (3.84 b) の右辺第3項を考えれば，図6.16 c で表されるような三つの光子が関係する光散乱も起こりうることがわかる．この確率は入射光強度の二乗に比例する．このようなラマン散乱は**ハイパーラマン散乱**とよばれる．この場合には二つの光子が関与する通常の光散乱とは選択則が異なる．たとえば物質が反転対称性をもつ場合，通常のラマン活性モードはパリティーが偶のモードに限られるが，ハイパーラマン散乱では逆にパリティーが奇のモードで遷移が許される．なお，誘導光散乱やハイパー光散乱は**非線形光散乱**とよばれ，6.5節で述べる非線形光学効果の一種として扱うことができる．

6.3　エネルギー伝達と協同遷移

励起エネルギーが物質中である場所から他の場所へと移動する現象がしばしば見られ，これを**エネルギー伝達**ないしは**エネルギー移動**という．これは，たとえば光の吸収によってつくられた励起子が結晶中を移動するとか，伝導帯に上げられた電子が物質中を実際に移動するということで起こる場合もあるが，このような粒子の移動なしに起こることもある．すなわち，固体や液体中に2種類の局在中心AとBがありAが励起状態にある場合に，Aのエネルギーをもらって B が励起されAはエネルギーの低い状態に移る場合があり，これは蛍光体やレーザー材料の増感にしばしば利用されている．たとえば Sb^{3+} と Mn^{2+} を含むハロリン酸カルシウム $Ca_5(PO_4)_3$ (F, Cl) は蛍光灯用に使われる蛍光体であるが，Mn^{2+} だけを含む場合には3d殻内の遷移であるために紫外部の吸収が弱く，水銀の254 nm線で励起しても強い Mn^{2+} の蛍光は見られない．それに対して Sb^{3+} は Tl^+ 型中心であって紫外部に許容遷移による強い吸収をもち，254 nm線で励起すると480 nm付近に強い青色の蛍光を示す．ところが Sb^{3+} と Mn^{2+} の両方を含む場合には，Sb^{3+} が励起された後，Sb^{3+} から Mn^{2+} にエネルギーの一部が伝達され Sb^{3+} の青色の蛍光とともに Mn^{2+} の橙色の強い蛍光が現れる．Mn^{2+} と Sb^{3+} の濃度比を変えることにより青と橙色の蛍光の強度比が自由にコントロールできるので，このようにして白色の蛍光灯が実現される．このようなエネルギー伝達では，局在中心Aが蛍光を出して局在中心Bがそれを吸収して励起されるという過程も考えられるが，そうではなく，AB間の相互作用によって光の放出・吸収過程を媒介とせずに直接に励起エネルギーがAからBに移動する場合があり，これを**共鳴**

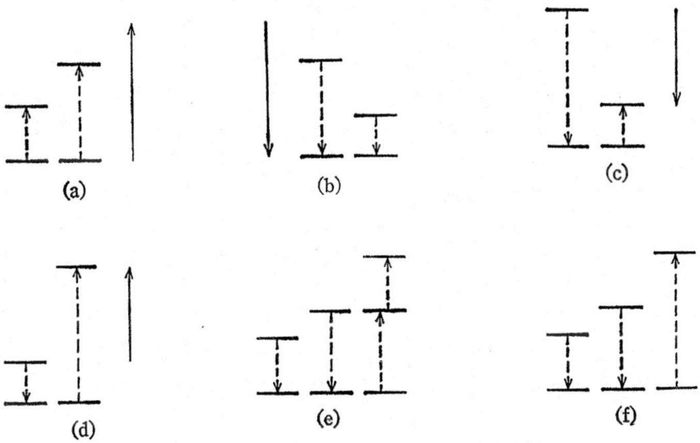

図 6.17 協同光吸収 (a)，協同ルミネッセンス (b)，ラマンルミネッセンス (c)，エネルギー伝達を伴う光吸収 (d)，2段階のエネルギー伝達 (e) と協同エネルギー伝達ないしはルミネッセンスの協同増感 (f)（破線の矢印は実際の遷移を表し，実線の矢印は光の放出・吸収とその光子エネルギーを表す）

エネルギー伝達とよぶ．光の放出・吸収過程が介在する場合には局在中心 B の有無は A の発光の減衰時定数に影響を与えないが，後者の場合には B の濃度とともに A の発光の減衰時定数が短くなるので，この両者は区別がつく．たとえば上で述べた例では共鳴エネルギー伝達が支配的であることが確かめられている．

また，局在中心間に相互作用があると，一つの光子を吸収して二つの中心が同時に励起されたり，逆に二つの中心が同時にエネルギーの低い状態に遷移して1個の光子が放出されるといったことが起こる（図 6.17 a, b)．このような遷移は**協同光遷移**とよばれる．たとえば $PrCl_3$ 結晶では1個の Pr^{3+} イオンが基底状態 ($^3H_4$) から $^3P_0$ 状態へ励起されると同時にもう1個の Pr^{3+} イオンが基底状態から $^5H_5$, $^3H_6$, $^3F_2$, $^3F_3$, $^3F_4$ などの準位へ励起され（図 5.3 参照)，二つの励起エネルギーの和のエネルギーをもつ光の吸収が起こる**協同光吸収**が観測されている．また $YbPO_3$ では2個の Yb^{3+} イオンが $^2F_{5/2}\rightarrow{}^2F_{7/2}$ の遷移を行うことにより和のエネルギーをもつ緑色の蛍光が放出される**協同ルミネッセンス**の現象が報告されている．さらに Gd^{3+} を含む Yb_2O_3 結晶では Gd^{3+} イオンが $^6P_{7/2}\rightarrow{}^8S_{7/2}$ の遷移を行うと同時に Yb^{3+} イオンが基底状態から $^2F_{5/2}$ 準位へ励起され，その差のエネルギーをもつ光が放出される現象が見いだされており，これは**ラマンルミネッセンス**とよばれている．一方，この逆の過程も Yb^{3+} と Tb^{3+} イオンを含むガラスで観測され，これは**エネルギー伝達を伴う光吸収**という名がつけられている．なお，Yb^{3+} と Er^{3+} イオンを含む系では励起された Yb^{3+} イオンから Er^{3+} イオンに2段階にエネルギー伝達が行われ，赤外励起によって可視の蛍光が現れる現象が観測されるが，さらに Yb^{3+} と Tb^{3+} を含む系では2個の Yb^{3+} イオンが $^2F_{5/2}\to{}^2F_{7/2}$ 遷移を行うと同時に Tb^{3+} イオンが基底状態（$^7F_6$）から $^5D_4$ 状態に励起され，そのため赤外線照射によって緑色の蛍光が観測されている．これは三つのイオンの間の相互作用によるもので**協同エネルギー伝達**とよぶべき現象であるが，これはふつう**ルミネッセンスの協同増感**とよばれている．

次に，こういった過程の基になる局在中心間の電気的な相互作用について考える．一般に，座標原点近傍に電荷分布 $\rho(\boldsymbol{r}'')$ があるとき，その広がりに比べて十分遠くでのスカラーポテンシャルは，MKSA 有理化単位系を用いて

$$\phi(\boldsymbol{r})=\frac{1}{4\pi\varepsilon_0}\sum_{l=0}^{\infty}r^{-l-1}\int\rho(\boldsymbol{r}')r'^{l}P_l(\cos\theta)\mathrm{d}\boldsymbol{r}' \tag{6.33}$$

と表すことができる（電磁気学の教科書を参照のこと）．ただし θ は $\boldsymbol{r}$ と $\boldsymbol{r}'$ のなす角である．ここで $l=0$ の項は全電荷 $\int\rho(\boldsymbol{r}')\mathrm{d}\boldsymbol{r}'$ を q として

$$\phi_0(\boldsymbol{r})=\frac{q}{4\pi\varepsilon_0 r} \tag{6.34}$$

であり，$l=1$ の項は電気双極子モーメント $\int\boldsymbol{r}'\rho(\boldsymbol{r}')\mathrm{d}\boldsymbol{r}'$ を $\boldsymbol{M}$ として

$$\phi_1(\boldsymbol{r})=\frac{\boldsymbol{M}\cdot\boldsymbol{r}}{4\pi\varepsilon_0 r^3} \tag{6.35}$$

となる．また $l=2$ の項は電気四極子テンソルを $\{\boldsymbol{Q}\}$ として

$$\phi_2(\boldsymbol{r})=\frac{1}{4\pi\varepsilon_0}\frac{3}{2r^5}\boldsymbol{r}\{\boldsymbol{Q}\}\boldsymbol{r} \tag{6.36}$$

と表される．したがって，一般に原点付近に電荷が分布しているときこれは原点に点電荷，電気双極子，電気四極子，…の集まりがおかれたとみなすことができる．さらに物質中の局在中心では全電荷は時間的に変わらないから，時間的に振動するような電荷分布はその中心におかれた電気双極子，電気四極子，…の集まりとみなすことができ，二つの局在中心間の電気的な相互作用は，双極子－双極子（d–d）相互作用，双極子－四極子（d–q）相互作用，四極子－四極子（q–q）相互作用，…などに分類される．

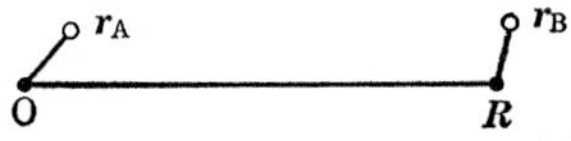

図 6.18 原点と点 $\boldsymbol{R}$ に置かれた原子AとB（黒丸は原子核を表し，白丸は電子を表す）

いま，図 6.18 のように二つの原子が座標原点と $\boldsymbol{R}$ の位置におかれており，注目する電子が原子核に対して $\boldsymbol{r}_A, \boldsymbol{r}_B$ の位置にある場合を考えると，その間の電気双極子－電気双極子相互作用のエネルギーは

$$H_{AB}{}^{(d-d)}=\frac{e^2}{4\pi\varepsilon R^3}\left[\boldsymbol{r}_A\cdot\boldsymbol{r}_B-\frac{3}{R^2}(\boldsymbol{r}_A\cdot\boldsymbol{R})(\boldsymbol{r}_B\cdot\boldsymbol{R})\right] \tag{6.37}$$

となる（問題 6.4）．ただし，二つの原子は誘電率 ε の物質中にあるものとしている．図 6.19 の共鳴エネルギー伝達が起こる単位時間あたりの確率は，フェルミの黄金律を使って

$$w_{\text{trans}}=\frac{2\pi}{\hbar}\int|\langle a'b'|\hat{H}_{AB}|ab\rangle|^2 f_{a'a}(W)f_{b'b}(W)\mathrm{d}W \tag{6.38}$$

となるから，これは式 (6.37) を使うことにより計算できる．ただし，$f_{j'j}(W)$ は $j\to j'$ 遷移によるスペクトル線の形状を表し，$\int f_{j'j}(W)\mathrm{d}W=1$ であるとする．そこで物質中に 2 種類の局在中心がたくさんあるとして行列要素の二乗を $\boldsymbol{R}$ のあらゆる方向で平均して，平均的なエネルギー伝達速度を求めよう．すると

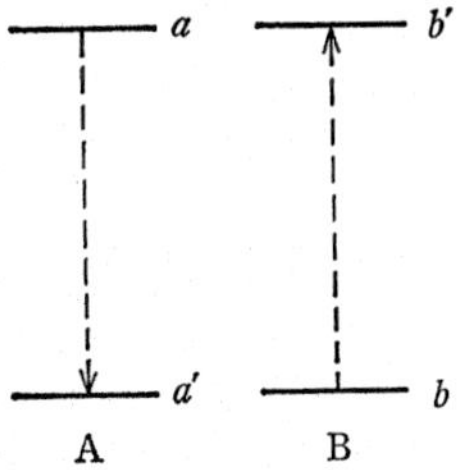

図 6.19 共鳴エネルギー伝達

$$\left\langle\left|\langle\boldsymbol{r}_A\rangle\cdot\langle\boldsymbol{r}_B\rangle-\frac{3}{R^2}(\langle\boldsymbol{r}_A\rangle\cdot\boldsymbol{R})(\langle\boldsymbol{r}_B\rangle\cdot\boldsymbol{R})\right|^2\right\rangle_{Av}$$

$$=\frac{2}{3}|\langle\boldsymbol{r}_A\rangle|^2|\langle\boldsymbol{r}_B\rangle|^2 \tag{6.39}$$

となるから（問題 6.5），この速度は

$$w_{\text{trans}}^{(d-d)}=\int\frac{|\boldsymbol{M}_{a'a}|^2|\boldsymbol{M}_{b'b}|^2}{12\pi\hbar\varepsilon^2R^6}f_{a'a}(W)f_{b'b}(W)\mathrm{d}W \tag{6.40}$$

と求められる．さらに $|\boldsymbol{M}_{a'a}|^2$ と $|\boldsymbol{M}_{b'b}|^2$ を式 (3.87) と式 (3.43) (3.46) を使って測定で求められる量に書き直すと

$$w_{\text{trans}}^{(d-d)}=\frac{3c^4\hbar^4A_{a'a}\Sigma_{b'b}}{4\pi(\varepsilon/\varepsilon_0)^2R^6}\int\frac{f_{a'a}(W)f_{b'b}(W)}{W^4}\mathrm{d}W \tag{6.41}$$

となる．ただし $A_{a'a}$ はアインシュタインの A 係数であり，$\Sigma_{b'b}$ は $b\to b'$ 遷移による全吸収断面積

$$\Sigma_{b'b}=\int\sigma_{b'b}(W)\mathrm{d}W \tag{6.42}$$

である．なお，前節で述べた交差緩和の確率もまったく同じ形に表される．

典型的な例として，$f_{a'a}(W)$ と $f_{b'b}(W)$ の重なりが相当ある場合を考えて $\int f_{a'a}(W)f_{b'b}(W)\mathrm{d}W=10^{-4}\,\mathrm{cm}$ とし，$(\varepsilon/\varepsilon_0)^2=6$, $\Sigma_{b'b}=10^{-12}\,\mathrm{cm}$, $\lambda=5000\,\text{Å}$ とすると R を Å で表して $w_{\mathrm{trans}}^{(d-d)}=(37/R)^6 A_{a'a}$ となる．したがって，共鳴エネルギー伝達が蛍光より効率よく起こるためには，エネルギーを与える局在中心（これをドナーとよぶ）から 37 Å 以内にエネルギーをもらう局在中心（これをアクセプターとよぶ）があればよい．これは非常に低い濃度で実現され，共鳴エネルギー伝達は大変高い確率をもつことがわかる．もし，一方または両方の局在中心で電気双極子遷移が禁止されていれば式（6.37）の代わりにより高次の d-q（または q-d）相互作用や q-q 相互作用を考慮する必要があり，その場合には $H_{\mathrm{AB}}\propto R^{-4}$, R^{-5} となる．この場合にもなお $f_{a'a}(W)$ と $f_{b'b}(W)$ の重なりが大きければ共鳴エネルギー伝達の確率はかなり高い．またランタニドイオンの $4\mathrm{f}^N$ 電子準位間の遷移が関係している場合には，ジャッド－オーフェルトの理論を使うことにより，電気双極子遷移による共鳴エネルギー伝達の確率を求めることができる．たとえば Yb^{3+} イオンについて一つのイオンが ${}^2\mathrm{F}_{5/2}$ 状態から ${}^2\mathrm{F}_{7/2}$ 状態へ移り，もう一つのイオンが逆に ${}^2\mathrm{F}_{7/2}$ から ${}^2\mathrm{F}_{5/2}$ へ移る場合を考えると，$R=7a_{\mathrm{H}}$ として $w_{\mathrm{trans}}^{(q-q)}=1.4\times10^8 s^{-1}$, $w_{\mathrm{trans}}^{(d-q)}=0.1w_{\mathrm{trans}}^{(q-q)}$, $w_{\mathrm{trans}}^{(d-d)}=0.2w_{\mathrm{trans}}^{(d-q)}$ と計算される（a_H は水素原子のボーア半径）．したがって，この場合には q-q 相互作用が最も大きな寄与をすることがわかる．なお，このエネルギー伝達の確率は，光を放出して ${}^2\mathrm{F}_{5/2}-{}^2\mathrm{F}_{7/2}$ 遷移を行う確率 $10^2-10^3\,\mathrm{s}^{-1}$ と比べてずっと大きい．

ところで，ドナーとアクセプターが結晶中にたくさんあるとして，ドナー同士およびアクセプター同士の相互作用を無視すると，アクセプターの濃度はあまり高くなく分布はランダムであるとして，ドナーの蛍光強度の減衰特性は

$$I(t)=I(0)\exp\left[-\frac{t}{\tau_0}-\Gamma\left(1-\frac{3}{s}\right)\frac{C}{C_0}(t/\tau_0)^{3/s}\right] \qquad (6.43)$$

と表されることが知られている．ここで C はアクセプターの濃度，τ_0 はアクセプターのないときの蛍光の減衰時定数であり，ドナーとアクセプターの距離が R であるときの二つの間のエネルギー伝達の確率を $w_{\mathrm{trans}}(R)$ として

$$C_0{}^{-1}=\frac{4\pi}{3}R^3[\tau_0 w_{\mathrm{trans}}(R)]^{3/s} \qquad (6.44)$$

である．また，d-d, d-q（または q-d），q-q 相互作用に対して $s=6, 8, 10$ であり，$\Gamma(1-3/s)=1.77$, 1.43 および 1.30 である．これを用いて平均のエネルギー

伝達効率

$$\bar{\eta}=1-\frac{1}{\tau_0}\int_0^\infty \frac{I(t)}{I(0)}\mathrm{d}t \tag{6.45}$$

が 1/2 になるアクセプター濃度 C^* を求めると，これは $0.49\,C_0(s=6)$，$0.58\,C_0$ $(s=8)$，$0.62\,C_0(s=10)$ となる．そこで上の Yb^{3+} イオンの場合，$\tau_0=10^{-3}\mathrm{s}$ として C^* を求めると，$4\times10^{19}\,\mathrm{cm}^{-3}(s=6)$，$7\times10^{19}\,\mathrm{cm}^{-3}(s=8)$，$9\times10^{19}\,\mathrm{cm}^{-3}(s=10)$ と計算される．これは結晶中の陽イオンの 0.2〜0.4% 程度を Yb^{3+} でおき換えたことに相当し，低い濃度でも励起エネルギーは励起状態の寿命内にイオンの間をかなり動き回ることがわかる．

次に一つの光子を吸収ないしは放出して，二つの局在中心が同時に $a\to a'$，$b\to b'$ の遷移を行う協同光吸収，協同ルミネッセンス，ラマンルミネッセンス，エネルギー伝達を伴う光吸収などの過程について考える．この場合には，二つの局在中心の間の相互作用 $\hat{H}_{\mathrm{AB}}$ を考えて，電気双極子モーメントの行列要素は

$$\begin{aligned}\langle a'b'|\hat{\boldsymbol{M}}|ab\rangle &=\sum_\mu\frac{\langle a'|\hat{\boldsymbol{M}}|\mu\rangle\langle\mu b'|\hat{H}_{\mathrm{AB}}|ab\rangle}{W_{ab}-W_{\mu b'}}\\ &+\sum_\mu\frac{\langle a'b'|\hat{H}_{\mathrm{AB}}|\mu b\rangle\langle\mu|\hat{\boldsymbol{M}}|a\rangle}{W_{a'b'}-W_{\mu b}}\\ &+\sum_\mu\frac{\langle b'|\hat{\boldsymbol{M}}|\mu\rangle\langle a'\mu|\hat{H}_{\mathrm{AB}}|ab\rangle}{W_{ab}-W_{a'\mu}}+\sum_\mu\frac{\langle a'b'|\hat{H}_{\mathrm{AB}}|a\mu\rangle\langle\mu|\hat{\boldsymbol{M}}|b\rangle}{W_{a'b'}-W_{a\mu}}\end{aligned} \tag{6.46}$$

のように書くことができる（問題 6.6）．たとえばこれを用いて $R=7a_H$ の距離にある二つの Yb^{3+} イオンが同時に ${}^2F_{5/2}\to{}^2F_{7/2}$ の遷移を行い，緑色のルミネッセンスが放出される過程について考えると，d-q 相互作用による寄与が最も重要であることがわかり，確率は $2.6\times10^{-2}\mathrm{s}^{-1}$ と計算される．また $PrCl_3$ における ${}^3H_4\to{}^3P_0$，${}^3H_4\to{}^3F_2$ の同時遷移による光吸収については，$\Delta J=2,4$ なので電気四極子－八極子相互作用などが考えられるが，ジャッド－オーフェルトの理論で扱ったようにパリティーが奇の結晶場により電気双極子遷移が許されるとして，d-d 相互作用を考慮すると，この寄与の方が大きいことがわかり，この協同光吸収の振動子強度は 7.5×10^{-11} と見積もられる．これは実験結果とよく一致する．

一方，三つの局在中心間の相互作用による図 6.17(f) のような協同エネルギー伝達過程の確率は

$$w_{\mathrm{AB-C}}=\left(\frac{2\pi}{\hbar}\right)|\langle a'b'c'|\hat{H}|abc\rangle|^2$$

$$
\left.\begin{aligned}
&\times\int f_{a'a}(W')f_{b'b}(W-W')f_{c'c}(W)\mathrm{d}W'\mathrm{d}W\\
&\langle a'b'c'|\hat{H}|abc\rangle=\sum_{\mu}\left(\frac{1}{W_{ac}-W_{\mu c'}}+\frac{1}{W_{a'b'}-W_{\mu b}}\right)\\
&\times\langle a'b'|\hat{H}_{\mathrm{AB}}|\mu b\rangle\langle\mu c'|\hat{H}_{\mathrm{AC}}|ac\rangle+\sum_{\mu}\left(\frac{1}{W_{ab}-W_{\mu b'}}+\frac{1}{W_{a'c'}-W_{\mu c}}\right)\\
&\times\langle a'c'|\hat{H}_{\mathrm{AC}}|\mu c\rangle\langle\mu b'|\hat{H}_{\mathrm{AB}}|ab\rangle+[\hat{H}_{\mathrm{AB}}][\hat{H}_{\mathrm{BC}}]\\
&+[\hat{H}_{\mathrm{BC}}][\hat{H}_{\mathrm{AB}}]+[\hat{H}_{\mathrm{AC}}][\hat{H}_{\mathrm{BC}}]+[\hat{H}_{\mathrm{BC}}][\hat{H}_{\mathrm{AC}}]
\end{aligned}\right\}\quad(6.47)
$$

で与えられる (問題 6.6). ここで同様な項を [ ] を使って表してある. これを使って Yb^{3+}-Tb^{3+} 系について, やはりパリティーが奇の結晶場の寄与を考慮した d-q 相互作用を考えると, ルミネッセンスの協同増感の確率を計算することができるが, その結果は実験結果とよく一致する.

6.4 負温度状態とレーザー作用

二つの準位 1, 2 を考えると ($W_2>W_1$ とする), 3.3 節で述べたように, この準位間の遷移に対応する吸収線の吸収係数は

$$
\alpha(\omega)=\frac{\hbar\omega}{c}f(\omega)B_{21}\left(\frac{N_1}{V}-\frac{g_1}{g_2}\frac{N_2}{V}\right) \quad (6.48)
$$

のように表される. ここで B_{21} はアインシュタインのB係数, g は準位の縮重度, $f(\omega)$ はスペクトル線の形状関数である. 熱平衡状態では

$$
\frac{N_2}{g_2}=\frac{N_1}{g_1}\exp\left(-\frac{W_2-W_1}{k_{\mathrm{B}}T}\right) \quad (6.49)
$$

が成立するから, 一般に

$$
\Delta N=N_1-\frac{g_1}{g_2}N_2>0 \quad (6.50)
$$

となり, 吸収係数は正になる. しかし, 何らかの方法により $\Delta N<0$ にすると吸収係数は負になり, $\gamma=-\alpha$ として, 光は物質中で

$$
I(z)=I(0)\mathrm{e}^{\gamma z} \quad (6.51)
$$

のように増幅されることになる. ここで γ は**増幅利得係数**とよばれる. また $\Delta N<0$ の状態を**反転分布状態**あるいは**負温度状態**とよぶ. 後者のよび方は式 (6.49) が成立するとすれば $\Delta N<0$ の場合には $T<0$ となることからきている. しかし式 (6.49) は熱平衡状態で成り立つ式であり, 負温度状態は実際の温度とは関係なく, 単に分布数の反転を表しているにすぎない. このような状態をつくるに

は，たとえば気体を放電させるとか固体や液体に光をあてる，pn 接合に順方向電圧を加えて電流を流すなどいろいろの方法がある．

一つの例としてルビーについて考えると，白色光を照射した場合，この光を吸収して Cr^{3+} イオンは基底状態 $^4A_2$ から $^4T_2$，$^4T_1$ などの状態に励起されるが．その後エネルギーを格子振動に渡して，Cr^{3+} イオンは ^2E 状態に移る（図 5.8 参照）．^2E 状態と基底状態 $^4A_2$ は断熱ポテンシャル曲線の底のずれが小さく，また下の準位との間のエネルギー差が大きいため，^2E 状態では無放射遷移の確率が小さく，^2E 状態からは主として R 線の蛍光を放出して基底状態にもどる．しかし，この遷移はパリティーおよびスピン禁制であるため確率が低く，^2E 状態の寿命は数ミリ秒と長い．したがって，強い光を照射した場合には，かなり多くの Cr^{3+} イオンが ^2E 状態にたまることになり，^2E 状態の分布の方が $^4A_2$ よりも多い状態を実現することができる．これが，反転分布状態であり，この場合にはR線の波長の光はルビー中を進むときに増幅されることになる．なお，上の白色光照射のように，エネルギーの高い状態の分布を増やすために物質にエネルギーを加えることを**ポンピング**という．

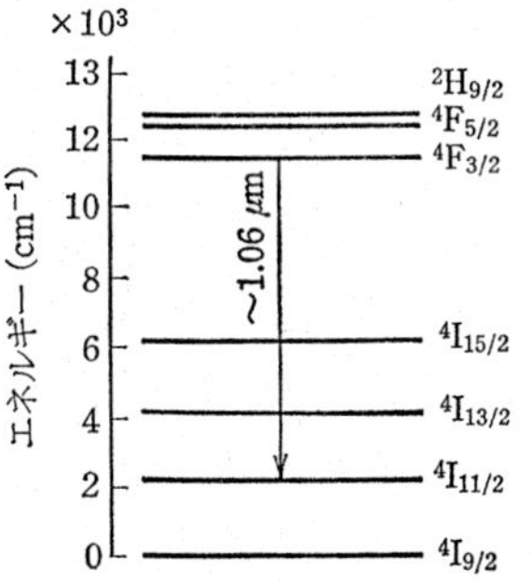

図 6.20 Nd^{3+} イオンのエネルギー準位構造

図 6.20 は Nd^{3+} イオンのエネルギー準位構造の一部を示す．Nd^{3+} イオンを含む透明な結晶，ガラス，溶液などに白色光をあてると，Nd^{3+} イオンは基底状態から $^4F_{5/2}$ や さらにエネルギーの高い励起状態にあげられ，その後格子振動にエネルギーを渡して $^4F_{3/2}$ 状態に移る．$4f^3$ 電子配置の準位はどれも断熱ポテンシャル曲線の底のずれがほとんどなく，$^4F_{3/2}$ 準位の場合には下の準位との間のエネルギー間隔は広いから，この場合も寿命は光放出遷移の確率でほぼ決まっており，$^4F_{3/2}$ 準位の寿命は数百 μs と長い．$^4F_{3/2}$ 準位からは $^4I_{9/2}$，$^4I_{11/2}$，$^4I_{13/2}$，$^4I_{15/2}$ の四つの準位への遷移に対応する蛍光が観測されるが，最も強いのは $^4I_{11/2}$ 準位への遷移による 1.06 μm 付近の線である．$^4I_{11/2}$ 準位は基底状態より約 2000 cm^{-1} エネルギーが高く，室温で熱平衡状態にある場合を考えても，その分布数はかなり少ないし，多重フォノン遷移のためその寿命は比較的短い．そこで，強い白色光を照射すると $^4F_{3/2}$ 準位と $^4I_{11/2}$ 準位の間で分布の反転が起こり，この物質中

を通る波長 1.06 μm の光は増幅されることになる．ルビーの場合には含まれる Cr^{3+} イオンの約半分を励起準位に移さないと負温度状態がつくれないのに対し，Nd^{3+} イオンの場合はずっと少ない量を移すだけで分布が反転する．基底状態との間で分布を反転させるルビーのような場合を**3準位動作**というのに対し，基底状態よりもエネルギーの高い準位間で反転分布状態をつくる Nd^{3+} イオンのような場合を**4準位動作**とよぶ．

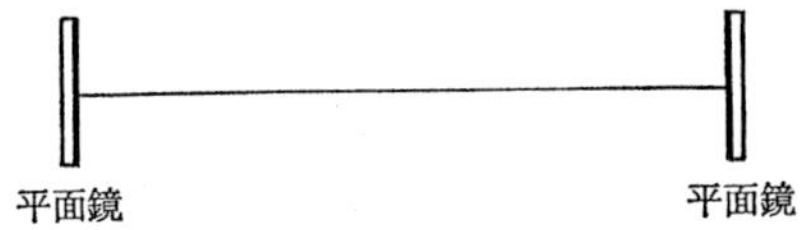

図 6.21 ファブリー-ペロー共振器

このように分布の反転した状態にある物質を，たとえば図 6.21 のように2枚の平面鏡を平行に向かい合わせた**ファブリー-ペロー共振器**の中においたとすると，鏡に垂直に進む光で2枚の鏡の間の光学距離（屈折率を長さにわたって積分したもの）が半波長の整数倍という条件を満たすものは，鏡の間を何度も往復し，物質と長時間相互作用することになり，その場合，増幅利得が共振器損失を上まわれば，時間とともに光の強度は増大して共振器中に非常に強い光がつくられる．ところで，誘導放出により光が増幅されることは物質中では反転分布密度を減らすことに対応し，これは増幅利得を下げる．したがって，増幅された光の強度が強くなると，その増幅を抑える効果が働き，この非線形な効果を通して光は干渉性の高いものとなる．すなわち，自然放出では位相がランダムな光がつくり出され，誘導放出によりそれが強められるが，その中のある位相の波が十分強くなると増幅利得が下がり，もはやこの波に対して位相のランダムな光は強くなることはできず，正弦波で表されるような一つのきれいな波ができあがる．これが**発振**とよばれる現象である．ちょうど発振が起こる所を発振の**しきい値**といい，ポンピングパワーがしきい値を越すと発振が起こる．これが**レーザー発振**である．このような発振光の一部は，たとえば鏡に少し透過率をもたせるなどして共振器の外に取り出すことにより，様々な形で利用される．

上で述べたような理由から，レーザーの発振光は一般に波の位相がそろっており干渉効果が見えやすい．これを**コヒーレント**であるというが，その表れとしてレーザー光はスペクトル幅が狭く，ビームの指向性が優れている．このような光は集光性がよく，波長程度の大きさのスポットに絞ることができる．またレーザーの平均出力はふつうそれほど大きくはないが，ビームの指向性がよいので光源から離れても単位面積あたりのパワーは大きく，スポットに絞った場合にはそれは特に著しい．またパルス発振では非常に大きなピークパワーを得ることもできる．またこの光には光の振動数で振動する強い電場や磁場が伴っており，次節で述べるような様々な非線形光学効果をひきおこす．さらにレーザーでは振動数の異なる成分の間の干渉効果によりピコ秒，フェムト秒といったきわめて時間幅の狭いパルスを得ることができ（ピコは 10^{-12}，フェムトは 10^{-15}），時間的に連続した光から時間幅が数フェムト秒の**超短光パルス**まで出力光の時間幅をいろいろコントロールすることができる．このような従来の光にはない優れた性質から，レーザーは通信，計測，情報処理，加工，医療など様々な分野で利用されている．またレーザーは光物性物理学の研究にもひんぱんに利用されており，これを使うことによりたとえば高密度励起効果，超短時間領域の分光，非線形分光など新しい研究領域がいろいろ開発されている．

いま，有機色素を溶液にして光をあてた場合，高い効率で蛍光を出す物質がたくさんある．この場合，一般にストークスシフトが大きいから，強い励起を行うならば，必ずしも電子励起状態の分布が基底状態の分布より大きくならなくとも，誘導放出が吸収を上回ることになる．これは一種の4準位動作として理解できる．すなわち図6.1で点D付近あるいはそれ以上のエネルギーの所では電子基底状態での分布が点A付近よりずっと少ないからである．色素分子の発光スペクトルは幅が広いので増幅利得スペクトルも幅が広く，図6.21のような共振器中にこれをおくとスペクトル幅の広い発振光が得られる．しかし，たとえば図6.22のような平面鏡と回折格子を組み合わせた共振器を考えると，この場合には特定の波長の光でだけフィードバックが掛かり，その波長は回折格子を回転させることにより連続的に変えることができる（問題6.7）．したがって，このような共振器を用いると，スペクトル幅の狭い発振光が得られ，しかもその波長を連続的に変えることができる．この場合，一つの色素で得られる発振光の波長可変範囲は通常数十nm程度であるが，ルミネッセンスの中心波長の異なる多くの色素があるので，これを取り替えて用いることにより紫外域から近赤外域まで任意の波長の発振光が得られる．このような**波長可変レーザー**は分光学的な応用にとって非常に有用であり，光物性物理学の研究においても画期的な道具として盛んに利用されている．

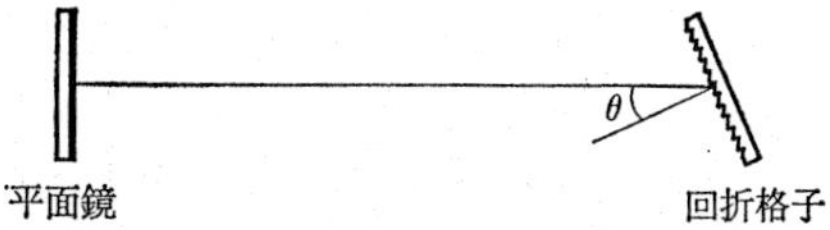

図 6.22　平面鏡と回折格子を組み合せた共振器

Cr^{3+} イオンをたとえばアレキサンドライト ($BeAl_2O_4$) に添加した場合には，Dq/B の値が小さいため $^4T_2$ 準位の方が ^2E 準位よりもエネルギーが低くなる(図5.6a参照). さらにその場合にはストークスシフトが大きく，ルミネッセンススペクトルは幅広いものとなる. したがって色素溶液の場合と同じように波長選択性をもつ共振器と組み合わせることにより，かなり広い波長範囲で発振波長が自由に変えられる波長可変レーザーとなる. 結晶中の色中心のスペクトル幅の広い蛍光を利用する色中心レーザーの場合も事情は同様である. なお，ある幅の中のいろいろの振動数の発振光を干渉させることにより時間幅がきわめて狭いパルス光を得る**モード同期**とよばれる技術が開発されているが，干渉する光のスペクトル幅が広いほど時間幅の狭いパルスが得られるので，ピコ秒〜フェムト秒の時間領域の光パルスを得るには色素レーザーや色中心レーザーがもっぱら用いられる.

スペクトル線の形をローレンツ型としたときピークでの増幅利得係数は，式(6.48) より

$$\gamma(\omega_0)=\frac{2\pi c^2 A_{12}}{n^2{\omega_0}^2\varDelta\omega}\frac{\varDelta N}{V} \tag{6.52}$$

で与えられる (問題6.8). ここで $\varDelta\omega$ はスペクトル線の半値幅であり，

$$\frac{\varDelta N}{V}=\frac{N_2}{V}-\frac{g_2}{g_1}\frac{N_1}{V} \tag{6.53}$$

は反転分布密度である. ガウス型などスペクトル線の形が異なる場合も増幅利得係数はほとんど同じ形に表され，ピークでの値は半値幅に逆比例する. 増幅利得係数が零のとき，共振器中の光エネルギーが時間とともに $W=W_0\exp(-t/\tau_{\mathrm{p}})$ のように減衰すると仮定すると，レーザーの発振条件は

$$(l/L)\gamma c\tau_{\mathrm{p}}>1 \tag{6.54}$$

と書くことができる (問題6.9). ただし，l は増幅媒体の長さであり，L は共振器の長さである. なお共振器中での光子の寿命 τ_{p} には鏡の反射率が1よりも低いこと，回折効果のために共振器中で光ビームが広がり鏡の端から光がもれること，レーザー媒質中での光散乱やレーザー遷移以外の遷移による光吸収などいろいろの効果による寄与がある. いま，ポンピングパワーを P，そのポンピングによってレーザー遷移の上の準位へ励起が行われる効率を η とすると，上の準位の寿命を τ_2 として $N_2\propto\eta P\tau_2$ となるから，4準位動作を考えてレーザー遷移の下の準位の分布 N_1 を無視すると，ポンピングパワーのしきい値は

$$P_{\mathrm{th}} \propto \frac{\Delta\omega V}{\eta\tau_2 A_{12}\tau_{\mathrm{p}}\lambda_0{}^2} \tag{6.55}$$

表 6.1 結晶中の Nd^{3+} イオンの $^4F_{3/2}\rightarrow{}^4I_{11/2}$ 遷移によるスペクトル線の室温における半値幅[30)]

結晶	デバイ切断エネルギー（cm^{-1}）	スペクトル線幅（cm^{-1}）
LaF_3	350	24
Y_2O_3	550	12
$Y_3Al_5O_{12}$	800	4

表 6.2 Nd^{3+} イオンをドープした結晶のレーザー発振のしきい値とデバイ温度[30)]

結晶	デバイ温度（K）	しきい値（J）
KI	132	210
NaI	164	195
KBr	174	210
KCl	235	200
NaCl	321	175
CaF_2	510	30
LiF	732	2

となる．ただし，λ_0はレーザー媒質中でのスペクトル線のピーク波長である．これから，ポンピングパワーのしきい値を下げるには，励起効率を高め共振器損失を下げることが望ましいといった当然のことのほかに，レーザー遷移の上の準位の分布の全緩和の中でレーザー遷移による放射過程が占める割合が高いほどよいことがわかる．さらにもう一つ大事な点はしきい値がスペクトル線の幅に比例することである．これは，反転分布密度が同じならばスペクトル線のピーク波長での増幅利得係数が誘導放出断面積のピーク値に比例し，それは式（6.52）に見られるようにスペクトル線幅に反比例することから容易に理解できる．

いま同じイオンをいろいろの母体結晶に添加したとして，その電子的な性質があまり変わらずアインシュタインのA係数がほとんど同じだとすると，スペクトル線の幅が狭いほどレーザー発振のしきい値は低くなることが期待される．このように考えると，ゼロフォノン線を使うのがよいことになり，その場合，レーザー遷移に関係する二つの準位から $\hbar\omega_{\mathrm{D}}$ より少し少ないくらいエネルギーが離れた所にエネルギー準位が存在する場合は，直接過程がスペクトル線を広げるので望ましくないから，そのような場合を除くと，結局結晶中の不純物のゼロフォノン線の場合，室温付近ではスペクトル線の幅を決めているのはラマン過程であると考えられる．4.10 節で見たように，ラマン過程の確率は式 (4.111) で与えられ，結晶の場合 $\int_0^{T_{\mathrm{D}}/T} x^6 e^x (e^x-1)^{-2} dx$ は室温付近では $T_{\mathrm{D}}{}^5$ にほぼ比例する．さらに式 (4.50) より $T_{\mathrm{D}} \propto v(N/V)^{1/3}$ であるから，$\Delta\omega \propto \rho_{\mathrm{M}}{}^{-2}(N/V)^{5/3}v^{-5}$ となり，結局，音速の大きな硬い結晶の場合にスペクトル線の幅が狭くなり，したがって少ない入力パワーでレーザー発振が行われると考えられる．表 6.1 と 6.2 は

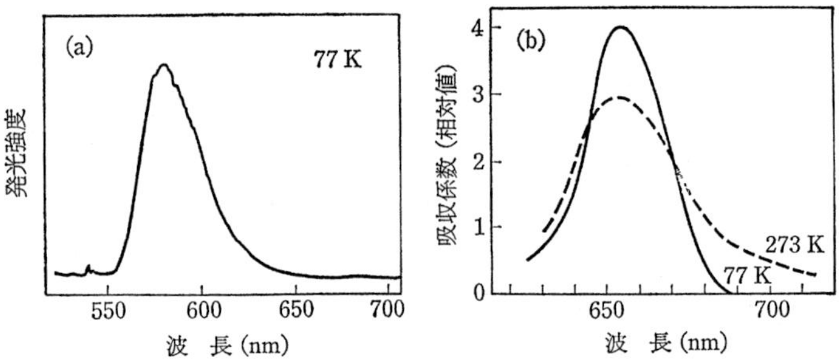

図 6.23　ZnS 結晶中の Mn^{2+} イオンのルミネッセンススペクトル (a) と励起した状態での吸収スペクトル (b)[31)]

Nd^{3+} イオンの 1.06 μm 線の室温でのスペクトル半値幅とレーザー発振のしきい値を示したものである．確かにデバイ温度の高い母体結晶に Nd^{3+} イオンをドープした場合にスペクトル線幅が狭く，しきい値も低いことがわかる．

ある蛍光物質がレーザー材料となりうるか否かは，透明で散乱などによる光損失の少ないロッドがつくれるかどうか，分布を反転させることができるかどうか，誘導放出の断面積が大きいかどうか，励起効率や蛍光の量子効率が高いかどうかなどのほかに，寿命の長い励起状態からさらにエネルギーの高い準位への遷移による光吸収と，レーザー作用が期待される波長領域との重なりが問題になる．たとえば，レーザー作用が期待される波長で蛍光遷移に関係する上の準位から，さらにエネルギーの高い準位への光吸収の断面積が，蛍光の誘導放出の断面積よりも大きければ，分布を反転させても増幅利得は正にならない．

Mn^{2+} イオンは多くの母体中で効率の高い橙色の蛍光を示し，励起状態の寿命もミリ秒程度と長いので，分布を反転させるのが容易であると思われる．しかし，励起した状態で光吸収を測定すると蛍光スペクトルの長波長側にちょうど重なるように，蛍光準位からさらにエネルギーの高い準位への遷移に対応する強い吸収が現れ，これによってレーザー作用が妨げられる．図 6.23 は Mn^{2+} イオンを添加した ZnS 結晶を Ar^{+} イオンレーザーの発振光で励起した場合の蛍光スペクトルと吸収スペクトルである．Mn^{2+} イオンは Zn^{2+} イオンを置換しており，この周りの対称性は点群 Td に属し，反転対称性はない．蛍光は $3d^5\ {}^4T_1 \to 3d^5\ {}^6A_1$ 遷移によるもので，これはスピン禁制遷移であるために振動子強度は 10^{-6} 程度と小さい (図 5.6 参照)．それに対して励起した場合にのみ現れる 655 nm 付近の吸収は ${}^4T_1 \to {}^4A_2$ 遷移によるものと考えられ，これはスピン許容遷移なのでその振

動子強度は 10^{-4}～10^{-3} 程度と比較的大きい．蛍光スペクトルと励起状態からの吸収スペクトルとの重なりが大きいからこの物質では分布を反転させてもレーザー作用は期待されない．

現在，レーザー発振が報告されている物質は気体，液体，固体にわたり非常にたくさんの種類がある．さらに加速した電子と光との相互作用を利用する**自由電子レーザー**なども実現されている．また発振波長領域は，紫外部から可視，赤外域をへて電波と光の境界領域にまで及んでおり，最近ではX線領域のレーザー作用がいろいろ研究されている．式(3.87)からわかるように，一般にエネルギーが高くなると状態の寿命は急激に短くなり，分布を反転させるのが容易でなくなるばかりでなく，X線領域では高い反射率をもつ物質を見つけることがむずかしく，損失の少ない共振器をつくることも困難である．そのためこの領域では誘導放出による増幅は観測されたもののレーザー発振は今後の問題として残されている．

レーザー材料として見た場合，気体は一般に散乱などによる光の損失が少なく，多くのエネルギー準位の中のどれか二つの間で放電などにより分布数を反転させることができるから，ほとんどすべての気体でレーザー作用が期待できる．実際に Ne，N_2，CO_2，Ar^+，Kr^+ など多くの中性原子，分子，イオンなどでレーザー発振が観測されており，発振波長も紫外部から遠赤外部にまで広がっている．なお，KrF や XeCl などの希ガスのハロゲン化物のポテンシャル曲線は励起状態では図5.16(a)，基底状態では図5.16(b) のようになっている．したがって，効率よく分布を反転させることができ，パルス発振ながら紫外部で高出力が得られるので光化学反応の分野への応用が進んでいる．これは**エキシマーレーザー**とよばれる．一方，$Y_3Al_5O_{12}$（イットリウム・アルミニウム・ガーネットなので通常 **YAG** と略す）：Nd^{3+} やルビーなど，固体中にランタニドや遷移金属のイオンを含むものでは気体に比べて活性中心の濃度が高いので大きな増幅利得が得られ，また小型のレーザーで大きな出力が得られるという特徴がある．ある時間まで共振器損失を高めて発振をおさえて，十分に反転分布密度が大きくなった所で急速に共振器損失を下げ発振状態に持ち込むことにより，ピークパワーの大きな**ジャイアントパルス**を発生させる**Qスイッチング**とよぶ方法があるが，禁制遷移を用いるこの種の固体レーザーでは遷移の始状態の寿命が長いので，この方法は非常に有効である．励起はふつう光照射で行われ，発振波長は近赤外～可視の領域のものがほとんどである．レーザー遷移の下の準位の分布が少なくなる低

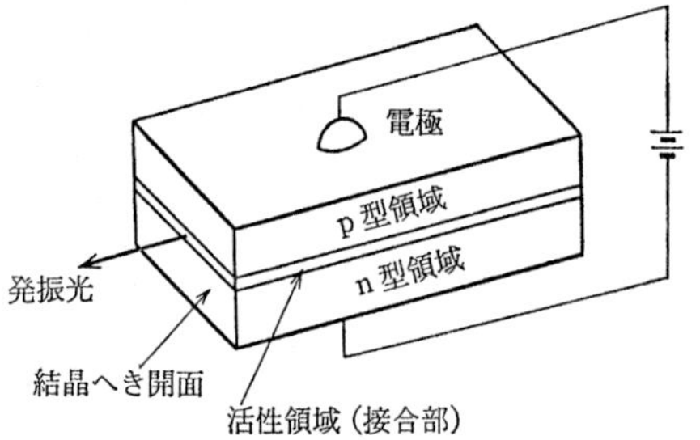

図 6.24　ダイオードレーザー

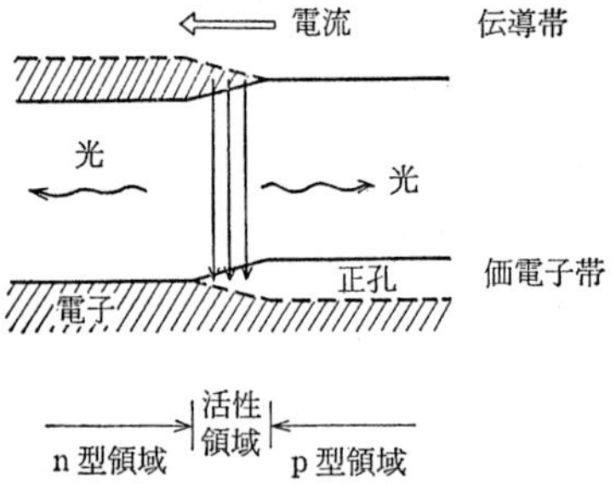

図 6.25　順方向電圧を加えた場合の pn 接合部付近のエネルギーバンド構造

温で初めて発振する材料が多い．また KCl : Li^+ 結晶の F_A 中心（不純物の摂動を受けたF中心）などの色中心を用いたレーザーは低温において 1〜3 μm 付近で動作し，この波長領域の波長可変レーザーあるいは超短パルスレーザーとして有用である．液体では材料費が安く循環によって容易に冷却できるなどの特徴がある．ランタニドを含む液体での発振も報告されているが，色素溶液が可視部付近の波長可変レーザーおよび超短パルスレーザーの材料として，特に重要であることはすでに述べた．

半導体では光や電子線の照射によってレーザー作用を行わせることができるが，特に pn 接合に順方向電圧を加えてキャリヤーを接合部に注入する励起法は半導体独特のものであり重要である．この型のレーザーは**ダイオードレーザー**，**ジャンクションレーザー**あるいは**注入型レーザー**などとよばれる．図 6.24 はこれを示したものである．不純物濃度の高いp型半導体とn型半導体ではそれぞれ価電子帯正孔と伝導帯電子がたくさんいるが，これらを接合させて pn 接合をつくると，両方の半導体でフェルミ準位が一致する．これにp型の方が正になるような順方向電圧を加えるとp型半導体中の電子のエネルギーが相対的に高くなって，図 6.25 に示す状況になり，接合部に伝導帯電子と価電子帯正孔が流れ込むことになる．これを**キャリヤーの注入**という．その場合，接合部では伝導帯電子と価電子帯正孔がたくさん共存することになるが，これが負温度状態に対応する．これらが再結合することによりルミネッセンスが放出され，さらにこの光が接合部を進むときに誘導放出によって増幅され，接合部に垂直な結晶端面が共振器の役割をしてレーザー発振が起こる．この型のレーザーは小型で効率が高く，また電流をコントロールすることにより容易に高い周波数で変調をかけることができるので光エレクトロニクスへの応用の点で重要である．レーザー作用が見られるのはほとんどが直接型のバンドギャップをもつ物質で，発振波長域は赤色の領域から 30 μm 付近の赤外領域にわたっている．代表的な材料は 0.9 μm 付近で動作する GaAs であり，$Ga_xAl_{1-x}As$, $Ga_xIn_{1-x}As_yP_{1-y}$ など混晶をつくることによりレーザーの動作波長は大幅に変えることができる．

6.5 非線形光学効果

2.8 節では，光に対する物質の応答を線形調和振動子を考えたローレンツモデルを使って解析した．また 3 章では，これが量子論による扱いと同じ結果を与え，実際の実験結果をうまく説明することを述べた．しかし，調和振動子を量子化するとエネルギーは等間隔になるが，実際の物質中の電子のエネルギー準位構造はそうなっていない．したがって，物質の応答は必ず非線形性をもつはずである．そこで光に対する応答の基になる分極を

$$\begin{aligned}\boldsymbol{P}&=\varepsilon_0[\chi^{(1)}\boldsymbol{E}+\chi^{(2)}\boldsymbol{E}^2+\chi^{(3)}\boldsymbol{E}^3+\cdots]\\&=\boldsymbol{P}^{(1)}+\boldsymbol{P}^{(2)}+\boldsymbol{P}^{(3)}+\cdots=\boldsymbol{P}^{(1)}+\boldsymbol{P}^{NL}\end{aligned}\qquad(6.56)$$

と表すことにしよう．光の磁場に依存する項もあるが，2.1 節で述べたように光電場との相互作用の方が強く利くのでこれは無視することにする．ここで $\chi^{(2)}$, $\chi^{(3)}, \chi^{(4)}, \cdots$ は**非線形感受率**であり，$\boldsymbol{P}^{NL}$ は**非線形分極**とよばれる．ふつうの光の場合，電場は非常に弱いから非線形分極による効果は無視することができるが，光電場が強いレーザー光の場合にはこれが無視できなくなり，いろいろの新しい現象が現れる．これらの光の電磁場に比例しないような分極に基づく様々な現象を**非線形光学効果**という．

物質がある点を原点にして反転しても変わらないとすると，$\boldsymbol{r}$ を $-\boldsymbol{r}$ にしたとき $\chi^{(n)}$ は変わらない．一方，分極 $\boldsymbol{P}$ は $-\boldsymbol{P}$ となり，電場 $\boldsymbol{E}$ は $-\boldsymbol{E}$ となる．したがって，$\chi^{(n)}=(-1)^{n-1}\chi^{(n)}$ が成立し，反転対称性をもつ物質では $\chi^{(2)}, \chi^{(4)}$, $\chi^{(6)}, \cdots$ は零になる．なお，$\chi^{(n)}$ は $n+1$ 階のテンソルであり，たとえば 2 次の非線形分極の i 方向成分は

$$P_i^{(2)}(\omega_i)=\sum_{jk}\varepsilon_0\chi_{ijk}^{(2)}(-\omega_i, \omega_j, \omega_k)E_j(\omega_j)E_k(\omega_k)\qquad(6.57)$$

などのように書くことができる．ここで χ, P, E の添字の i, j, k は x, y, z のどれかを意味する．また $\boldsymbol{P}(\omega), \boldsymbol{E}(\omega)$ は $\exp(-i\omega t)$ に比例するものとし，$\omega_i=$

$\omega_j+\omega_k$ が成り立つ.

2.12 節で述べたように, 分極 $\boldsymbol{P}$ が角振動数 ω で振動すると, 同じ振動数の光が放出される. それだけでなく, 分極が位相をそろえて振動する場合には, 同じ振動数の光の吸収や, 増幅も起こりうることは 2.13 節の議論から明らかであろう. いま, $\chi^{(2)}$ が零でない物質に ω_1 と ω_2 の二つの角振動数の光が入射したとすると, 式 (6.56) からもわかるように角振動数 $\omega_3=\omega_1+\omega_2$ および $\omega_3'=|\omega_1-\omega_2|$ の非線形分極が物質中に誘起される. したがって, この分極により入射波の和および差の角振動数をもつ電磁波が放出されることになる. これを**和周波混合**, **差周波混合**という. この特別な場合として $\omega_1=\omega_2$ のときには $\omega_3=2\omega_1$ の分極が生じ, 入射波の 2 倍の振動数をもつ光が放出されることになるが, これを**光第二高調波発生** (second harmonic generation, **SHG**) とよぶ. 一方, この場合には $\omega_3'=0$ となり振動数が零の分極も物質中に生じる. これは直流電圧を加えたのと同じ状態が物質に光を入射させることにより実現されるということで, これを**光整流**という. さらに $\chi^{(3)}$ や $\chi^{(4)}$ を考えると, 入射光の振動数のいろいろな組合せの振動数の光が放出されることになる. このように入射光の振動数の和や差の組合せで与えられる振動数をもつ光が放出される現象は, 一般に**光混合**とよばれる.

非線形分極を考えると, (2.3 d) の代わりに

$$\nabla\times\boldsymbol{B}=\mu_0\frac{\partial}{\partial t}(\tilde{\varepsilon}\boldsymbol{E}+\boldsymbol{P}^{NL}) \tag{6.58}$$

として, (2.4 a) は

$$\nabla^2\boldsymbol{E}-\tilde{\varepsilon}\mu_0\frac{\partial^2\boldsymbol{E}}{\partial t^2}=\frac{1}{\varepsilon_0 c^2}\frac{\partial^2\boldsymbol{P}^{NL}}{\partial t^2} \tag{6.59}$$

となる. そこで x 方向に偏った

$$E_{1x}(z,t)=\tilde{E}_{1x}(z)\mathrm{e}^{i(k_1z-\omega t)} \tag{6.60}$$

で表される光が結晶に入射した場合を考え, $\chi_{yxx}{}^{(2)}$ が零でないとすると, 角振動数が 2ω で振動する非線形分極の y 成分は

$$P_y{}^{(2)}(z,t)=\varepsilon_0\chi_{yxx}{}^{(2)}E_{1x}{}^2=\varepsilon_0\chi_{yxx}{}^{(2)}\tilde{E}_{1x}{}^2(z)\mathrm{e}^{2i(k_1z-\omega t)} \tag{6.61}$$

と書くことができる. 一方, 角振動数が 2ω で y 方向に偏り, z 方向に進む光を

$$E_{2y}(z,t)=\tilde{E}_{2y}(z)\mathrm{e}^{i(k_2z-2\omega t)} \tag{6.62}$$

と表そう. さらに, 光の電場の大きさは波長程度の距離ではほとんど変化しないから, $\tilde{E}_{2y}$ の 2 次微分を無視すると式 (6.59) より

$$\frac{\mathrm{d}\tilde{E}_{2y}(z)}{\mathrm{d}z}=(2i\omega^2\chi_{yxx}{}^{(2)}\tilde{E}_{1x}{}^2(z)/c^2k_2)\mathrm{e}^{i(2k_1-k_2)z} \tag{6.63}$$

が得られる．入射光エネルギーが第二高調波に変換される割合はわずかであるとして $\tilde{E}_{1x}(z)$ は z によらないと仮定し，$\tilde{E}_{2y}(0)=0$ とすると，(6.63) は積分できて，入射光強度を I_1，第二高調波光強度を I_2 として

$$I_{2y}(z)\propto I_{1x}{}^2\frac{\sin^2(\Delta kz/2)}{(\Delta k/2)^2} \tag{6.64}$$

となる．ただし $\Delta k=2k_1-k_2$ であり，これは ω および 2ω の光に対する屈折率を n_1, n_2 として $2\omega(n_1-n_2)/c$ と表される．I_2 は z が小さいときは距離とともに増すが，$z=\pi/\Delta k$ 以上になると逆に z とともに減少する．これは角振動数 2ω の分極波と電磁波との位相速度が同じでないために，各点で放出された高調波を z のある値のところで加え合わせたときに干渉によって打ち消し合うからである．$\Delta k=0$ の場合は，物質中の各点でつくられた高調波がどれも位相が合い，干渉によりお互いに強め合うことになり，これを**位相整合**の条件を満足するという．ふつう透明な波長領域では $n_2>n_1$ となり，この条件は満たされないが，非等方性結晶を用い複屈折を利用することによりこれを満足できる場合があり，そのときには第二高調波への変換効率は大幅に高められる．

2.8 節で述べたローレンツモデルでは調和振動子を考えたが，それに非調和項を加えて 2 次の非線形感受率を求めてみよう．いま式 (2.68) の左辺に $m\beta X^2$ を加えると角振動数 2ω で振動する分極成分が現れる．そこで β は十分小さいとすると方程式の解は第 1 近似では式 (2.69) と同じく

$$\left.\begin{aligned} X&=\frac{qE_0}{m}\frac{\mathrm{e}^{-i\omega t}}{G(\omega)}\\ G(\omega)&=\omega_0{}^2-\omega^2-i\omega\Gamma_0 \end{aligned}\right\} \tag{6.65}$$

となり，線形感受率は

$$\chi^{(1)}(\omega)=\frac{N_0q^2}{\varepsilon_0 mVG(\omega)} \tag{6.66}$$

と求められる（式 (2.70) 参照）．一方，2ω で振動する成分については $X_2=X_{20}\mathrm{e}^{-2i\omega t}$ として

$$[G(2\omega)]X_{20}+\beta\frac{q^2E_0{}^2}{m^2}\frac{1}{[G(\omega)]^2}=0 \tag{6.67}$$

となるから

$$P^{NL}(2\omega)=\frac{qN_0X_2}{V}=\varepsilon_0\chi^{(2)}(2\omega)E_0{}^2\mathrm{e}^{-2i\omega t} \tag{6.68}$$

より

$$\chi^{(2)}(2\omega)=\frac{-\beta m\varepsilon_0{}^2V^2}{N_0{}^2q^3}[\chi^{(1)}(\omega)]^2\chi^{(1)}(2\omega) \tag{6.69}$$

が得られる．これを二つの振動数の光が入射した場合に拡張すると

$$\chi_{ijk}{}^{(2)}(\omega_1+\omega_2)=\delta_{ijk}(\omega_1+\omega_2)\chi_{ii}{}^{(1)}(\omega_1+\omega_2)\chi_{jj}{}^{(1)}(\omega_1)\chi_{kk}{}^{(1)}(\omega_2) \tag{6.70}$$

となるが，反転対称性をもたない物質では係数 δ_{ijk} は物質にあまりよらないことが知られており，これを**ミラーの法則**という．したがって，非線形感受率の大きな物質を得るには屈折率の大きな物質を捜せばよいことになる．

3.2 節では線形感受率を半古典論を使って求めたが，同様のことを2次の摂動まで含めて行うことにより，第二高調波発生に関係する2次の非線形感受率を計算しよう．そこで

$$i\hbar\frac{\partial b_m{}^{(s+1)}(t)}{\partial t}=\sum_l b_l{}^{(s)}(t)H_{ml}{}'\exp(i\omega_{ml}t) \tag{6.71}$$

を用い，$\hat{H}'^{(j)}=-\hat{\mu}^{(j)}E_j\cos\omega t$，$\hat{H}'^{(k)}=-\hat{\mu}^{(k)}E_k\cos\omega t$ として $b_l{}^{(0)}=\delta_{lg}$ から出発して，一定の光が十分以前から作用して一定の状態になった場合について $b_m{}^{(1)}(t)$，$b_n{}^{(2)}(t)$ を求める．次に

$$\left.\begin{aligned}\Psi&=b_g{}^{(0)}\Psi_g+\sum_m b_m{}^{(1)}\Psi_m+\sum_n b_n{}^{(2)}\Psi_n\\ P(t)&=(N_0/V)\langle\Psi|\hat{\mu}^{(i)}|\Psi\rangle\end{aligned}\right\} \tag{6.72}$$

として，$e^{-2i\omega t}$ の時間変化をする項を $\varepsilon_0\chi_{ijk}(2\omega)(E_jE_k/4)e^{-2i\omega t}$ に等しいとすると，

$$\begin{aligned}\chi_{ijk}(2\omega)=\sum_{m,n}\mathscr{P}_{jk}\frac{N_0}{\varepsilon_0V\hbar^2}\Bigg[&\frac{\mu_{gn}{}^{(i)}\mu_{nm}{}^{(j)}\mu_{mg}{}^{(k)}}{(\omega_{ng}-2\omega)(\omega_{mg}-\omega)}\\ &+\frac{\mu_{gn}{}^{(k)}\mu_{nm}{}^{(i)}\mu_{mg}{}^{(j)}}{(\omega_{ng}+\omega)(\omega_{mg}-\omega)}+\frac{\mu_{gn}{}^{(k)}\mu_{nm}{}^{(j)}\mu_{mg}{}^{(i)}}{(\omega_{ng}+\omega)(\omega_{mg}+2\omega)}\Bigg]\end{aligned} \tag{6.73}$$

と求められる（問題 6.10）．ただし $\mathscr{P}_{jk}$ は j と k を入れ換えたものを加えることを意味する．この三つの項は光の吸収と放出が行われる順序に関係しており，これを図示すると図 6.26 のようになる．式 (6.73) を見ると反転対称性があると2次の非線形感受率が零になることがよくわかる．なぜならこの場合 g, m, n のどれか二つの状態は必ず同じパリティーとなり，その間の電気双極子モーメントの行列要素が零になるからである．なお，電気双極子モーメントの行列要素が零にならないような状態が g 状態よりもエネルギーが $\hbar\omega$ ないしは $2\hbar\omega$ だけ高いあ

たりにあると，式 (6.73) の分母が零に近くなり，非線形感受率は非常に大きくなる．これを**共鳴効果**といい，これは3次以上の非線形感受率にも現れる．この効果は高次の高調波を効率よく発生させる場合などにしばしば利用される．

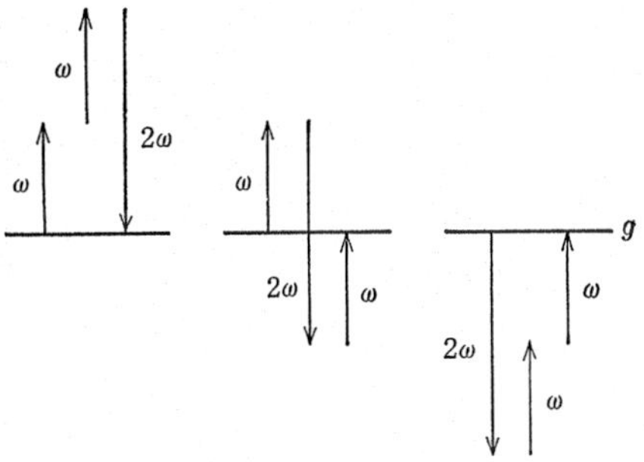

図 6.26　第二高調波発生における光の吸収と放出（三つの過程とも仮想的には吸収・放出遷移は左から右への順序で起こる）

物質に角振動数が ω_1 と ω_2 の二つの光が入射した場合，3次の非線形項を考慮すると角振動数 ω_1 で振動する分極は次のようになる．

$$\boldsymbol{P}(\omega_1)=\varepsilon_0[\chi^{(1)}\boldsymbol{E}_1(\omega_1)+\chi^{(3)}\boldsymbol{E}_1(\omega_1)|\boldsymbol{E}_1(\omega_1)|^2+\chi^{(3)}\boldsymbol{E}(\omega_1)|\boldsymbol{E}_2(\omega_2)|^2] \tag{6.74}$$

これは線形な分極のみを考える場合の $\chi^{(1)}$ を $\chi^{(1)}+\chi^{(3)}|\boldsymbol{E}_1(\omega_1)|^2+\chi^{(3)}|\boldsymbol{E}_2(\omega_2)|^2$ でおき換えた形になっている．$\chi', \chi''\ll 1$ の場合，$\chi^{(1)}$ の実部は屈折率を決め，虚部は吸収係数を決めることを考えると，$\chi^{(3)}=\chi_3'+i\chi_3''$ として，3次の分極をつけ加えることにより屈折率と吸収係数は

$$\begin{aligned} n&\to n+\frac{\chi_3'}{2n}|\boldsymbol{E}_1(\omega_1)|^2+\frac{\chi_3'}{2n}|\boldsymbol{E}_2(\omega_2)|^2 \\ \alpha&\to\alpha+\frac{\omega_1\chi_3''}{nc}|\boldsymbol{E}_1(\omega_1)|^2+\frac{\omega_1\chi_3''}{nc}|\boldsymbol{E}_2(\omega_2)|^2 \end{aligned} \tag{6.75}$$

と変化することがわかる．すなわち，(6.75 a) の第二項を考えると，屈折率は光の強度に依存することになり，このため強い光が物質中を進むときに $\chi_3'>0$ であればビームがひとりでに絞られ，また $\chi_3'<0$ であればひとりでに発散することになる．前者の場合を**自己集束効果**といい，後者の場合を**自己発散効果**という．一方，式 (6.75 b) の第三項を考えると，$\chi_3''>0$ の場合には ω_1 の光に対する吸収係数が同時に存在するもう一つの ω_2 の光の強度に比例する成分をもつことになるが，これは図 6.27 に示す**二光子吸収**や**逆ラマン効果**を表している．また $\chi_3''<0$ の場合には ω_2 の光が入射すると ω_1 の光が増幅されることになり，これは**誘導光散乱**や**二光子放出**を表している．なお，これらの過程に関係する非線形感受率は上で示した $\chi^{(2)}(2\omega)$ の計算と同様のやり方で求めることができ，ま

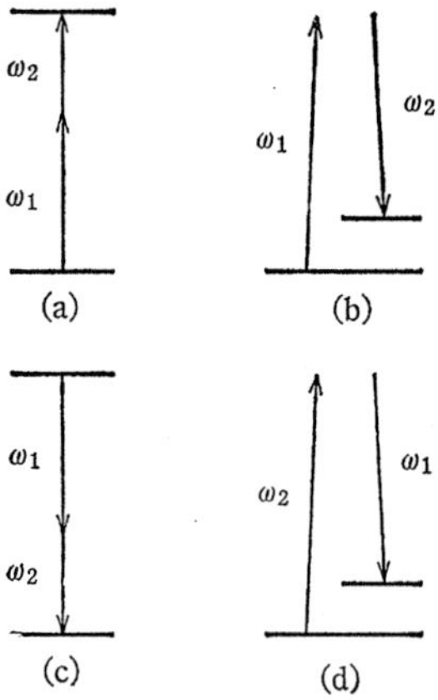

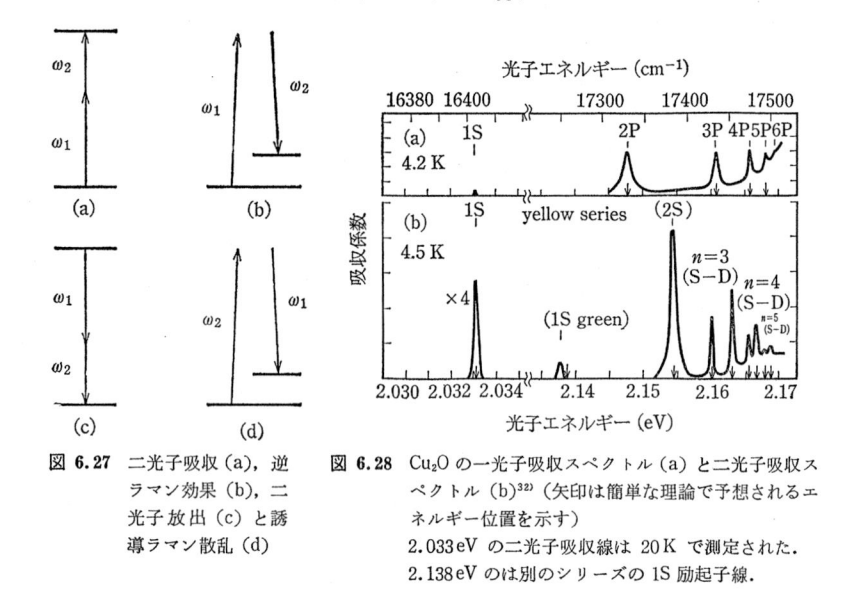

図 6.27　二光子吸収 (a)，逆ラマン効果 (b)，二光子放出 (c) と誘導ラマン散乱 (d)

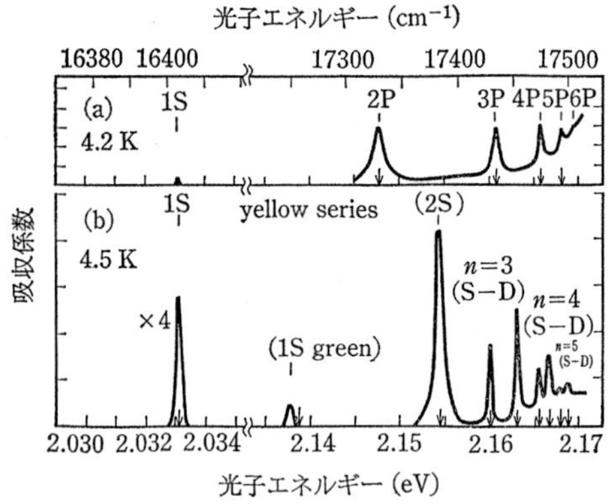

図 6.28　Cu_2O の一光子吸収スペクトル (a) と二光子吸収スペクトル (b)[32] (矢印は簡単な理論で予想されるエネルギー位置を示す)
2.033 eV の二光子吸収線は 20 K で測定された．
2.138 eV のは別のシリーズの 1S 励起子線．

た二光子吸収や非線形散乱の確率は式 (3.83) を使って計算することができる．

二光子吸収では普通の一光子吸収と選択則が異なり，たとえば反転対称性をもつ物質ではパリティーの同じ状態間で遷移が許される．図 6.28 は Cu_2O の一光子吸収と二光子吸収のスペクトルを比較したものである．この物質は反転対称性があり，伝導帯も価電子帯も偶のパリティーをもつ．そのため一光子吸収では 1S, 2S, 3S, … の励起子吸収線は禁制であり，パリティーが奇の 2P, 3P, 4P, … などの励起子吸収線が強く現れる．それに対して二光子吸収では 1S, 2S, 3S, 3D, … などの励起子吸収線がはっきりと見られる（ただし，この物質では黄色シリーズと緑色シリーズとよばれる二つの異なる励起子があることに注意）．さらに二光子吸収では遷移確率の二つの光の偏光方向への依存性から，観測された吸収がどのような対称性をもつ状態への遷移によるものであるかを決めることができる．この事情はラマン散乱の場合と同じことである．このように二光子吸収は一光子吸収に対して相補的な情報をもたらすばかりでなく，励起状態の性質を決める有力な手段となる．

問　　題

6.1 式 (6.2) が成り立つことを示せ.

6.2 図6.1で電子基底状態と励起状態の断熱ポテンシャル曲線が, 2次の係数が同じ放物線で表されるとき点 B が点 E よりも高くなる条件を求めよ.

6.3 式 (6.32) で与えられる始状態と終状態の間での光散乱の場合, 式 (6.31) の絶対値記号の中が光子の吸収・放出とフォノンの吸収・放出の順序による六つの項からなることを示せ. $\hbar\omega_0$ が許容のバンド間遷移のエネルギーに近い場合に共鳴効果を示すのはどの項か.

6.4 式 (6.37) を確かめよ.

6.5 式 (6.39) を確かめよ.

6.6 式 (6.46) (6.47) を確かめよ.

6.7 図6.22の共振器で回折格子は平面鏡に間隔 d で溝を切ったものであるとすると共振波長が

$$m\lambda = 2d\sin\theta$$

で与えられることを示せ. ただし, m は正の整数である.

6.8 式 (6.52) を確かめよ.

6.9 式 (6.54) を確かめよ.

6.10 式 (6.73) を確かめよ.

付　　　　録

付録A．反射率と位相角変化の間のクラマース－クローニッヒ関係式[33)]

ω が十分高いとき式（2.81）より

$$[\varepsilon(\omega)/\varepsilon_0]^{1/2}=1-\frac{\omega_p^2}{2\omega^2} \tag{A.1}$$

と近似できるから，光が真空中から物質に垂直に入射する際の電場の振幅反射率 $\tilde{r}_\perp$ は，式（2.29 a）に代入することにより

$$\tilde{r}_\perp(\omega)=\omega_p^2/4\omega^2 \tag{A.2}$$

となる．したがって，ω_1 を複素数として，関数

$$f(\omega_1)=\frac{(1+\omega\omega_1)\ln[\tilde{r}_\perp(\omega_1)]}{(1+\omega_1^2)(\omega-\omega_1)} \tag{A.3}$$

について考えると，これは $|\omega_1|\to\infty$ で零になることがわかる．そこで，$f(\omega_1)$ を図2.4（a），(b)，(c) で示す経路に沿って積分したものを A, B, C とすると，

$$\left.\begin{aligned}&\mathscr{P}\int_{-\infty}^{\infty}f(\omega_1)\mathrm{d}\omega_1=\lim_{R\to\infty\ \eta\to0}(A-B-C)\\&\lim_{R\to\infty}A=2\pi i\left[\frac{(1+i\omega)\ln[\tilde{r}_\perp(i)]}{2i(\omega-i)}\right]=\pi i\ln[\tilde{r}_\perp(i)]\\&\lim_{R\to\infty}B=0,\ \ \lim_{\eta\to0}C=\pi\, i\ln[\tilde{r}_\perp(\omega)]\end{aligned}\right\} \tag{A.4}$$

となる．ところで，$\tilde{r}_\perp(\omega)$ は応答関数の一種であり，式（2.48）と同じ形に書くことができ，したがって $\tilde{r}_\perp(i)$ は実数であり，$\ln[\tilde{r}_\perp(i)]$ もまた実数である．そこで式（A.4a）の実部だけを考えると，式（2.56）を使って

$$\theta(\omega)=\frac{1}{\pi}\mathscr{P}\int_{-\infty}^{\infty}\frac{(1+\omega\omega_1)\ln[r(\omega_1)]}{(1+\omega_1^2)(\omega_1-\omega)}\mathrm{d}\omega_1 \tag{A.5}$$

が得られる．さらに式（2.46）と同様に $\tilde{r}_\perp^*(\omega)=\tilde{r}_\perp(-\omega)$ が成立するから

$$\theta(\omega)=\frac{2}{\pi}\mathscr{P}\int_0^{\infty}\frac{\omega\ln[\gamma(\omega_1)]}{\omega_1^2-\omega^2}\mathrm{d}\omega_1 \tag{A.6}$$

となる．これが式（2.57）である．

付録B．振動電気双極子層からの放射[34)]

真空中で空間のある部分に電流が時間的に変化するソースがあるとする．その場合，フーリエ展開して一つの振動成分について考え，式（1.38 b）を用いて

$$\left.\begin{aligned}\boldsymbol{J}(\boldsymbol{r}',t')&=\boldsymbol{J}(\boldsymbol{r}')\exp(-i\omega t')\\\boldsymbol{A}(\boldsymbol{r},t)&=\boldsymbol{A}(\boldsymbol{r})\exp(-i\omega t')\end{aligned}\right\} \tag{B.1}$$

と書く．するとソースの外部では $\boldsymbol{J}(\boldsymbol{r})=0$ として式（1.49 d）（1.28 d）を使うことにより $\boldsymbol{B}$ と $\boldsymbol{E}$ は

$$\left.\begin{aligned}\boldsymbol{B}(\boldsymbol{r},t)&=\nabla\times\boldsymbol{A}(\boldsymbol{r},t)\\\boldsymbol{E}(\boldsymbol{r},t)&=(ic^2/\omega)\nabla\times\boldsymbol{B}(\boldsymbol{r},t)\end{aligned}\right\} \tag{B.2}$$

と求められる．ここで $\boldsymbol{E}$ は縦型の電場成分も含んでおり，このようにしてソースの外部での電磁場を一般的に扱うことができる．

いま，原点に電荷 q があり，十分小さい振幅で単振動する場合を考えると，電気双極子

モーメントを $\boldsymbol{M}(t)=\boldsymbol{M}_0\exp(-i\omega t)$ として原点から離れた観測点 $\boldsymbol{r}$ でのベクトルポテンシャルは式（1.38 b）（2.93 b）より

$$\left.\begin{aligned}\boldsymbol{A}(\boldsymbol{r},t)&=\frac{\mu_0}{4\pi r}\int\boldsymbol{J}\left(\boldsymbol{r}',t-\frac{r}{c}\right)\mathrm{d}\boldsymbol{r}'\\&=(-i\mu_0\omega/4\pi r)\mathrm{e}^{i(kr-\omega t)}\boldsymbol{M}_0\end{aligned}\right\}\qquad(\mathrm{B}.3)$$

となる．ただし，$k=\omega/c$ である．したがって，$\phi(\boldsymbol{r})$ をスカラー関数，$\boldsymbol{u}(\boldsymbol{r}),\boldsymbol{v}(\boldsymbol{r})$ をベクトル関数として

$$\begin{aligned}&\nabla\times(\phi\boldsymbol{v})=\phi\nabla\times\boldsymbol{v}+\nabla\phi\times\boldsymbol{v}\\&\nabla\times(\boldsymbol{u}\times\boldsymbol{v})=\boldsymbol{u}\nabla\cdot\boldsymbol{v}-\boldsymbol{v}\nabla\cdot\boldsymbol{u}+(\boldsymbol{v}\cdot\nabla)\boldsymbol{u}-(\boldsymbol{u}\cdot\nabla)\boldsymbol{v}\end{aligned}\qquad(\mathrm{B}.4)$$

なる公式を使うと，式（B.2）より，電気双極子のつくる場は

$$\left.\begin{aligned}\boldsymbol{E}(\boldsymbol{r},t)&=(1/4\pi\varepsilon_0)\Bigl[\frac{k^2}{r^3}(\boldsymbol{r}\times\boldsymbol{M}_0)\times\boldsymbol{r}\\&\qquad+\{3\boldsymbol{r}(\boldsymbol{r}\cdot\boldsymbol{M}_0)-\boldsymbol{M}_0r^2\}\left(\frac{1}{r^5}-\frac{\mathrm{i}k}{r^4}\right)\Bigr]\mathrm{e}^{i(kr-\omega t)}\\\boldsymbol{B}(\boldsymbol{r},t)&=(\mu_0\omega^2/4\pi r^2c)\left(1-\frac{1}{ikr}\right)\boldsymbol{r}\times\boldsymbol{M}_0\mathrm{e}^{i(kr-\omega t)}\end{aligned}\right\}\qquad(\mathrm{B}.5)$$

と計算される．これは r が十分大きい所では

$$\left.\begin{aligned}\boldsymbol{E}(\boldsymbol{r},t)&=(\mu_0\omega^2/4\pi r^3)(\boldsymbol{r}\times\boldsymbol{M}_0)\times\boldsymbol{r}\mathrm{e}^{i(kr-\omega t)}\\\boldsymbol{B}(\boldsymbol{r},t)&=(\mu_0\omega^2/4\pi r^2c)(\boldsymbol{r}\times\boldsymbol{M}_0)\mathrm{e}^{i(kr-\omega t)}\end{aligned}\right\}\qquad(\mathrm{B}.6)$$

となり，式（2.103）（2.101 b）と一致する．

次に，真空中で $z=0$ の xy 面上の厚さ $\mathrm{d}z$ の薄い層の中に電気双極子が密にあって，それらが一様に分布しており，$\boldsymbol{M}=\boldsymbol{e}_xM_0\exp(-i\omega t)$ のように位相をそろえて x 方向に振動するものとして，これらの電気双極子全体による z 軸上の点 $\boldsymbol{r}(0,0,z)$ での電場を求めよう．まず，点 $(x,y,0)$ にある電気双極子が点 $(0,0,z)$ につくる電場は $\boldsymbol{M}_0=\boldsymbol{e}_xM_0$，$\boldsymbol{r}=(-x,-y,z)$ を式 (B.5 a) に入れて求められるが，その y 成分，z 成分は x の奇関数となり，x について $-\infty$ から ∞ まで積分すると零になるからこれは考えない．一方，x 成分は

$$\begin{aligned}E_x(0,0,z,t)=\frac{M_0}{4\pi\varepsilon_0}&\left[\frac{k^2}{r^3}(z^2+y^2)+(3x^2-r^2)\left(\frac{1}{r^5}-\frac{ik}{r^4}\right)\right]\\&\times\exp\{i(kr-\omega t)\}\end{aligned}\qquad(\mathrm{B}.7)$$

となる．そこで単位体積あたりの電気双極子の数を N として，（B.7）に $N\mathrm{d}x\mathrm{d}y\mathrm{d}z$ をかけてこれを x と y について積分すると，$x^2+y^2=\rho^2$ を使って

$$\begin{aligned}&\frac{NM_0\mathrm{d}z}{4\pi\varepsilon_0}\int_0^\infty\rho\mathrm{d}\rho\int_0^{2\pi}\mathrm{d}\varphi(\rho^2+z^2)^{-3/2}\Bigl[k^2(z^2+\rho^2\sin^2\varphi)\\&\qquad+\left(\frac{3\rho^2\cos^2\varphi}{\rho^2+z^2}-1\right)(1-ik\sqrt{\rho^2+z^2})\Bigr]\mathrm{e}^{i(k\sqrt{\rho^2+z^2}-\omega t)}\\&=\frac{NM_0\mathrm{d}z}{4\varepsilon_0}\int_0^\infty\rho\mathrm{d}\rho(\rho^2+z^2)^{-3/2}\Bigl[k^2(2z^2+\rho^2)+\left(\frac{3\rho^2}{\rho^2+z^2}-2\right)\\&\qquad\times(1-ik\sqrt{\rho^2+z^2})\Bigr]\mathrm{e}^{i(k\sqrt{\rho^2+z^2}-\omega t)}\\&=\frac{NM_0\mathrm{d}z}{4\varepsilon_0}\int_{|z|}^\infty\mathrm{d}r\frac{1}{r^2}\Bigl[k^2(z^2+r^2)+\left(\frac{3(r^2-z^2)}{r^2}-2\right)\\&\qquad\times(1-ikr)\Bigr]\mathrm{e}^{i(kr-\omega t)}\\&=\frac{NM_0\mathrm{e}^{-i\omega t}\mathrm{d}z}{4\varepsilon_0}[k^2F_0+k^2F_2z^2+F_2-ikF_1-3z^2F_4+3ikz^2F_3]\end{aligned}\qquad(\mathrm{B}.8)$$

を得る．ただし

$$F_n=\int_{|z|}^{\infty}\mathrm{d}r\frac{\exp(ikr)}{r^n} \tag{B.9}$$

であるが，これは部分積分により

$$F_n=\frac{1}{ik}\left[nF_{n+1}-\frac{\exp(ik|z|)}{|z|^n}\right] \tag{B.10}$$

となるから，F_1 を F_2 で表し，次に F_2 を F_3 で表し，さらに F_3 を F_4 で表すというふうにすると

$$E_x(0,0,z,t)=\frac{NM_0\mathrm{e}^{-i\omega t}\mathrm{d}z}{4\varepsilon_0}[k^2F_0+ik\exp(ik|z|)] \tag{B.11}$$

となる．さらに消衰係数 κ は完全には零にならないから無限遠方からの寄与を無視すると，

$$k^2F_0=ik\exp(ik|z|) \tag{B.12}$$

となり，結局

$$E_x(0,0,z,t)=\frac{ikNM_0\mathrm{d}z}{2\varepsilon_0}\exp\{i(k|z|-\omega t)\} \tag{B.13}$$

が得られる．これが式 (2.115) である．

付録C．調和振動子の量子化と波動関数

ある点にばね定数 f のばねでつながれた質量 m の粒子の1次元の運動を考えると，自由運動をする場合の運動方程式は，平衡点からのずれを X として

$$m\frac{\mathrm{d}^2X}{\mathrm{d}t^2}+fX=0 \tag{C.1}$$

と書くことができるが，この解は $\omega=\sqrt{f/m}$ として $X\propto e^{-i\omega t}$ で与えられる．すなわち，$t=0$ を最大振幅 X_0 になる時間にとると，これは $X=X_0\cos\omega t$ となり，X は単振動をすることがわかる．(C.1) の運動方程式に対するラグランジュ関数は

$$L=\frac{m}{2}\dot{X}^2-\frac{f}{2}X^2 \tag{C.2}$$

であり，式 (3.53) より系の古典的なハミルトニアンは

$$H=\frac{m}{2}\dot{X}^2+\frac{f}{2}X^2=\left(\frac{1}{2m}P_x{}^2+\frac{m}{2}\omega^2X^2\right) \tag{C.3}$$

となる．これに対応する量子力学的ハミルトニアンは，P_x を $(\hbar/i)\partial/\partial X$ でおき換え（問題3.6参照）

$$\hat{H}=-\frac{\hbar^2}{2m}\frac{\mathrm{d}^2}{\mathrm{d}X^2}+\frac{f}{2}X^2 \tag{C.4}$$

となるから，系のエネルギーが W の場合，$\alpha^4=mf/\hbar^2$，$\beta=2mW/\hbar^2$ を使って，シュレーディンガー方程式 $\hat{H}\phi=W\phi$ は

$$\frac{\mathrm{d}^2\phi}{\mathrm{d}X^2}+(\beta-\alpha^4X^2)\phi=0 \tag{C.5}$$

と表される．さらにここで $\phi=y\exp(-\alpha^2X^2/2)$ とおき，$\xi=\alpha X$ のように変数変換すると，結局

$$\frac{\mathrm{d}^2y}{\mathrm{d}\xi^2}-2\xi\frac{\mathrm{d}y}{\mathrm{d}\xi}+\left(\frac{\beta}{\alpha^2}-1\right)y=0 \tag{C.6}$$

を得る．これは**エルミートの方程式**とよばれるもので，ξ が無限大の所で y が発散しない

のは $(\beta/\alpha^2-1)/2=n$ が零または正の整数の場合だけであることが知られている．この場合のエルミート方程式の解は n 次の**エルミートの多項式**とよばれ，$H_n(\xi)$ と表す．$H_0(\xi)=1$，$H_1(\xi)=2\xi$，$H_2(\xi)=4\xi^2-2,\cdots$ である．したがって，この系のエネルギーは

$$W_n=(\hbar^2/2m)\beta=\left(n+\frac{1}{2}\right)\hbar\omega \qquad \text{(C.7)}$$

となり，等間隔のとびとびの値をとることがわかる．

ところでエルミートの多項式は次の関係を満足する．

$$\sum_{n=0}^{\infty}\frac{H_n(\xi)}{n!}s^n=\mathrm{e}^{-s^2+2s\xi} \qquad \text{(C.8)}$$

これを使うと

$$\sum_{n=0}^{\infty}\sum_{m=0}^{\infty}\frac{s^nt^m}{n!m!}\int_{-\infty}^{\infty}H_n(\xi)H_m(\xi)\mathrm{e}^{-\xi^2}\mathrm{d}\xi$$
$$=\int_{-\infty}^{\infty}\mathrm{e}^{-s^2+2s\xi-t^2+2t\xi-\xi^2}\mathrm{d}\xi=\sqrt{\pi}\,\mathrm{e}^{2st}=\sqrt{\pi}\sum_{n=0}^{\infty}\frac{(2st)^n}{n!} \qquad \text{(C.9)}$$

となるが，ここで s と t のべきの同じ項を比較することにより

$$\left.\begin{aligned}&\int_{-\infty}^{\infty}H_n^2(\xi)\mathrm{e}^{-\xi^2}\mathrm{d}\xi=\sqrt{\pi}\,2^nn!\\&\int_{-\infty}^{\infty}H_n(\xi)H_m(\xi)\mathrm{e}^{-\xi^2}\mathrm{d}\xi=0\quad(n\neq m)\end{aligned}\right\} \qquad \text{(C.10)}$$

を得る．したがって，調和振動子のエネルギーが最低の $n=0$ の状態から測って n 番目の状態の固有関数は，規格化定数を

$$N_n=(\alpha/\sqrt{\pi}\,n!2^n)^{1/2} \qquad \text{(C.11)}$$

として

$$\phi_n(X)=N_n\exp(-\alpha^2X^2/2)H_n(\alpha X) \qquad \text{(C.12)}$$

で与えられ，これは

$$\int_{-\infty}^{\infty}\phi_m{}^*(X)\phi_n(X)\mathrm{d}X\equiv\langle\phi_m|\phi_n\rangle=\delta_{mn} \qquad \text{(C.13)}$$

の条件を満足することがわかる．

また

$$\int_{-\infty}^{\infty}\phi_m{}^*(X)X\phi_n(X)\mathrm{d}X\equiv\langle\phi_m|X|\phi_n\rangle=\frac{N_nN_m}{\alpha^2}\int_{-\infty}^{\infty}\xi H_m(\xi)H_n(\xi)e^{-\xi^2}d\xi \qquad \text{(C.14)}$$

であるが，(C.9) から

$$\left.\begin{aligned}&\sum_{m=0}^{\infty}\sum_{n=0}^{\infty}\frac{s^mt^n}{m!n!}\int\xi H_m(\xi)H_n(\xi)\mathrm{e}^{-\xi^2}\mathrm{d}\xi\\&=\int_{-\infty}^{\infty}\xi e^{-s^2+2s\xi-t^2+2t\xi-\xi^2}\mathrm{d}\xi=\sqrt{\pi}\,(s+t)\mathrm{e}^{2st}\\&=\sqrt{\pi}\sum_{m=0}^{\infty}\frac{2^m(s^{m+1}t^m+s^mt^{m+1})}{m!}\end{aligned}\right\} \qquad \text{(C.15)}$$

となり，式 (C.14) は $|m-n|\neq1$ で零になる．

次に

$$\left.\begin{aligned}\hat{b}&=\frac{\alpha}{\sqrt{2}}\hat{X}+\frac{i\hat{P}_x}{\hbar\sqrt{2}\alpha}=\frac{\alpha}{\sqrt{2}}X+\frac{1}{\sqrt{2}\alpha}\frac{\partial}{\partial\hat{X}}\\\hat{b}^+&=\frac{\alpha}{\sqrt{2}}\hat{X}-\frac{i\hat{P}_x}{\hbar\sqrt{2}\alpha}=\frac{\alpha}{\sqrt{2}}\hat{X}-\frac{1}{\sqrt{2}\alpha}\frac{\partial}{\partial\hat{X}}\end{aligned}\right\} \qquad \text{(C.16)}$$

なる演算子を導入しよう．ここで $\hat{b}$ と $\hat{b}^+$ の交換関係は

$$\hat{b}\hat{b}^+ - \hat{b}^+\hat{b} = \frac{i}{2\hbar}(\hat{P}_x\hat{X} - \hat{X}\hat{P}_x) - \frac{i}{2\hbar}(\hat{X}\hat{P}_x - \hat{P}_x\hat{X}) = 1 \tag{C.17}$$

となる．さらに式（C.16）を解いて $\hat{X}$ と $\hat{P}_x$ を $\hat{b}$, $\hat{b}^+$ で表し，式（C.4）に入れると

$$\hat{H} = \frac{\hbar\omega}{2}(\hat{b}\hat{b}^+ + \hat{b}^+\hat{b}) = \hbar\omega\left(\hat{b}^+\hat{b} + \frac{1}{2}\right) \tag{C.18}$$

を得るが，これは式（1.61）に対応する．なお式（1.69）と同様に

$$\left.\begin{aligned} \hat{b}\phi_n &= \sqrt{n}\,\phi_{n-1} \\ \hat{b}^+\phi_n &= \sqrt{n+1}\,\phi_{n+1} \end{aligned}\right\} \tag{C.19}$$

が成立し，$\hat{b}$ および $\hat{b}^+$ は ϕ_n に作用して ϕ_{n-1} および ϕ_{n+1} に変える作用をもち，これらは消滅演算子，生成演算子とよばれる．

問題の解答

〔1　章〕

1.1　略

1.2　$i=\exp(i\pi/2)$ を使う．－符号が右まわり．与えられた式で表される二つの円偏光の和は電場が x 方向を向いた直線偏光である

1.3　式 (1.15) の形に表すと，サイクル平均は零になる．式 (1.16) は $\boldsymbol{E}=(\tilde{\boldsymbol{E}}+\tilde{\boldsymbol{E}}^*)/2$ となることを使う．

1.4　式 (1.18) と公式 $\int_{-\infty}^{\infty}\exp(-a^2x^2+ibx)\mathrm{d}x=(\sqrt{\pi}/a)\exp(-b^2/4a^2)$ を使うと（ただし $a>0$），$|E(\omega)|^2\propto\exp[-t_p{}^2(\omega-\omega_0)^2/2]$ となる．スペクトルと強度の時間波形の半値幅は $\Delta\omega=2\sqrt{2\ln 2}/t_\mathrm{p}$，$\Delta t=t_\mathrm{p}\sqrt{2\ln 2}$ であり，$\Delta W\Delta t\sim h$ となる．

1.5　$\boldsymbol{E}$ と $\boldsymbol{B}$ を $\exp[i(\boldsymbol{k}\cdot\boldsymbol{r}-\omega t)]$ の形に表すと，式 (1.28) より $\boldsymbol{k}\times\boldsymbol{E}=\omega\boldsymbol{B}$, $\boldsymbol{k}\times\boldsymbol{H}=-\omega\boldsymbol{D}$ となるから，公式 $\boldsymbol{A}\cdot(\boldsymbol{B}\times\boldsymbol{C})=\boldsymbol{B}\cdot(\boldsymbol{C}\times\boldsymbol{A})=\boldsymbol{C}\cdot(\boldsymbol{A}\times\boldsymbol{B})$ を使う．

1.6　略

1.7　式 (1.62) (1.68) (1.69) を使う．

1.8　式 (1.69) の複素共役を左から掛けたものが式 (1.68).

1.9　k_x, k_y, k_z を x, y, z 軸方向にとる空間の微小体積 $\mathrm{d}k_x\mathrm{d}k_y\mathrm{d}k_z$ は $k^2\mathrm{d}k\mathrm{d}\Omega$ となるが，式 (1.70) よりこれは n_x, n_y, n_z 空間の体積としては $(L/2\pi)^3\mathrm{d}k_x\mathrm{d}k_y\mathrm{d}k_z$ に対応する．$\mathrm{d}\Omega=4\pi$ とすると状態密度は式 (1.72) になる．

1.10　$u_T(\lambda)\mathrm{d}\lambda=-u_T(\omega)\mathrm{d}\omega$ と式 (1.75) より $u_T(\lambda)\mathrm{d}\lambda=(8\pi hc/\lambda^5)\,[\exp(hc/\lambda k_\mathrm{B}T)-1]^{-1}\mathrm{d}\lambda$ となる．

〔2　章〕

2.1　式 (2.5) の平面波に対して $\nabla\times\boldsymbol{E}=i\boldsymbol{k}\times\boldsymbol{E}$, $\partial\boldsymbol{E}/\partial t=-i\omega\boldsymbol{E}$ などとなることを使う．

2.2　媒質 2 の中の電場と磁場は，その z 成分を E_z, H_z とすると，$\sigma=0$ として式 (1.28 c, d) より $E_x=-k_yH_z/\omega\varepsilon$, $E_y=k_xH_z/\omega\varepsilon$, $H_x=k_yE_z/\omega\mu$, $H_y=-k_xE_z/\omega\mu$ となる（簡単のため E_{2x} を E_x, $\tilde{k}_{2y}$ を k_y などと表している）．全反射の場合，k_x は実数，k_y は純虚数となることを用い，$\bar{\boldsymbol{S}}=(\boldsymbol{E}^*\times\boldsymbol{H}+\boldsymbol{E}\times\boldsymbol{H}^*)/4$ を使って求める．

2.3　$\delta_0=2\theta_1-\beta$, $\theta_2=\beta/2$, $\sin\theta_1=n\sin\theta_2$

2.4　$E_\mathrm{rs}/E_\mathrm{1s}=\tilde{r}_\mathrm{s}$, $E_\mathrm{rp}/E_\mathrm{1p}=H_\mathrm{rz}/H_\mathrm{1z}=\tilde{r}_\mathrm{p}$ であるから $E_\mathrm{1s}=E_\mathrm{1p}$ のとき式 (2.31) より式 (2.39) が成り立つ．$\delta=\pi/2$ のとき軸を合わせた $\lambda/4$ 板を通すと二つの波は位相が合い，$\tan\phi=E_\mathrm{rp}/E_\mathrm{rs}=\rho$ となる．θ_1 と ρ が得られれば，式 (2.39) (2.30) (2.15) を使って n と κ が求められる．

2.5　位相の遅れがあると，$\chi(\omega)$ や $\varepsilon(\omega)$ は複素数となり，$\varepsilon''\neq0$ であるから $\kappa\neq0$ となる．問題 1.1 より，分極の振動によって単位体積あたり単位時間に失われる電磁波のサイクル平均エネルギーは $\overline{\boldsymbol{E}\cdot(\partial\boldsymbol{P}/\partial t)}=\overline{\boldsymbol{E}\cdot\boldsymbol{J}_d}$ で与えられる．そこで $\boldsymbol{E}=\boldsymbol{E}_0\cos\omega t$, $\boldsymbol{P}=\boldsymbol{P}_0\cos(\omega t-\phi)$ とすると，これは $\overline{\boldsymbol{E}\cdot\boldsymbol{J}_d}=-\omega\boldsymbol{E}_0\cdot\boldsymbol{P}_0\ \overline{\cos\omega t\sin(\omega t-\phi)}=(\omega\boldsymbol{E}_0\cdot\boldsymbol{P}_0/2)\sin\phi$ となる．

2.6　式 (2.11) より $n(-\omega)=n(\omega)$, $\kappa(-\omega)=-\kappa(\omega)$ となるから式 (2.52) で χ', χ''

を $n-1$, κ でおき換えた式から式 (2.54 a) が得られる．式 (2.54 b) では次の関係を使う．

$$\lim_{\eta\to0}\left[\int_0^{\omega-\eta}\left(\frac{1}{\omega_1-\omega}-\frac{1}{\omega_1+\omega}\right)d\omega_1+\int_{\omega+\eta}^{\infty}\left(\frac{1}{\omega_1-\omega}-\frac{1}{\omega_1+\omega}\right)d\omega_1\right]$$

$$=\lim_{\eta\to0}\left[\ln\left|\frac{\omega_1-\omega}{\omega_1+\omega}\right|\right]_0^{\omega-\eta}+\lim_{\eta\to0}\left[\ln\left|\frac{\omega_1-\omega}{\omega_1+\omega}\right|\right]_{\omega+\eta}^{\infty}$$

$$=\lim_{\eta\to0}\ln\left|\frac{2\omega+\eta}{2\omega-\eta}\right|=0$$

2.7　式 (2.57) から

$$\frac{2}{\pi}\mathscr{P}\int_0^{\infty}\frac{\omega\ln[r(\omega)]}{\omega_1{}^2-\omega^2}d\omega_1=0$$

を引くと式 (2.58) が得られる．式 (2.59) では次の関係を使う．

$$\frac{1}{\omega^2-\omega_1{}^2}=\frac{1}{2\omega}\frac{d}{d\omega_1}\ln\left|\frac{\omega_1+\omega}{\omega_1-\omega}\right|$$

2.8　$\omega\gg\omega_c$ では式 (2.54 a) より

$$n(\omega)-1=-\frac{c}{\pi\omega^2}\int_0^{\infty}\alpha(\omega_1)d\omega_1$$

また式 (2.81 a) より $n(\omega)=\sqrt{1-\omega_p{}^2/\omega^2}\approx1-\omega_p{}^2/2\omega^2$ となることを使う．

2.9　この場合，式 (2.78) より $\varepsilon''\gg\varepsilon'$ であり，式 (2.36) で $n_1=1$, $n_2=\kappa_2=\sqrt{\sigma/2\omega\varepsilon_0}\gg1$ とする．

2.10　$\boldsymbol{P}$ は z 方向を向いているとして球表面上の点 Q での分極電荷の面密度は $-P\cos\theta$ である (θ は $\overline{\mathrm{OQ}}$ と z 軸のなす角)．したがって，この点を通る z 軸に垂直なリング上の分極電荷は，球の半径を r として，$q=-2\pi r^2P\sin\theta\cos\theta\,d\theta$ であり，球の中心 O における電場の z 成分は $E_z=-q\cos\theta/4\pi\varepsilon_0r^2$ である．

2.11　$\alpha=\omega\chi''/cn$ であり，$\Gamma_0\ll\omega_0$ ゆえ，$\omega\approx\omega_0$ の所を考える．

〔3　章〕

3.1　式 (3.9) を式 (3.8) に代入し，両辺の η の同じべきの項を取り出し，左から $\langle m|$ や $\langle k|$ を掛ける．

3.2　$\hat{\boldsymbol{p}}=m d\hat{\boldsymbol{r}}/dt$ であるから $\boldsymbol{p}_{jg}=im\omega_{jg}\boldsymbol{r}_{jg}$ となる．

3.3　$(\omega-\omega_0)t=x$ とすると η を正の小さい量として

$$\int_{\omega_0-\eta}^{\omega_0+\eta}F(\omega)\delta(\omega_0-\omega)d\omega=\frac{2}{\pi}\lim_{t\to\infty}\int_{-\eta t}^{\eta t}F\left(\omega_0+\frac{x}{t}\right)$$

$$\times\frac{\sin^2(x/2)}{x^2}dx=\frac{2}{\pi}F(\omega_0)\int_{-\infty}^{\infty}\frac{\sin^2(x/2)}{x^2}dx=F(\omega_0)$$

3.4　問題2.11と同じやり方で $f(\omega)=(\Gamma/2\pi)/[(\omega_0-\omega)^2+(\Gamma/2)^2]$ として $\alpha=(\pi\omega N_0|\mu_{21}|^2/\varepsilon_0\hbar cV)f(\omega)$ を得る．$B_{mg}=\pi|\mu_{mg}|^2/\varepsilon_0\hbar^2$ とすると，これは式 (3.48) に一致する．

3.5　式 (3.55) より

$$\frac{d}{dt}\frac{\partial L}{\partial\dot{x}}=m\dot{v}_x-e\frac{dA_x}{dt}$$

$$\frac{\partial L}{\partial x}=e\left[\frac{\partial\phi}{\partial x}-\frac{\partial}{\partial x}(\boldsymbol{v}\cdot\boldsymbol{A})\right]-\frac{\partial V}{\partial x}$$

などとなるから，ラグランジュ方程式は

$$m\dot{\boldsymbol{v}}=e\left[\nabla\phi+\frac{\mathrm{d}\boldsymbol{A}}{\mathrm{d}t}-\nabla(\boldsymbol{v}\cdot\boldsymbol{A})\right]-\nabla V$$

となるが

$$\boldsymbol{v}\times(\nabla\times\boldsymbol{A})=\nabla(\boldsymbol{v}\cdot\boldsymbol{A})-(\boldsymbol{v}\cdot\nabla)\boldsymbol{A}$$
$$\frac{\mathrm{d}\boldsymbol{A}}{\mathrm{d}t}=\frac{\partial\boldsymbol{A}}{\partial t}+(\boldsymbol{v}\cdot\nabla)\boldsymbol{A}$$

の関係を使うと式（3.54）が得られる.

3.6 $p_x=(\hbar/i)\partial/\partial x$ とすればよい. これを使うと

$$p_xA_x\psi-A_xp_x\psi=\frac{\hbar}{i}\frac{\partial}{\partial x}(A_x\psi)-A_x\frac{\hbar}{i}\frac{\partial\psi}{\partial x}$$
$$=\frac{\hbar}{i}\left(\frac{\partial A_x}{\partial x}\right)\psi$$

となる. y, z 成分についても同様であるから 式（3.60）が証明される.

3.7 $\Psi(t)=\exp(i\hat{H}_{\mathrm{R}}t/\hbar)\Phi(t)$ を式（3.70）に代入し, 左から $\exp(-i\hat{H}_{\mathrm{R}}t/\hbar)$ を掛け, $\hat{H}_0$ と $\hat{H}_{\mathrm{R}}$ が交換することを使う.

3.8 $m=0$ で成立するし, m で成り立つとき $\hat{n}=\hat{a}^+\hat{a}$ と式（1.60）を使うと $(m+1)$ で成り立つことが証明される. 次に $\mathrm{e}^x=\sum_{m=0}^{\infty}x^m/m!$ を使って両辺を展開して m の同じ項を比較する. 与えられた式と式（3.69）を使えば式（1.62）を考慮して式（3.74）が証明される.

3.9 式(3.86) で一つのモードのみを考え, n に比例する項を $B_{gm}\rho_\omega\delta(\omega_{mg}-\omega)$ とする. $\rho_\omega=n\hbar\omega/V$ を使うと式（3.43）が得られる.

3.10 略.

〔4 章〕

4.1 $|x|\leq a$ でシュレーディンガー方程式は $(-\hbar^2/2m)$ $(\mathrm{d}^2\psi/\mathrm{d}x^2)=W\psi$ となり, その一般解は $k=\sqrt{2mW}/\hbar$ として $\psi(x)=A\sin kx+B\cos kx$ となるが, $x=\pm a$ で $\psi=0$ となるためには n を整数として $k=n\pi/2a$ でなければならず, $W=\pi^2\hbar^2n^2/8ma^2$ を得る. $n=0$ は ψ が定数ゆえ除く.

4.2 球座標 (R,θ,φ) を使うと

$$\nabla^2=\frac{1}{R^2}\frac{\partial}{\partial R}\left(R^2\frac{\partial}{\partial R}\right)+\frac{1}{R^2\sin^2\theta}\left\{\sin\theta\frac{\partial}{\partial\theta}\left(\sin\theta\frac{\partial}{\partial\theta}\right)+\frac{\partial^2}{\partial\varphi^2}\right\}$$

と表されるから, これを用いて R と θ, φ を変数分離する.

4.3 $\sum_{n=0}^{\infty}n\mathrm{e}^{-na}=S$ とすると $S\mathrm{e}^a-S=\sum_{n=0}^{\infty}\mathrm{e}^{-na}$ となることを使う.

4.4 いま一つの振動モードしか考えていないから α は状態 g, e とも同じとしてよく, 式（4.12）より

$$\phi_{\mathrm{g}0}(q)=N_0\exp(-\alpha^2q^2/2)H_0(\alpha q)$$
$$\phi_{\mathrm{e}m}(q)=N_m\exp[-\alpha^2(q-q_0)^2/2]H_m(\alpha q-\alpha q_0)$$

となる. そこで $\alpha(q-q_0)=\xi$, $\alpha q_0=\xi_0$ として

$$\int\phi_{\mathrm{e}m}{}^*(q)\phi_{\mathrm{g}0}(q)\mathrm{d}q=\frac{N_mN_0}{\alpha}\int H_m(\xi)H_0(\xi+\xi_0)$$
$$\times\exp(-\xi^2-\xi_0\xi-\xi_0{}^2/2)\mathrm{d}\xi$$

となるが, $H_0(\xi)=1$ であるから

$$\sum_{m=0}^{\infty}\frac{s^m}{m!}\int H_m(\xi)\exp(-\xi^2-\xi_0\xi-\xi_0{}^2/2)\mathrm{d}\xi=\int\exp(-s^2+2s\xi-\xi^2$$

$$-\xi_0\xi-\xi_0{}^2/2)\mathrm{d}\xi=\mathrm{e}^{-s\xi_0}\sqrt{\pi}\,\mathrm{e}^{-\xi_0{}^2/4}=\sqrt{\pi}\sum_{m=0}^{\infty}[(-s\xi_0)^m/m!]\mathrm{e}^{-\xi_0{}^2/4}$$

が得られ，F_{m0} は $e^{-S}(S^m/m!)$ となる．ただし $S=\alpha^2 q_0{}^2/2$ であるが，いま考えている振動子の質量は1だから，$\alpha^2=\sqrt{f}/\hbar$，$a=\omega_{\mathrm{v}}{}^2/2=f/2$ を使うと $S=aq_0{}^2/\hbar\omega_{\mathrm{v}}$ となることがわかる．

4.5　式 (4.81) で U_{e}，W_{gn} に図4.7の U_{e}，U_{g} を代入し，コンドン近似と式 (4.84) を使うと

$$A(\hbar\omega)=\sqrt{\frac{a}{\pi k_{\mathrm{B}}T}}\,|\mu_{\mathrm{eg}}|^2\int\exp(-aq^2/k_{\mathrm{B}}T)\delta(W_{\mathrm{e}}+aq_0{}^2-2aq_0q-\hbar\omega)\mathrm{d}q$$

$$=\sqrt{\frac{a}{\pi k_{\mathrm{B}}T}}\,|\mu_{\mathrm{eg}}|^2\exp[-a\{q(\hbar\omega)\}^2/k_{\mathrm{B}}T]\left|\frac{\mathrm{d}q(\hbar\omega)}{\mathrm{d}\hbar\omega}\right|$$

となり，式 (4.85) を得る．ただし，$q(\hbar\omega)=(W_{\mathrm{e}}+aq_0{}^2-\hbar\omega)/2aq_0$ である．

4.6　この振動子では式 (4.25) (4.27) のように $q=q_0\cos\omega t$ であり，運動エネルギーとポテンシャルエネルギーは $\dot{q}^2/2$ と $\omega^2q^2/2$ であるから，サイクル平均するとこれらは等しくなる．したがって，全エネルギーのサイクル平均は $2\langle aq^2\rangle$ となる．

4.7　$\coth x=(\mathrm{e}^x+\mathrm{e}^{-x})/(\mathrm{e}^x-\mathrm{e}^{-x})$ であるから，十分高温では式 (4.90) は $k_{\mathrm{B}}T$ となり，十分低温では $\hbar\omega_{\mathrm{v}}/2$ となる．

4.8　式 (4.61) で右辺に $\sum_\lambda \mathrm{d}_\lambda(\boldsymbol{r})q_\lambda{}^2$ なる項を加えると，断熱ポテンシャルの q_λ の2次の係数は $\omega_\lambda{}^2/2+\langle j|\mathrm{d}_\lambda|j\rangle$ となり，j に依存する．

4.9　準位1の広がりを無視すると，スペクトルの形は式 (3.97) で w_M を式 (4.108) でおき換えたものとなる．低温ではフォノンの占有数 n は1よりも十分小さく，$f(\omega)$ は問題にあるような形に書くことができる．これは高エネルギー側に尾を引く非対称ローレンツ型の曲線である．

〔5　章〕

5.1　電気双極子モーメントの三つの独立な成分は x，y，z ないしは z，$x+iy$，$x-iy$ に比例するようにとることができるが，表5.1より $Y_{10}\propto z$，$Y_{1\pm1}\propto x\pm iy$ となる．

5.2　$|+2\rangle$ と $|-2\rangle$ の混じった状態について $W_{3\mathrm{d}}$ からのエネルギーを求めると，$(A_{00}+Dq-W)^2-(5Dq)^2=0$ より $W=A_{00}+6Dq$ および $A_{00}-4Dq$ となり，$|0\rangle$ および $|\pm1\rangle$ 状態と同じエネルギーをもつ．

5.3　シュレーディンガー方程式 $(-\hbar^2/2m)\nabla^2\phi=W\phi$ の解は $\phi=A\sin(k_xx+\phi_x)\sin(k_yy+\phi_y)\sin(k_zz+\phi_z)$ の形になるが，$\sin(k_xx+\phi_x)$ が $x=0$ と a で零になるという境界条件から n_x を整数として $\phi_x=0$，$ak_x=n_x\pi$ となる．y，z についても同様であるから

$$W=(\hbar^2/2m)(k_x{}^2+k_y{}^2+k_z{}^2)=(\pi^2\hbar^2/2ma^2)(n_x{}^2+n_y{}^2+n_z{}^2)$$

5.4　式 (4.7) より $(\hbar^2/2\mu R^2)[(K+1)(K+2)-K(K+1)]$ を計算すると式 (5.48) を得る．またラマン散乱の場合は $\Delta W_{\mathrm{S}}=(\hbar^2/2\mu R^2)[(K+2)(K+3)-K(K+1)]$，$\Delta W_{\mathrm{AS}}=(\hbar^2/2\mu R^2)[K(K+1)-(K-2)(K-1)]$ となるから，Kが一つ異なるラマン線のエネルギー間隔は $2\hbar^2/\mu R^2$ となる．

5.5　式 (5.54) より $(c_{\mathrm{A}}{}^2+2c_{\mathrm{A}}c_{\mathrm{B}}S+c_{\mathrm{B}}{}^2)W=(c_{\mathrm{A}}{}^2H_{\mathrm{AA}}+2c_{\mathrm{A}}c_{\mathrm{B}}H_{\mathrm{AB}}+c_{\mathrm{B}}{}^2H_{\mathrm{BB}})$ となり，両辺を c_{A}，c_{B} で微分すると式 (5.55) が得られる．

5.6　$\phi=\sum_{j=1}^{N}c_j\phi_j$ とすると式 (5.54) と同様にして $W\sum_{ij}c_ic_jS_{ij}=\sum_{ij}c_ic_jH_{ij}$ が成り立ち，$\partial W/\partial c_i=0$ より $W\sum_j c_jS_{ij}=\sum_j c_jH_{ij}$ となる．

5.7　式 (5.58) で c_j がすべて零であるという解以外の解をもつためには行列式 $|H_{ij}-WS_{ij}|=0$ が成り立たなければならない．ただしベンゼンに対しては $i,j=1,2,\cdots,6$. ヒュッケル近似では $H_{ii}=\alpha$, $S_{ij}=\delta_{ij}$, $i-j=\pm1$, ±5 のとき $H_{ij}=\beta$, それ以外で $i\neq j$ のとき $H_{ij}=0$. W に $\alpha\pm\beta$, $\alpha\pm2\beta$ を代入すれば行列式は零になる．

5.8　$\sum_n c_n\phi(x+ma-na)=\exp(ikma)\sum_n c_n\phi(x-na)$ の右辺で n を $n-m$ とすると $c_n=\exp(ikma)c_{n-m}$ が成り立つ必要があり，それには $c_n=N\exp(ikna)$ とすればよい．

5.9　略．

5.10　体積 Ω の結晶中の光子数を n として式 (3.47) より $\alpha=w/nc$ となるが，式 (5.81)～(5.85) を使うと，$W_{\mathrm{cv}}=W_{\mathrm{c}}-W_{\mathrm{v}}$ として

$$w_{\mathrm{cv}}=\frac{n\pi e^2\omega|\boldsymbol{r}|^2}{3\varepsilon_0\Omega}\delta(W_{\mathrm{cv}}-\hbar\omega)$$

となるから，状態密度を考慮して

$$\alpha=\frac{1}{nc}\int w_{\mathrm{cv}}\frac{\Omega}{2\pi^2}k_{\mathrm{v}}{}^2\mathrm{d}k_{\mathrm{v}}=\int\frac{e^2\omega|\boldsymbol{r}|^2}{6\varepsilon_0c\pi}\delta(W_{\mathrm{cv}}-\hbar\omega)k_{\mathrm{v}}{}^2\frac{\mathrm{d}k_{\mathrm{v}}}{\mathrm{d}W_{\mathrm{cv}}}\mathrm{d}W_{\mathrm{cv}}$$

〔6　章〕

6.1　吸収スペクトルと蛍光スペクトルの形状関数は

$$A(\hbar\omega)=A_0\int P_{\mathrm{g}}(Q)\delta[U_{\mathrm{e}}(Q)-U_{\mathrm{g}}(Q)-\hbar\omega]\mathrm{d}Q$$

$$F(\hbar\omega)=F_0\int P_{\mathrm{e}}(Q)\delta[U_{\mathrm{e}}(Q)-U_{\mathrm{g}}(Q)-\hbar\omega]\mathrm{d}Q$$

と書くことができ，さらにボルツマン分布

$$P_{\mathrm{g}}(Q)\propto\exp[-U_{\mathrm{g}}(Q)/k_{\mathrm{B}}T],\quad P_{\mathrm{e}}(Q)\propto\exp[-\{U_{\mathrm{e}}(Q)-W_{\mathrm{e}}\}/k_{\mathrm{B}}T]$$

を仮定すると，

$$A(\hbar\omega)\propto\exp[-U_{\mathrm{g}}(Q_1)/k_{\mathrm{B}}T]\Big/\left|\frac{U_{\mathrm{e}}(Q)-U_{\mathrm{g}}(Q)}{\mathrm{d}Q}\right|_{Q=Q_1}$$

$$F(\hbar\omega)\propto\exp[-\{U_{\mathrm{e}}(Q_1)-W_{\mathrm{e}}\}/k_{\mathrm{B}}T]\Big/\left|\frac{U_{\mathrm{e}}(Q)-U_{\mathrm{g}}(Q)}{\mathrm{d}Q}\right|_{Q=Q_1}$$

となる．ここで Q_1 は $U_{\mathrm{e}}(Q_1)-U_{\mathrm{g}}(Q_1)=\hbar\omega$ を満たす．したがって

$$A(\hbar\omega)\propto F(\hbar\omega)\exp[(\hbar\omega-W_{\mathrm{e}})/k_{\mathrm{B}}T]$$

6.2　略．

6.3　中間状態として $|M_1\rangle=|a;\ n_0-1,\ n_{\mathrm{s}},\ n_q\rangle$, $|M_2\rangle=|b;\ n_0-1,\ n_{\mathrm{s}},\ n_{\mathrm{q}}\pm1\rangle$ を含む項が共鳴効果を示す．

6.4　電気双極子モーメント $\boldsymbol{M}$ が座標原点にあるとき，位置 $\boldsymbol{R}$ での電場は

$$\boldsymbol{E}=-\frac{1}{4\pi\varepsilon}\nabla\left(\frac{\boldsymbol{M}\cdot\boldsymbol{R}}{R^3}\right)=-\frac{1}{4\pi\varepsilon}\left[\frac{\boldsymbol{M}}{R^3}-\frac{3(\boldsymbol{M}\cdot\boldsymbol{R})\boldsymbol{R}}{R^5}\right]$$

電場 $\boldsymbol{E}$ の中の電気双極子モーメント $\boldsymbol{M}$ の位置エネルギーは $-\boldsymbol{M}\cdot\boldsymbol{E}$ であるから，相互作用のエネルギーは

$$H_{AB}{}^{(d-d)} = \frac{1}{4\pi\varepsilon}\left[\frac{\boldsymbol{M}_A \cdot \boldsymbol{M}_B}{R^3} - \frac{3(\boldsymbol{M}_A \cdot \boldsymbol{R})(\boldsymbol{M}_B \cdot \boldsymbol{R})}{R^5}\right]$$

6.5　ベクトル $\boldsymbol{r}_A/r_A$ を $(0, 0, 1)$，$\boldsymbol{R}/R$ を $(\sin\theta\cos\varphi,\ \sin\theta\sin\varphi,\ \cos\theta)$ とし，$\boldsymbol{r}_B/r_B$ は $(\sin\alpha,\ 0,\ \cos\alpha)$ と平行であるとすると，$\boldsymbol{R}$ と $\boldsymbol{r}_b$ のなす角を β として，$\cos\beta = \sin\theta \times \cos\varphi\sin\alpha + \cos\theta\cos\alpha$ となる．そこで $(r_A r_B\cos\alpha - 3r_A r_B\cos\theta\cos\beta)^2$ を θ，φ，α について平均をとる．たとえば，$\cos^2\alpha$ を α について平均すると

$$\int_0^\pi \cos^2\alpha\sin\alpha\,\mathrm{d}\alpha \Big/ \int_0^\pi \sin\alpha\,\mathrm{d}\alpha = 1/3$$

となるから，$\langle(r_A r_B\cos\alpha - 3\mathrm{r}_A r_B\cos\theta\cos\beta)^2\rangle = (2/3)r_A{}^2 r_B{}^2$ を得る．

6.6　式 (3.10 a) を使う．

6.7　略．

6.8　式 (3.44) を使うと $\gamma(\omega) = (\hbar\omega/c)f(\omega)B_{12}\Delta N/V$，次に $f(\omega_0) = 2/\pi\Delta\omega$ と式 (3.88) を使う．c は c/n でおき換える．

6.9　光が共振器中を 1 往復する時間 $t = 2L/c$ を考えると共振器中のパワーは $\exp(-2L/c\tau_p + 2\gamma l)$ 倍となる．

6.10　略．

引 用 文 献

1) A.T. Collins, E.C. Lightowlers and P.J. Dean: *Phys, Rev.*, **158** (1967) 833.
2) G. Burns: Solid State Physics, Academic Press (1985) p. 369.
3) F. Wooten: Optical Properties of Solids, Academic Press (1972) p. 59.
4) B. Henderson and G.F. Imbusch: Optical Spectroscopy of Inorganic Solids, Clarendon Press (1989) p. 203.
5) S.Kinoshita, N.Nishi, A.Saitoh and T.Kushida: *J.Phys. Soc. Jpn.*, **56** (1987) 4162.
6) D.E. McCumber and M.D. Sturge: *J. Appl. Phys.*, **34** (1963) 1682.
7) T. Kushida and M. Kikuchi: *J. Phys. Soc. Jpn.*, **23** (1967) 1333.
8) G.F. Imbusch, W.M. Yen, A.L. Schawlow, G.E. Devlin and J.P. Remeika: *Phys. Rev.*, **136A** (1964) 481.
9) G.H. Dieke and H.M. Crosswhite: *Appl. Opt.*, **2** (1963) 675.
10) Y. Tanabe and S. Sugano: *J. Phys. Soc. Jpn.*, **9** (1954) 766.
11) S. Yokono, T. Abe and T. Hoshina: *J. Phys. Soc. Jpn.*, **46** (1979) 351.
12) K. Teegarden: Luminescence of Inorganic Solids, ed. by P. Goldberg, Academic Press (1966) p. 84.
13) R.W. Pohl: *Proc. Phys. Soc.*, **49** (1937) 3.
14) H. Pick: *Nuovo Cimento*, **7** (1958) 498.
15) W.C. Dash and R. Newman: *Phys. Rev.*, **99** (1955) 1151.
16) D.D. Sell: *Phys. Rev.*, **6B** (1972) 3750.
17) J.E. Eby, K.J. Teegarden and D.B. Dutton: *Phys. Rev.*, **116** (1959) 1099.
18) G. Baldini: *Phys. Rev.*, **128** (1962) 1562.
19) R. Dingle, W. Wiegmann and C.H. Henry: *Phys. Rev. Lett.*, **33** (1974) 827.
20) L.A. Riseberg and H.W. Moos: *Phys. Rev.*, **174** (1968) 429.
21) M.J. Weber: *Phys. Rev.*, **171** (1968) 283.
22) U. Heim and P. Hiesinger: *Phys. Stat. Sol.*, (b) **66** (1974) 461.
23) D.G.Thomas, M.Garshenzon and F.A. Trumbore: *Phys. Rev.*, **133A** (1964) 269.
24) T.K. Lo: *Solid State Commun.*, **15** (1974) 1231.
25) H. Sumi and Y. Toyozawa: *J. Phys. Soc. Jpn.*, **31** (1971) 342.
26) S.M.Shapiro, R.W.Gammon and H.Z.Cummins: *Appl. Phys. Lett.*, **9** (1966) 157.
27) A. Mooradian: Laser Handbook, ed. by F.T. Arecchi and E.O. Schulz-Dubois, North-Holland Publ. (1972) p. 1409.
28) C.H. Henry and J.J. Hopfield: *Phys. Rev. Lett.*, **15** (1965) 964.
29) Y.Oka, T.Kushida, T.Murahashi and T.Koda: *J. Phys. Soc. Jpn.*, **36** (1974) 249.
30) T. Kushida: *Phys. Rev.*, **185** (1969) 500.
31) T. Kushida, Y. Tanaka and Y. Oka: *J. Phys. Soc. Jpn.*, **37** (1974) 1341.
32) D.Fröhlich, R.Kenklies and Ch.Uihlein: *J.Phys. Soc. Jpn.*, **49** Suppl. A (1980) 405.
33) F. Wooten: Optical Properties of Solids, Academic Press (1972) p. 244.
34) M. Sargent III, M.O. Scully and W.E. Lamb, Jr.: Laser Physics, Addison-Wesley Publ. (1974) p. 358.

参　考　書

序文でも述べたように，光物性物理学の参考書は非常に少ないのが現状である．その中で，日本語で書かれたハンドブック的なものとして次の２冊がある．

塩谷繁雄ほか編：光物性ハンドブック，朝倉書店 (1984).

工藤恵栄：光物性の基礎，オーム社 (1977).

また固体の物性物理学の立場から書かれた．

中嶋貞雄，豊沢　豊，阿部龍蔵：物性Ⅱ—素励起の物理，岩波書店 (1972).

には関係する高度な内容がもられている．また，半導体を対象とするものとして

P.I. Pankove: 半導体中における光過程（西沢潤一ほか訳）近代科学社 (1974).

がある．なお，実験方法について本書では触れる余裕がなかったが，これについては

国府田隆夫，柊元　宏：光物性測定技術，東京大学出版会 (1983).

日本化学会編：新実験化学講座 4—基礎技術 3—光 Ⅰ，Ⅱ，丸善 (1977).

が参考になろう．

また英語で書かれたものでは，固体ならびに固体中の局在中心の光物性に焦点をあてたものとして

B. Di Bartolo: Optical Interactions in Solids, John Wiley & Sons, Inc. (1968).

J.N. Hodson: Optical Absorption and Dispersion in Solids, Chapman and Hall (1970).

K. K. Rebane: Impurity Spectra of Solids, Plenum Press (1970).

F. Wooten: Optical Properties of Solids, Academic Press (1972).

B. Henderson and G.F. Imbusch: Optical Spectroscopy of Inorganic Solids, Clarendon Press (1989).

などがある．その他，光学，レーザーなどの参考書として

B. Rossi：光学（福田国弥ほか訳），吉岡書店 (1967).

M. Born and E. Wolf：光学の原理（草川　徹，横田英嗣訳），東海大学出版会 (1975).

櫛田孝司：光物理学，共立出版 (1983).

霜田光一：レーザー物理入門，岩波書店 (1983).

霜田光一，矢島達夫編：量子エレクトロニクス（上），裳華房 (1972).

櫛田孝司：量子光学，朝倉書店 (1981).

などをあげておく．

索引

ア行

カ行

サ　行

タ　行

ナ　行

ハ　行

マ 行

ヤ 行

ラ 行

ワ 行

著者略歴

櫛田孝司（くしだたかし）

1935年　北海道に生まれる
1959年　東京大学工学部応用物理学科卒業
1959年　東芝中央研究所研究員
1967年　米国ベル電話研究所招へい研究員
1969年　東京大学物性研究所助教授
1977年　大阪大学理学部教授
1998年　奈良先端科学技術大学院大学教授
現　在　大阪大学名誉教授，奈良先端科学技術大学院大学名誉教授
　　　　理学博士

光物性物理学（新装版）　　定価はカバーに表示

1991年6月20日　初　版第1刷
2008年4月25日　　　　第10刷
2009年3月20日　新装版第1刷
2023年4月25日　　　　第10刷

著　者　櫛　田　孝　司
発行者　朝　倉　誠　造
発行所　株式会社　朝　倉　書　店
東京都新宿区新小川町6-29
郵便番号　162-8707
電　話　03(3260)0141
FAX　03(3260)0180
https://www.asakura.co.jp

〈検印省略〉

平河工業社・渡辺製本

ISBN 978-4-254-13101-7　C3042　Printed in Japan